U0240381

高等院校"十三五"规划教材

电工电子技术

主　编　谭菊华　陈　巍　万　彬

副主编　黄仁如　朱海宽　胡　荣

重庆大学出版社

内容简介

本书主要阐述电工电子技术的基本理论、基本知识和基本技能。本书共有 10 章,内容包括电路的基本概念和电路定律,电路的分析方法,正弦交流电路,电路的暂态分析,磁路与铁芯线圈电路,电动机,晶体二极管与直流稳压电源,晶体三极管与基本放大电路,集成运算放大器,数字电路。

本书可作为高等院校应用型本科院校工科非电类专业的教材,也可作为各大专科院校的教材以及相关工程技术人员的参考书。

图书在版编目(CIP)数据

电工电子技术／谭菊华,陈巍,万彬主编. ﹣﹣ 重庆:重庆大学出版社,2019.7
ISBN 978-7-5689-1540-3

Ⅰ.①电… Ⅱ.①谭… ②陈… ③万… Ⅲ.①电工技术—高等学校—教材②电子技术—高等学校—教材
Ⅳ.①TM②TN

中国版本图书馆 CIP 数据核字(2019)第 137318 号

电工电子技术

主 编 谭菊华 陈 巍 万 彬
副主编 黄仁如 朱海宽 胡 荣
策划编辑:曾显跃

责任编辑:文 鹏 版式设计:曾显跃
责任校对:邹 忌 责任印制:张 策
*
重庆大学出版社出版发行
出版人:饶帮华
社址:重庆市沙坪坝区大学城西路 21 号
邮编:401331
电话:(023)88617190 88617185(中小学)
传真:(023)88617186 88617166
网址:http://www.cqup.com.cn
邮箱:fxk@cqup.com.cn(营销中心)
全国新华书店经销
重庆市远大印务有限公司 印刷
*
开本:787mm×1092mm 1/16 印张:14.75 字数:370 千
2019 年 7 月第 1 版 2019年7月第 1 次印刷
印数:1—3 000
ISBN 978-7-5689-1540-3 定价:39.90 元

前 言

电工电子技术是高等学校非电类专业的一门重要的专业基础课程。本书是在多年教学改革与实践的基础上,为非电类专业编写的电工电子技术课程的教材。

本书包括电工技术和电子技术两部分内容。课程的主要任务是使工科各专业学生了解电工、电子技术的一些相关理论和知识,并受到必要的基本技能训练。为此,编者在书中对基本理论、基本定律、基本概念及基本分析方法都做了详尽阐述,并通过实例、例题和习题来说明理论的实际应用,以此来使学生加深对理论的掌握和理解,并了解电工电子技术与生产发展之间的密切关系。

随着科学技术的飞速发展,大量新知识正源源不断地补充进"电工电子技术"课程中,与此同时,课程的学时却不断压缩,许多新的课程不断出现,对传统课程形成挤压效应。

因此,我们着重进行以下几方面的工作:

①保证课程之间合理连接。例如电阻串、并联和闭合电路欧姆定律是中学物理的基本知识,也是学习电工电子学课程的基础。我们并没有像中学物理一样直接搬出相关公式,而是在基尔霍夫定律和元件电压电流关系的基础上得出相关的公式,并且借助基尔霍夫定律来判断复杂一点的电阻串、并联,且判断依据简明、直观。

②强调学习方法。

③用程序化的思路讲解,对各种方法都给出了详细步骤,降低思维难度。

④力求做到重点突起、概念清楚、循序渐进、文字简练、理论与实践结合、便于自学。

本书由南昌大学科学技术学院谭菊华、陈巍、南昌职业大学万彬任主编,黄仁如、朱海宽和胡荣任副主编。具体编写分工:第1章、第2章、第11章由谭菊华编写,第3章、第4章、第5章由黄仁如编写,第6章、第7章、第8章由陈巍编写,第9章、第10章由朱海宽编写,第12章由万彬编写,第13章、第14章由胡荣编写。

1

　　全书由谭菊华、陈巍、黄仁如组织编写、统稿和审定。另外，在编写过程中，沈放、章小宝、谢芳娟、曾萍萍、陈艳、吴静进、黄灿英等老师做了大量的辅助工作，并提出了许多意见，在此表示衷心感谢！

　　由于编者水平有限，本书难免会存在错误或不当之处，恳请读者及同行老师批评指正。

编　者
2019 年 5 月

目录

第 **1** 章
电路的基本概念和电路定律

本章主要介绍电路的基本概念和电路定律,内容包括:电路和电路模型,电流和电压的参考方向,电功率和能量,电路元件,电阻、电容、电感元件的数学模型及特性,电压源和电流源的概念及特点,受控源的概念及分类,结点、支路、回路的概念和基尔霍夫定律。

1.1 电路的基本物理量

1.1.1 电路与电路模型

电路是电流的通路,主要由电源、负载和中间环节(包括连接导线和开关等)三个基本部分组成。发电机、蓄电池等是电源,它们将非电能转换成电能,向电路提供能量。电灯、电动机、电炉等是负载,分别将电能转换为光能、机械能和热能等非电能,它们是取用电能的设备。中间环节是连接电源和负载的部分,它起着连接与断开电路,控制、传递和分配电能的作用。

(1)实际电路

实际电路是由电器设备组成(如电动机、变压器、晶体管、电容等),为完成某种预期的目的而设计、连接和安装形成的电流通路。如图 1.1(a)所示为手电筒电路,它由三部分组成:①提供电能的能源(图中为干电池),简称电源或激励源或输入,电源将其他形式的能量转换成电能;②用电设备(图中为灯泡),简称负载,负载将电能转换为其他形式的能量;③连接导线,导线提供电流通路,电路中产生的电压和电流称为响应。

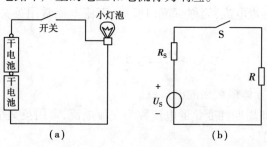

图 1.1 手电筒电路

(2)电路模型

在集总参数电路中,为了便于进行分析和计算,在一定条件下,将实际元件加以近似化、理想化,忽略其次要性质,用足以表征其主要特征的"模型"来表示,这种元件称为理想元件。由理想电路元件构成的电路,称为实际电路的"电路模型"。如图1.1(a)所示,为手电筒的实际电路,若将小灯泡看成电阻元件,用符号"R"表示,考虑干电池内部自身消耗的电能,将干电池看成电阻元件 R_S 和电压源 U_S 串联,连接导线看成理想导线(其电阻为零)。这样,手电筒的实际电路就可以用电路模型来表示,如图1.1(b)所示。

电路模型是指足以反映实际电路中电工设备和器件(实际部件)的电磁性能的理想电路元件或它们的组合。

理想电路元件是指抽掉了实际部件的外形、尺寸等差异性,反映其电磁性能共性的电路模型的最小单元。

发生在实际电路器件中的电磁现象按性质可分为:消耗电能、供给电能、储存电场能量、储存磁场能量。

假定这些现象可以分别研究,将每一种性质的电磁现象用一理想电路元件来表征,有如下几种基本的理想电路元件。

①电阻:反映消耗电能转换成其他形式能量的过程(如电阻器、灯泡、电炉等)。

②电容:反映产生电场、储存电场能量的特征。

③电感:反映产生磁场、储存磁场能量的特征。

④电源元件:表示各种将其他形式的能量转变成电能的元件。

1.1.2 电流和电流的参考方向

(1)电流

带电粒子(电子、离子等)的定向运动称为电流。电流的量值(大小)等于单位时间内穿过导体横截面的电荷量,用符号"i"表示,即

$$i = \lim_{\Delta t \to 0} \frac{\Delta q}{\Delta t} = \frac{dq}{dt} \tag{1.1}$$

式中,Δq 为极短时间 Δt 内通过导体横截面的电荷量。

在国际单位制(SI)中,电流的单位是安[培](A)。常用的电流的十进制倍数和分数单位有千安(kA)、毫安(mA)、微安(μA)等,它们之间的换算关系为

$$1 \text{ kA} = 10^3 \text{ A} = 10^6 \text{ mA} = 10^9 \text{ }\mu\text{A}$$

电流的实际方向为正电荷的运动方向。当电流的量值和方向都不随时间变化时,dq/dt 为定值,这种电流称为直流电流,简称直流(DC)。直流电流常用英文大写字母"I"表示。对于直流,式(1.1)可写成

$$I = \frac{q}{t} \tag{1.2}$$

式中,q 为时间 t 内通过导体横截面的电荷量。

量值和方向随着时间周期性变化的电流称为交流电流,常用英文小写字母"i"表示。

(2)电流的参考方向

在复杂电路的分析中,电路中电流的实际方向很难预先判断出来,有时电流的实际方向还

会不断改变。因此,很难在电路中标明电流的实际方向。为此,在分析与计算电路时,常可任意规定某一方向作为电流的参考方向或正方向。如图 1.2 所示为电流的参考方向,若电流的实际方向与参考方向一致,如图 1.2(a) 所示,则电流为正值;若两者相反,如图 1.2(b) 所示,则电流为负值。这样就可以利用电流的参考方向和正负值来判断电流的实际方向。应当注意,在未规定参考方向的情况下,电流的正负号是没有意义的。

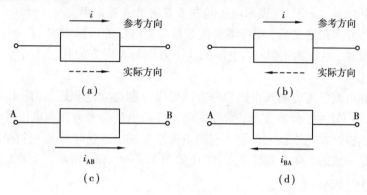

图 1.2　电流的参考方向

电流的参考方向除用箭头在电路图上表示外,还可用双下标表示,如对某一电流,用 i_{AB} 表示其参考方向为由 A 指向 B,如图 1.2(c) 所示;用 i_{BA} 表示其参考方向为由 B 指向 A,如图 1.2(d) 所示。显然,两者相差一个负号,即

$$i_{AB} = - i_{BA}$$

需要指出的是:

①电流的参考方向可以任意指定。

②指定参考方向的用意是将电流看成代数量。在指定的电流参考方向下,电流值的正和负就可以反映出电流的实际方向。

1.1.3　电压和电压的参考方向

(1)电压

当导体中存在电场时,电荷在电场力的作用下运动,电场力对运动电荷做功,运动电荷的电能将减少,电能转化为其他形式的能量。电路中 A、B 两点间的电压是单位正电荷在电场力的作用下由 A 点移动到 B 点所减少的电能,即

$$u_{AB} = \lim_{\Delta q \to 0} \frac{\Delta W_{AB}}{\Delta q} = \frac{dW_{AB}}{dq} \tag{1.3}$$

式中,Δq 为由 A 点移动到 B 点的电荷量,ΔW_{AB} 为移动过程中电荷所减少的电能。

电压的实际方向是使正电荷电能减少的方向,当然也是电场力对正电荷做功的方向。在国际单位制中,电压的单位是伏[特](V)。常用的电压的十进制倍数和分数单位有千伏(kV)、毫伏(mV)、微伏(μV)等,它们之间的换算关系为

$$1 \text{ kV} = 10^3 \text{V} = 10^6 \text{mV} = 10^9 \mu\text{V}$$

量值和方向都不随时间变化的直流电压用英文大写字母"U"表示。量值和方向随着时间周期性变化的交流电压用英文小写字母"u"表示。

（2）电压参考方向

与电流类似，在电路分析中也要规定电压的参考方向，通常用3种方式表示：

①采用正（＋）、负（－）极性表示，称为参考极性，如图1.3所示。这时，从正极性端指向负极性端的方向就是电压的参考方向。

②采用实线箭头表示，如图1.3所示为电压的参考方向。

③采用双下标表示，如u_{AB}表示电压的参考方向由A指向B。

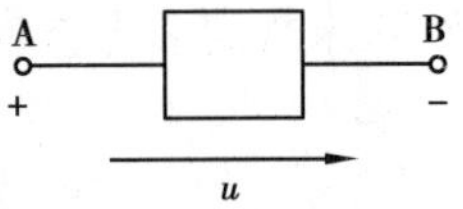

电压的参考方向指定之后，电压就是代数量。当电压的实际方向与参考方向一致时，电压为正值；当电压的实际方向与参考方向相反时，电压为负值。

图1.3　电压的参考方向

任一电路的电流参考方向和电压参考方向可以分别独立地规定，如图1.4所示为关联方向与非关联方式。但为了分析方便，常使同一元件的电流参考方向与电压参考方向一致，即电流从电压的正极性端流入该元件而从它的负极性端流出。这时，该元件的电压参考方向与电流参考方向是一致的，称为关联参考方向（如图1.4（a）、（b）所示）；否则，称为非关联参考方向（如图1.4（c）所示）。

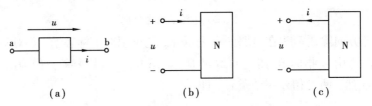

（a）　　　　　　　　（b）　　　　　　　　（c）

图1.4　关联方向与非关联方向

1.1.4　电位和电动势

（1）电位

在复杂电路中，经常用电位的概念来分析电路。所谓电位，是指在电路中任选一点作为参考点，某点到参考点的电压就称为该点的电位。电位用英文大写字母"V"表示，电路中A点的电位可表示为V_A，如图1.5所示为电位表示，其参考方向规定为A点为参考正极性，参考点O为参考负极性。电位的单位与电压的单位相同，SI单位均为伏［特］（V）。

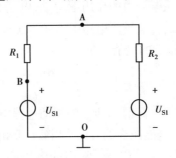

图1.5　电位的表示

已知A、B两点的电位分别为V_A、V_B，则此两点间的电压为

$$U_{AB} = U_{AO} + U_{OB} = U_{AO} - U_{BO} = V_A - V_B \tag{1.4}$$

即两点间的电压等于这两点的电位的差，所以，电压又称为电位差。

参考点选择不同,同一点的电位就不同,但电压与参考点的选择无关。至于如何选择参考点,则要视分析计算问题的方便而定。电子电路中需选各有关部分的公共线作为参考点,常用符号"⊥"表示。

(2)**电动势**

电动势是指电场力将单位正电荷从电源的低电位点移到高电位点所做的功。电动势用英文大写字母"E"表示,实际方向为电位升的方向,与电压方向相反。

[**例1.1**] 试分别说明图1.6(a)、(b)、(c)所示电路中:①电流实际方向与电压实际的极性;②电流与电压是关联的还是非关联的?

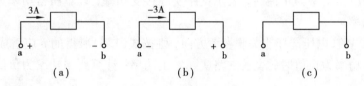

图1.6 例1.1图

解 图1.6(a),电流的实际方向为a→b,电压的实际极性a端为"+",b端为"−",电压与电流相关联;图1.6(b),电流的实际方向为b→a,电压的实际极性a端为"−",b端为"+",电压与电流相关联;图1.6(c),电压和电流都未规定参考方向,所以电流实际方向与电压实际的极性不能判定。

需要指出的是:

①分析电路前必须选定电压和电流的参考方向。

②参考方向一经选定,必须在图中相应位置标注(包括方向和符号),在计算过程中不得任意改变。

③参考方向不同时,其表达式相差一负号,但实际方向不变。

1.1.5 电功率和能量

(1)**电功率**

电功率是电路分析中常用到的一个物理量。传递转换电能的速率称为电功率,简称功率,用"p"或"P"表示。习惯上,将发出或接受电能说成发出或接受功率。

1)定义

单位时间内电场力所做的功称为电功率。

$$p = \frac{\mathrm{d}W}{\mathrm{d}t} \tag{1.5}$$

在国际单位制(SI)中,电功率的单位是瓦[特](W)。常用的电功率的十进制倍数和分数单位有千瓦(kW)、毫瓦(mW),它们之间的换算关系为

$$1 \text{ kW} = 10^3 \text{W} = 10^6 \text{mW}$$

电功率与电压和电流密切相关。由于

$$i = \frac{\mathrm{d}q}{\mathrm{d}t}, \quad u = \frac{\mathrm{d}W}{\mathrm{d}q}$$

$$p = \frac{\mathrm{d}W}{\mathrm{d}t} = \frac{\mathrm{d}W}{\mathrm{d}q} \cdot \frac{\mathrm{d}q}{\mathrm{d}t}$$

所以有

$$p = \frac{\mathrm{d}W}{\mathrm{d}t} = ui \tag{1.6}$$

在直流情况下,式(1.6)可表示为

$$P = UI \tag{1.7}$$

即电路消耗(或吸收)的功率等于其电压与电流的乘积。

2)电路吸收或发出功率的判断

用式(1.6)计算功率时,如果电流、电压选用关联参考方向,则所得的 p 应看成支路接受的功率,即计算所得功率为正值时,表示支路实际接受功率;计算所得功率为负值时,表示支路实际发出功率。

同样,如果电流、电压选择非关联参考方向,则按式(1.6)所得的 p 应看成支路发出的功率,即计算所得功率为正值时,表示支路实际发出功率;计算所得功率为负值时,表示支路实际接受功率。

需要指出的是:对一完整的电路,其发出的功率等于消耗的功率,满足功率平衡。

(2)能量

在 t_0 到 t_1 的一段时间内,某一个元件或一段电路消耗的电能量 W 可根据电压的定义(a、b 两点的电压在量值上等于电场力将单位正电荷由 a 点移动到 b 点时所做的功)求得,即

$$W = \int_{t_0}^{t_1} p\mathrm{d}t = \int_{t_0}^{t_1} ui\mathrm{d}t \tag{1.8}$$

在直流电路中,电流、电压均为恒值,在 $t_0 \sim t_1$ 的一段时间内电路消耗的电能为

$$W = P(t_1 - t_0) = UI(t_1 - t_0) \tag{1.9}$$

在国际单位制中,电能量的 SI 主单位是焦[耳](J)。它等于功率为 1 W 的用电设备在 1 s 内所消耗的电能。在实际生活中,还采用千瓦时(kW·h)作为电能的单位。它等于功率为 1 kW 的用电设备在 1 h(3 600 s)内所消耗的电能(简称为 1 度电)。

$$1 \text{ kW} \cdot \text{h} = 10^3 \times 3\ 600 \text{ J} = 3.6 \times 10^6 \text{ J}$$

[**例 1.2**] 求图 1.7 所示电路中各方框所代表的元件消耗或产生的功率。已知:$U_1 = 1 \text{ V}$,$U_2 = 3 \text{ V}$,$U_3 = 8 \text{ V}$,$U_4 = 4 \text{ V}$,$U_5 = 7 \text{ V}$,$U_6 = -3 \text{ V}$,$I_1 = 2 \text{ A}$,$I_2 = 1 \text{ A}$,$I_3 = -1 \text{ A}$

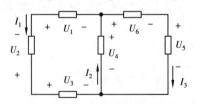

图 1.7 例 1.2 图

解
$$P_1 = U_1 I_1 = (1 \times 2) \text{ W} = 2 \text{ W}(发出)$$
$$P_2 = U_2 I_1 = (3 \times 2) \text{ W} = 6 \text{ W}(发出)$$
$$P_3 = U_3 I_1 = (8 \times 2) \text{ W} = 16 \text{ W}(消耗)$$
$$P_4 = U_4 I_2 = (4 \times 1) \text{ W} = 4 \text{ W}(发出)$$
$$P_5 = U_5 I_3 = [7 \times (-1)] \text{ W} = -7 \text{ W}(消耗)$$

$$P_6 = U_6 I_3 = [(-3) \times (-1)]W = 3 \ W(消耗)$$

本题的计算说明:对一完整的电路,其发出的功率等于消耗的功率。

1.1.6　电路的工作状态

(1)电源有载工作

如图1.8(a)所示为电路的负载状态,当电源向负载正常供电时,电路中流过电流,这种状态称为有载工作状态(又称负载状态)。电压与电流关系

$$I = \frac{E}{R + R_0}$$

电源端电压

$$U_1 = E - IR_0$$

可见,负载状态时,电源端电压 U_1 总是小于电源电动势。

电源输出功率

$$P_1 = U_1 I = (E - IR_0)I = EI - I^2 R_0 = P_E - \Delta P$$

若忽略线路上的压降,则负载从电源吸收的功率

$$P_2 = U_2 I = U_1 I = P_1 = P_E - \Delta P$$

式中,U_2 为负载端电压,$P_E = EI$ 为电源电动势发出的功率,$\Delta P = I^2 R_0$ 为电源内阻上损耗的功率。

这说明,电源供给外电路负载的功率等于电源电动势发出的功率减去内阻上损耗的功率。

(2)电源的开路

如图1.8(b)所示为电路的开路状态,当开关断开时,电源不能向负载供电,电路中电流为零;电源端电压等于电源的电动势,称为开路电压,用 U_0 表示;电源输出的功率和负载吸取的功率均为零,这种状态称为开路。

(3)电源的短路

如图1.8(c)所示为电路的短路状态,当电路中的电源两端短接时,电源内部将流过极大的短路电流 $I_s = \dfrac{E}{R_0}$;但电源和负载的端电压均为零,输出电流为零。电动势发出的电功率全部被内阻所消耗,电源输出的功率和负载吸取的功率均为零,这种状态称为短路。一般来说,短路是一种严重事故,应尽量预防和避免。

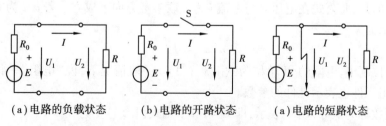

(a)电路的负载状态　　　(b)电路的开路状态　　　(a)电路的短路状态

图1.8　电路的工作状态

1.2　电路元件

电路元件是电路中最基本的组成单元。元件的特性通过与端子有关的物理量来描述。一种元件反映某种确定的电磁性质。表示电路元件特性的数学关系称为元件约束。

电路元件分类如下：

①电路元件按与外部连接的端子数目可分为二端、三端、四端元件等。

②电路元件按是否给电路提供能量分为无源元件和有源元件。

③电路元件的参数如不随端子上电压或电流数值变化称线性元件，否则称非线性元件。

④电路元件的参数如不随时间变化称时不变元件，否则称时变元件。

1.2.1　电阻元件

如果一个元件通过电流时总是消耗能量，那么其电压的方向总是与电流的方向一致。电阻元件就是按此而定义的，用来反映能量的消耗。电阻元件是一个二端元件，它的电流方向和电压方向总是一致的，电流和电压的大小成代数关系。

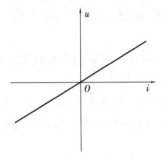

图 1.9　线性电阻的伏安特性曲线

电流和电压的大小成正比的电阻元件称为线性电阻元件。元件的电流与电压的关系曲线称为元件的伏安特性曲线。线性电阻元件的伏安特性为通过坐标原点的直线，这个关系称为欧姆定律。在电流和电压的关联参考方向下，图 1.10 所示为线性电阻的伏安特性曲线，欧姆定律的表达式为

$$u = Ri \qquad (1.10)$$

式中，R 是元件的电阻，是反映电路中电能消耗的电路参数，是一个正实常数。式(1.10)中，电压的单位用 V 表示，电流的单位用 A 表示时，电阻的单位是欧[姆]（Ω）。电阻的十进制倍数单位有千欧（$k\Omega$）、兆欧（$M\Omega$）等。

电流和电压的大小不成正比的电阻元件称为非线性电阻元件。式(1.10)称为电阻元件上电压与电流的约束关系（VCR）。

需要说明的是，此公式在电压 u 与电流 i 为关联参考方向下成立。若 u、i 为非关联参考方向，则公式表示为

$$u = - RI \qquad (1.11)$$

在国际单位制中，电阻的 SI 单位为欧[姆]（Ω）。一般情况下，说"电阻"一词及其符号 R 时，既表示电阻元件也表示元件的参数。

电阻的倒数称为电导，用 G 表示，即 $G = 1/R$，则式(1.10)变为

$$i = Gu \qquad (1.12)$$

式中，G 称为电阻元件的电导，单位是西[门子]（S）。

电阻根据阻值 R 的大小，在电路中有两种特殊工作状态：

①当 $R = 0$ 时，根据欧姆定律 $u = Ri$，无论电流 i 为何有限值，电压 u 都恒等于零，我们把

电阻的这种工作状态称为短路。

②当 $R = \infty$ 时,根据欧姆定律 $i = u/R$,无论电压 u 为何有限值,电流 i 都恒等于零,我们把电阻的这种工作状态称为开路。

在电流和电压的关联参考方向下,任何瞬时线性电阻元件接受的电功率为

$$p = ui = Ri^2 = \frac{u^2}{R} = Gu^2 \tag{1.13}$$

由于电阻 R 和电导 G 都是正实数,因此功率 p 恒为非负值。既然功率 p 不能为负值,这就说明任何时刻电阻元件不可能发出电能,它所接受的全部电能都转换成其他形式的能,所以线性电阻元件是耗能元件。

如果电阻元件把接受的电能转换成热能,则从 t_0 到 t 时间内,电阻元件的热量 Q,也就是这段时间内接受的电能 W 为

$$Q = W = \int_{t_0}^{t} p\mathrm{d}t = \int_{t_0}^{t} Ri^2 \mathrm{d}t = \int_{t_0}^{t} \frac{u^2}{R}\mathrm{d}t \tag{1.14}$$

式中,$T = t - t_0$ 是电流通过电阻的总时间。以上两式称为焦耳定律。

[例 1.3]　有 220 V、100 W 灯泡一个,其灯丝电阻是多少?每天用 5 h,一个月(按 30 天计算)消耗的电能是多少千瓦小时?

解　灯泡灯丝电阻为

$$R = \frac{U^2}{P} = \frac{220^2}{100}\ \Omega = 484\ \Omega$$

一个月消耗的电能为

$$W = PT = 100 \times 10^{-3} \times 5 \times 30\ \mathrm{kW \cdot h} = 15\ \mathrm{kW \cdot h}$$

1.2.2　电感元件

电感元件是实际电路中储存磁场能量这一物理性质的科学抽象,凡是电流及其磁场存在的场合总可以用电感元件来加以描述。

电感元件是表征产生磁场、储存磁场能量的元件。一般把金属导线绕在一骨架上来构成一实际电感器,线圈内有电流 i 流过时,电流在该线圈内产生的磁通为自感磁通。如图 1.10 所示为线圈的磁通和磁链,Φ_L 表示电流 i 产生的自感磁通。其中,Φ_L 与 i 的参考方向符合右手螺旋法则,我们把电流与磁通这种参考方向的关系称为关联的参考方向。如果线圈的匝数为 N,且穿过每一匝线圈的自感磁通都是 Φ_L,则

$$\Psi_L = N\Phi_L$$

即电流 i 产生的自感磁链。

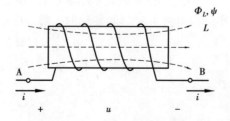

图 1.10　线圈的磁通和磁链

实际线圈通入电流时,线圈内及周围都会产生磁场,并储存磁场能量。电感元件就是体

现实际线圈基本电磁性能的理想化模型。

（1）元件特性

电感元件中电流 $i(t)$ 与磁通 $\Phi(t)$ 的关系最能反映该元件的性质,所以电感元件的概念可叙述如下:

一个二端元件,如果在任一时刻 t,其电流 $i(t)$ 和磁通 $\Phi(t)$ 的关系可以唯一地用 $i-\Phi$ 平面上的一条曲线所表征,即有代数关系 $F(i,\Phi)=0$。

如图 1.12 所示为电感元件及其特性。如果电感元件的磁通链为电流的线性函数,即

$$\Psi(t) = Li(t) \tag{1.15}$$

式中,L 称为电感元件的自感系数或电感系数,简称电感。

L 为常数,则此电感元件称为线性的,它的特性曲线如图 1.11(b)所示,其斜率即为电感量 L。若在任何时刻该直线的斜率不变,则称为线性时不变电感,以后简称为电感。若电感元件不是线性的,则为非线性电感,如图 1.11(c)所示。

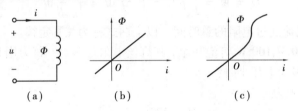

图 1.11　电感元件及其特性

电感的 SI 单位为亨[利](H),1 H = 1 Wb/A。通常还用毫亨(mH)和微亨(μH)作为其单位,它们的换算关系为

$$1 \text{ mH} = 10^{-3} \text{H}, \qquad 1 \text{ μH} = 10^{-6} \text{H}$$

电感元件和电感线圈也称为电感。所以,电感一词有时指电感元件,有时则是指电感元件或电感线圈的电感系数。

（2）电感元件的电压、电流关系

电感元件的电流变化时,其自感磁链也随之改变,在元件两端会产生自感电压。在电流与电压的关联参考方向下,如果电压的参考方向与磁通的方向符合右手法则,根据法拉第电磁感应定律与楞次定律,有

$$u(t) = \frac{\mathrm{d}\Psi}{\mathrm{d}t} = L\frac{\mathrm{d}i(t)}{\mathrm{d}t} \tag{1.16}$$

这就是关联参考方向下电感元件的电压与电流的约束关系或电感元件的 $u\text{-}i$ 关系。

由式(1.16)可知,电感元件的电压与其电流的变化率成正比。只有当元件的电流发生变化时,其两端才会有电压。因此,电感元件也称为动态元件。电流变化越快,自感电压越大;电流变化越慢,自感电压越小。当电流不随时间变化时,则自感电压为零。所以,直流电路中,电感元件相当于短路。

$$i(t) = \frac{1}{L}\int_{-\infty}^{t} u\mathrm{d}\xi = \frac{1}{L}\int_{-\infty}^{t_0} u\mathrm{d}\xi + \frac{1}{L}\int_{t_0}^{t} u\mathrm{d}\xi = i(t_0) + \frac{1}{L}\int_{t_0}^{t} u\mathrm{d}\xi \tag{1.17}$$

1.2.3　电容元件

（1）元件特性

电容元件是储存电能的元件,是实际电容器的理想化模型。广而言之,一个二端元件,如

果在任意时刻,其端电压 u 与其储存的电荷 q 之间的关系能用 u-q 平面(或 q-u 平面)上的一条曲线所确定,就称其为电容元件,简称电容。如图 1.12 所示为线性时不变电容元件及其库伏特性,其中图 1.12(a)为电容符号,图 1.12(b)为电容的库伏特性曲线。

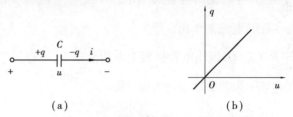

图 1.12　线性时不变电容元件及其库伏特性

电容元件按其特性可分为时变的和时不变的,线性的和非线性的。

线性时不变电容元件的外特性(库伏特性)是 u-q 平面上一条通过原点的直线,在电容元件上电压与电荷的参考极性一致的条件下,在任意时刻,电荷量与其端电压的关系为

$$q(t) = Cu(t) \tag{1.18}$$

其中,C 是用以衡量电容元件容纳电荷本领大小的一个物理量,称为电容元件的电容量,简称电容。它是一个与电荷 q、电压 u 无关的正实数,但在数值上等于电容元件的电压每升高一个单位所容纳的电荷量。

电容的 SI 单位为法[拉](F),1 F = 1 C/V。电容器的电容往往比 1 F 小得多,因此常采用微法(μF)和皮法(pF)作为其单位,它们的换算关系为

$$1 \text{ F} = 10^6 \ \mu\text{F} = 10^{12} \text{ pF}$$

线性电容元件的电容量只与其本身的几何尺寸和内部介质有关,而与外加电压大小无关。两个平行金属板间充满某种均匀电介质的电容计算公式为

$$C = \frac{\varepsilon S}{d}$$

式中,ε 为电介质的介电常数,S 为每块金属板的面积,d 为两个平行金属板内表面的距离。当电容元件的外加电压发生变化时,极板上的电荷随之变化,在与电容元件相连接的导线中就有电荷移动形成电流(介质中的电场变化形成位移电流,因此整个电容电路中的电流仍是连续的)。

(2)电容元件的电压、电流关系

由式(1.18)可知,当电容元件极板间的电压 u 变化时,极板上的电荷也随着变化,电路中就有电荷的转移,于是该电容电路中出现电流。

对电容元件,选择电流的参考方向指向正极板,即与电压 u 的参考方向关联。假设在时间 $\mathrm{d}t$ 内,极板上电荷量改变了 $\mathrm{d}q$,则由电流的定义式有

$$i = \frac{\mathrm{d}q}{\mathrm{d}t}$$

又根据式(1.18)可得 $q = Cu$,代入上式得

$$i = \frac{C\mathrm{d}u}{\mathrm{d}t} \tag{1.19}$$

这就是关联参考方向下电容元件的电压与电流的约束关系,或电容元件的 u-i 关系。式(1.19)表明:

11

①当 $\dfrac{\mathrm{d}u}{\mathrm{d}t} > 0$ 时，即 $\dfrac{\mathrm{d}q}{\mathrm{d}t} > 0, i > 0$，说明电容极板上电荷量增加，电容器充电。

②当 $\dfrac{\mathrm{d}u}{\mathrm{d}t} = 0$ 时，即 $\dfrac{\mathrm{d}q}{\mathrm{d}t} = 0, i = 0$，说明电容两端电压不变时电流为零，即电容在直流稳态电路中相当于开路，故电容有隔直流的作用。

③当 $\dfrac{\mathrm{d}u}{\mathrm{d}t} < 0$ 时，即 $\dfrac{\mathrm{d}q}{\mathrm{d}t} < 0, i < 0$，说明电容极板上电荷量减少，电容器放电。

若电容上电压 u 与电流 i 为非关联参考方向，则

$$i = -\frac{C\mathrm{d}u}{\mathrm{d}t} \tag{1.20}$$

1.3 电源元件

1.3.1 电压源

(1)理想电压源

端电压可以按照某给定规律变化而与其电流无关的二端元件，称为理想电压源，简称电压源。理想电压源是从实际电源抽象得到的电路模型，是有源二端元件，我们把端电压为常数的电压源称为直流电压源。如图 1.13 所示为电压源符号与伏安特性，其中图(a)为直流电压源模型；图(b)为其伏安特性曲线；图(c)为理想电压源模型；图(d)为其在 t_1 时刻的伏安特性曲线。

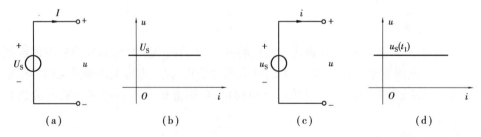

图 1.13　电压源的符号与伏安特性

因此理想电压源具有以下两个特点：

①电压源对外提供的电压 $u(t)$ 是某种确定的时间函数，不会因所接的外电路不同而改变，即 $u(t) = u_\mathrm{S}(t)$。

②通过电压源的电流 $i(t)$ 随外接电路不同而不同。

理想电压源连接外电路时有以下几种工作情况，如图 1.14 所示为电压源与负载的连接。

①当外电路的电阻 $R = \infty$ 时，电压源处于开路状态，$I = 0$，其对外提供的功率为 $P = U_\mathrm{S}I = 0$。

②当外电路的电阻 $R = 0$ 时，电压源处于短路状态，$I = \infty$，其对外提供的功率为 $P = U_\mathrm{S}I = \infty$。这样，短路电流可能使电源遭受机械的过热损伤或毁坏，因此电压源短路通常是一种严重事故，应该尽力预防。

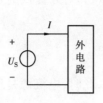

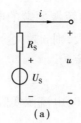

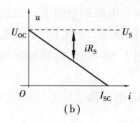

图 1.14 电压源与负载的连接	图 1.15 实际电压源的符号与伏安特性

③当外电路的电阻为一定值时,电压源对外输出的电流为 $I = \dfrac{U_S}{R}$,对外提供的功率等于外电路电阻消耗的功率,即 $P = \dfrac{U_S^2}{R}$,R 越小,则 P 越大。

(2)实际电压源

考虑实际电压源有损耗,其电路模型用理想电压源和电阻的串联组合表示,这个电阻称为电压源的内阻。如图 1.15 所示为实际电压源的符号与伏安特性。其端口电压与电流的关系可写为

$$u = U_S - iR_S \tag{1.21}$$

实际电压源可以看作理想电压源 U_S 和电阻 R_S 的串联组合,其输出特性曲线是由短路电流和开路电压决定的一条直线。随着输出的负载电流加大,其输出电压降低。实际电压源也不允许短路,因其内阻小,若短路,电流很大,可能烧毁电源。

1.3.2 电流源

(1)理想电流源

不管外部电路如何,其输出电流总能保持常数或一定的时间函数,其值与它的两端电压 u 无关的电流源定义为理想电流源。我们常把电流为常数的电流源称为直流电流源。如图1.16所示为电流源及其伏安特性曲线,其中图(a)为直流电流源模型;图(b)为其伏安特性曲线;图(c)为理想电流源模型;图(d)为其在 t_1 时刻的伏安特性曲线。

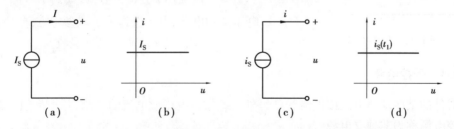

图 1.16 电流源及其伏安特性曲线

因此,理想电流源具有以下两个特点:

①电流源的输出电流由电源本身决定,与外电路无关,与其两端电压无关。

②电流源两端的电压由其本身输出电流及外部电路共同决定。

理想电流源连接外电路时有以下几种工作情况:

①当外电路的电阻 $R = 0$ 时,电流源处于短路状态,$i = i_S$,电流源两端的电压 $u = 0$。

②当外电路的电阻 $R = \infty$ 时,电流源处于开路状态,$u = i_S R = \infty$,理想电流源不允许开路。

③当外电路的电阻为一定值时,电流源两端的电压为 $u = i_s R$,其对外提供的功率等于外电路电阻消耗的功率,即 $p = i_s^2 R$,R 越大,则 p 越大。

由图 1.16 可知,电流源发出的功率为

$$p = u i_s$$

$p > 0$,电流源实际是发出功率;$p < 0$,电流源实际是接受功率,此时,电流源是作为负载出现的。

(2)实际电流源

理想电流源是由实际电流源抽象而来的理想化模型。实际电流源可以看作理想电流源 I_S 和一个电导 G_S 或电阻 R_S 的并联组合,如图 1.17 所示。其输出特性可表示为

$$i = I_S - u G_S \tag{1.22}$$

开路电压:$U_{OC} = \dfrac{I_S}{G_S} = I_S R_S$;短路电流:$I_{SC} = I_S$。

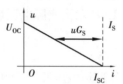

图 1.17　实际电流源及其伏安特性曲线

[**例 1.4**]　计算图 1.18 所示电路中电流源的端电压 U_1,5 Ω 电阻两端的电压 U_2 和电流源、电阻、电压源的功率 P_1、P_2、P_3。

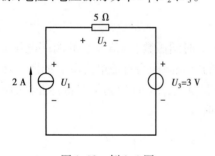

图 1.18　例 1.4 图

解　$U_2 = 5 \times 2 \text{ V} = 10 \text{ V}$

$U_1 = U_2 + U_3 = (10 + 3) \text{ V} = 13 \text{ V}$

电流源的电流、电压选择为非关联参考方向,所以

$$P_1 = U_1 I_S = 13 \times 2 \text{ W} = 26 \text{ W}(\text{发出})$$

电阻的电流、电压选择为关联参考方向,所以

$$P_2 = 10 \times 2 \text{ W} = 20 \text{ W}(\text{吸收})$$

电压源的电流、电压选择为关联参考方向,所以

$$P_3 = 2 \times 3 \text{ W} = 6 \text{ W}(\text{吸收})$$

1.3.3　受控电源

若器件的某些端口电压或电流受到另外一些端口电压或电流的控制,并不是独立的,因此又把受控电源称为非独立电源。

如果电路向外连接有两个端子,且从一个端子流入的电流恒等于从另一个端子流出的电流,则我们把这两个端子称为一个端口。受控源一般由两个端口构成,一个为输出端口或称为受控端,是对外提供电压或电流的;另一个为输入端,是施加控制量的端口,所施加的控制量可以是电流也可以是电压。输出端是电压的称为受控电压源,受控电压源又按其输入端的控制量是电压还是电流分为电压控制电压源(VCVS,Voltage Controlled Voltage Source)和电流控制电压源(CCVS,Current Controlled Voltage Source)两种。输出端是电流的称为受控电流源。同样,受控电流源也按其输入端的控制量是电压还是电流分为电压控制电流源(VCCS,Voltage

Controlled Current Source)和电流控制电流源(CCCS,Current Controlled Current Source)两种。

如图 1.19 所示为受控电源的 4 种形式。

受控电源与独立电源的比较:

①独立源电压(或电流)由电源本身决定,与电路中其他电压、电流无关,而受控源的电压(或电流)由控制量决定。

②独立源在电路中起"激励"作用,在电路中产生电压、电流,而受控源只是反映输出端与输入端的受控关系,在电路中不能作为"激励"。

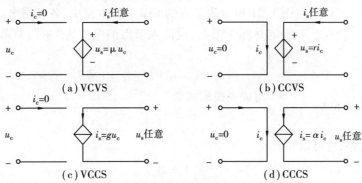

图 1.19　受控电源

1.4　基尔霍夫定律

基尔霍夫定律包括基尔霍夫电流定律(KCL)和基尔霍夫电压定律(KVL)。它反映了电路中所有支路电压和电流所遵循的基本规律,是分析集总参数电路的根本依据。基尔霍夫定律与元件特性构成了电路分析的基础。

在具体讲述基尔霍夫定律之前,以图 1.20 所示为电路实例,先介绍电路模型图中的一些术语。

①支路(branch):电路中通过同一电流的分支。通常用 b 表示支路数。一条支路可以由单个元件构成,亦可以由多个元件串联组成。电路图中有 6 条支路。

②节点(node):3 条或 3 条以上支路的公共连接点称为节点。通常用 n 表示节点数。电路图中有 a、b、c、d 四个节点。

③路径(path):两节点间的一条通路。路径由支路构成。电路图中 a、b 两个节点间有 ab、aedb、aedfcb、agcb、agcfdb 共 5 条路径。

④回路(loop):由支路组成的闭合路径。通常用 l 表示回路。电路图中有 abdea、bcfdb、abcga、abdfcga、agcbdea、abcfdea、agcfdea 共 7 个回路。

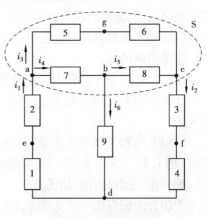

图 1.20　电路实例

⑤网孔(mesh):对平面电路,其内部不含任何支路的回路称网孔(m)。电路图中有 3 个

网孔,即 abdea、bcfdb、abcga,因此,网孔是回路,但回路不一定是网孔。可以证明

$$m = b - n + 1$$

1.4.1 基尔霍夫电流定律(KCL)

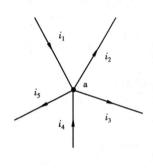

图 1.21 节点的 KCL

KCL 是描述集总参数电路中与节点相连的各支路电流间相互关系的定律。它的基本内容是:对于集总参数电路中的任意节点,在任意时刻流出或流入该节点的电流的代数和等于零。例如,如图 1.21 所示为节点的 KCL。在电路中,各支路电流的参考方向已选定并标于图上,设流入节点的电流为" + ",对节点 a,KCL 可表示为

$$i_1 - i_2 - i_3 + i_4 - i_5 = 0 \text{ 或 } i_1 + i_4 = i_2 + i_3 + i_5$$

写成一般形式为

$$\sum i = 0 \tag{1.23}$$

对于直流电路,也可以写成

$$\sum I = 0$$

KCL 还可叙述为:对于集总参数电路中的任意结点,在任意时刻流出该节点的电流之和等于流入该节点的电流之和。即

$$\sum i_入 = \sum i_出 \tag{1.24}$$

流入节点的电流前取" + "号,流出节点的电流前取" – "号,而电流是流出节点还是流入节点均按电流的参考方向来判定。

事实上,KCL 不仅适用于电路中的节点,对电路中任意假设的闭合曲面它也是成立的。例如图 1.20 所示封闭面 S 所包围的电路,有 3 条支路与电路的其余部分连接,其电流为 i_1、i_6、i_2,则

$$i_6 + i_2 = i_1$$

因为对一个封闭面来说,电流仍然是连续的,所以通过该封闭面的电流的代数和也等于零。也就是说,流出封闭面的电流等于流入封闭面的电流。基尔霍夫电流定律也是电荷守恒定律的体现。基尔霍夫电流定律给电路中的支路电流加上了线性约束。

需要明确的是:

①KCL 是电荷守恒和电流连续性原理在电路中任意结点处的反映。

②KCL 是对支路电流加的约束,与支路上接的是什么元件无关,与电路是线性还是非线性无关。

③KCL 方程是按电流参考方向列写,与电流实际方向无关。

[例 1.5] 求图 1.22 所示电路中的电流 i。

解 作一闭合曲面,如图示。

把闭合曲面看作一广义节点,应用 KCL,有

$$i = [3 - (-2)]A = 5 \text{ A}$$

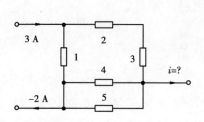
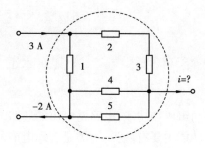

图 1.22 例 1.5 图

1.4.2 基尔霍夫电压定律(KVL)

KVL 是描述回路中各支路(或各元件)电压之间关系的定律。它的基本内容是:对于集总参数电路,在任意时刻,沿任意闭合路径绕行一周,各段电路电压的代数和恒等于零。其数学表达式为

$$\sum u = 0 \tag{1.25}$$

对于直流电路,也可以写成

$$\sum U = 0$$

式(1.25)取和时,需要任意选定一个回路的绕行方向,凡电压的参考方向与绕行方向一致时,该电压前面取" + "号;凡电压的参考方向与绕行方向相反时,则取" - "号。

需要明确的是:

①KVL 的实质反映了电路遵从能量守恒定律。

②KVL 是对回路电压加的约束,与元件的性质无关,与电路是线性还是非线性无关。

③KVL 方程是按电压参考方向列写,与电压实际方向无关。

KCL、KVL 小结:

①KCL 是对支路电流的线性约束,KVL 是对回路电压的线性约束。

②KCL、KVL 与组成支路的元件性质及参数无关。

③KCL 表明每一节点上电荷是守恒的;KVL 是能量守恒的具体体现(电压与路径无关)。

④KCL、KVL 只适用于集总参数的电路。

[例 1.6] 有一闭合回路如图 1.23 所示,各支路的元件是任意的,已知 $U_{AB} = 5$ V,$U_{BC} = -4$ V,$U_{DA} = -3$ V。试求 (1)U_{CD};(2)U_{CA}。

解 (1)由基尔霍夫电压定律可列出

$$U_{AB} + U_{BC} + U_{CD} + U_{DA} = 0$$

即

$$5 \text{ V} + (-4)\text{V} + U_{CD} + (-3)\text{V} = 0$$

得

$$U_{CD} = 2 \text{ V}$$

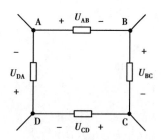

图 1.23 例 1.6 图

(2)ABCA 不是闭合回路,也可应用基尔霍夫电压定律列出

$$U_{AB} + U_{BC} + U_{CA} = 0$$

即

$$5 \text{ V} + (-4)\text{V} + U_{CA} = 0$$

得 $\qquad U_{\mathrm{CA}} = -1\ \mathrm{V}$

本章小结

1. 电路的组成和功能:电路是电流的通路,主要由电源、负载和中间环节三个基本部分组成。电路的功能主要有两类:一类是实现电能的传输、转换和分配,另一类是实现信号的传递和处理。

2. 电路模型:电路模型就是将实际的电路元器件理想化,即在一定的条件下,突出其主要的电磁性质,忽略其次要因素,由一些理想电路元件所组成的电路,是实际电路的电路模型。

3. 基本物理量及其正方向(参考方向):电压的实际方向规定为从高电位端指向低电位端。电流的实际方向规定为正电荷移动的方向。一般将元件上的电流、电压的正方向选得一致,称为关联参考方向。若元件上的电流、电压的正方向选得相反,称为非关联参考方向。

4. 欧姆定律:在应用欧姆定律时,首先要在电路图中标出电流和电压的正方向,当电流和电压的正方向选得相反时,表达式前面须带负号。

5. 基尔霍夫定律是电路遵循的基本定律,也是复杂电路计算的理论基础,包含以下两个内容:

(1)节点电流定律(KCL) $\quad \sum I = 0$,n 个节点,可列 $n-1$ 个方程。

(2)回路电压定律(KVL) $\quad \sum U = 0$ 或 $\sum E = \sum IR$ 。如果列多孔回路方程式,每列一个回路方程必须有一条新的支路出现,以保证方程的独立性。

习 题

1.1 求图 1.24 所示电路中的 U_{AB}。

1.2 图 1.25 所示电路中,当选择 O 点为参考点时,求各点的电位。

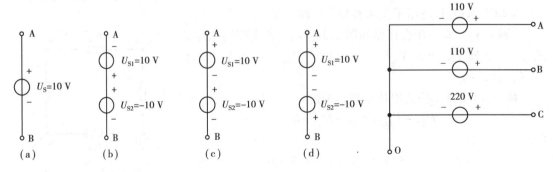

图 1.24 习题 1.1 图 图 1.25 习题 1.2 图

1.3 计算图 1.26 所示电路接受或发出的功率。

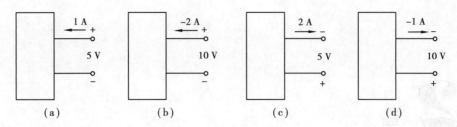

图 1.26 习题 1.3 图

1.4 某楼内有 220 V、100 W 的灯泡 100 只,平均每天使用 3 h,每月(一个月按 30 天计算)消耗多少电能?

1.5 有一可变电阻器,允许通过的最大电流为 0.3 A,电阻值为 2 kΩ,求电阻器两端允许加的最大电压。此时消耗的功率为多少?

1.6 一个标明 220 V、25 W 的灯泡,如果把它接在 110 V 的电源上,这时它消耗的功率是多少?(假定灯泡的电阻是线性的)

1.7 电路如图 1.27 所示,已知 $U_{AB} = 110$ V,求 I 和 R。

1.8 试求图 1.28 所示电路中的电阻 R。

1.9 求图 1.29 所示电路中的电压 u_S 和电流 i。(已知 $u_1 = 3$ V)

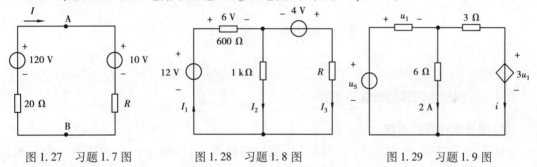

图 1.27 习题 1.7 图   图 1.28 习题 1.8 图   图 1.29 习题 1.9 图

1.10 求图 1.30 所示电路中各支路电流 I_1、I_2、I_3 及电压源的功率,并确定它们是吸收功率还是发出功率。

1.11 图 1.31 所示电路中,要使 U_S 所在支路电流为零,U_S 应为多少?

1.12 求图 1.32 所示电路中各支路的电流。

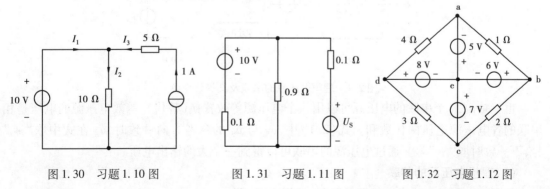

图 1.30 习题 1.10 图   图 1.31 习题 1.11 图   图 1.32 习题 1.12 图

第 **2** 章
电路的分析方法

电路分析是指在已知电路结构和元件参数的条件下,确定各部分电压与电流之间的关系。其中,电源或信号源的电动势或电激流称为激励,它推动电路工作,由此在电路各部分产生的电压和电流称为响应。实际上,电路分析就是讨论激励与响应之间的关系。

2.1　电源的等效变换

2.1.1　理想电压源的串联和并联

(1)理想电压源的串联

n 个电压源串联,如图 2.1(a)所示,就端口特性而言,等效于一个独立电压源。根据 KVL,其电压等于各电压源电压的代数和。即

$$u_{\mathrm{S}} = u_{\mathrm{S1}} + u_{\mathrm{S2}} + \cdots + u_{\mathrm{S}n} = \sum_{k=1}^{n} u_{\mathrm{S}k} \tag{2.1}$$

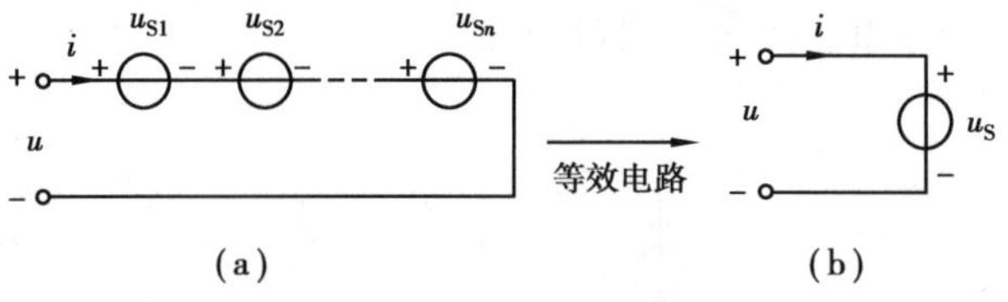

图 2.1　理想电压源的串联及其等效变换

也就是说,n 个串联的电压源可以用一个电压源等效置换(替代),等效电压源的电压是相串联的各电压源电压的代数和。式(2.1)中,$u_{\mathrm{S}k}$ 与 u_{S} 的参考方向一致时,$u_{\mathrm{S}k}$ 在式中取" + "号,不一致时取" – "号。通过电压源的串联可以得到一个大的输出电压。

(2)理想电压源的并联

如图 2.2 所示为 n 个电压源的并联,根据 KVL,得

$$u_S = u_{S1} = u_{S2} = \cdots = u_{Sn} \tag{2.2}$$

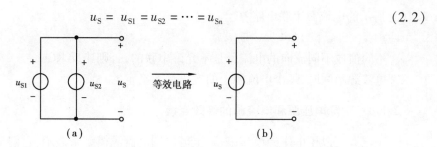

图 2.2　理想电压源的并联

式(2.2)说明只有电压相等且极性一致的电压源才能并联,此时并联电压源的对外特性与单个电压源一样,根据电路等效概念,可以用图 2.2(b)所示的单个电压源替代图 2.2(a)所示的电压源并联电路。

注意:

①不同值或不同极性的电压源是不允许并联的,否则违反 KVL。

②电压源并联时,每个电压源中的电流是不确定的。

2.1.2　理想电流源的串联和并联

(1)理想电流源的并联

如图 2.3 所示,n 个电流源的并联,根据电路等效的概念,就端口特性而言,可等效为一个独立电流源。根据 KCL 得总电流为

$$i_S = i_{S1} + i_{S2} + \cdots + i_{Sn} = \sum_{k=1}^{n} i_{Sk} \tag{2.3}$$

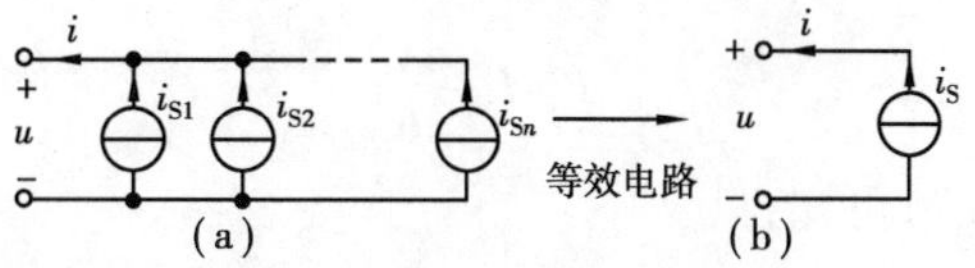

图 2.3　理想电流源的并联

也就是说,n 个并联的电流源可以用一个电流源等效置换(替代),等效电流源的电流是相并联的各电流源电流的代数和,式中 i_{Sk} 与 i_S 的参考方向一致时,i_{Sk} 在式中取"+"号,不一致时取"-"号。通过电流源的并联可以得到一个大的输出电流。

(2)理想电流源的串联

n 个电流源的串联如图 2.4 所示,根据 KCL,得

$$i_S = i_{S1} = i_{S2} = \cdots = i_{Sn} \tag{2.4}$$

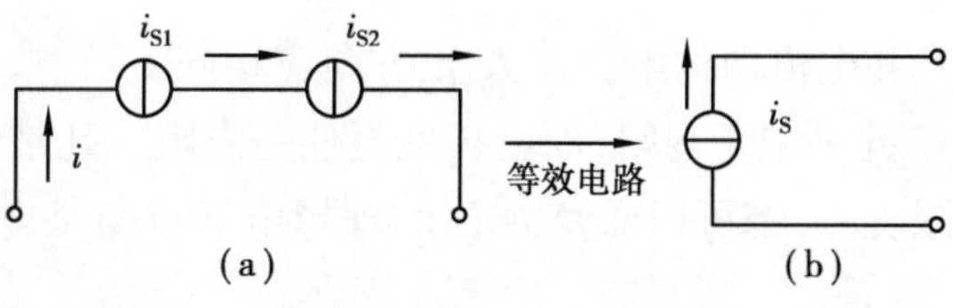

图 2.4　理想电流源的串联

式(2.4)说明只有电流相等且输出电流方向一致的电流源才能串联,此时串联电流源的对外特性与单个电流源一样,根据电路等效概念,可以用图 2.4(b)所示的单个电流源替代图

2.4(a)所示的电流源串联电路。

注意：

①不同值或不同流向的电流源是不允许串联的,否则违反 KCL。

②电流源串联时,每个电流源上的电压是不确定的。

2.1.3　实际电压源和电流源的等效变换

一个电源可以用电压源模型表示,也可以用电流源模型来表示,它们是同一电源的两种不同电路模型。那么,这两种电路模型间有什么样的关系呢?

由图2.5(a)可知

$$U = E - IR_0 \tag{2.5}$$

可得

$$I = \frac{E}{R_0} - \frac{U}{R_0} \tag{2.6}$$

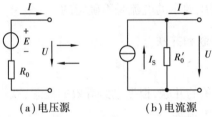

(a)电压源　　　　　　　(b)电流源

图2.5　电压源与电流源的等效变换

由图2.5(b)可知

$$I = I_S - \frac{U}{R_0'} \tag{2.7}$$

比较式(2.6)和式(2.7)可知,只要

$$\left. \begin{array}{l} R_0 = R_0' \\ E = I_S R_0' \text{ 或 } I_S = \dfrac{E}{R_0} \end{array} \right\} \tag{2.8}$$

式(2.5)与式(2.7)便等效。这说明式(2.8)便是电压源和电流源之间的等效变换条件。

仔细分析式(2.8)可以发现,若一个电压源和另一个电流源等效,则电流源的电激流 I_S 等于等效电压源的短路电流 E/R_0,电压源的电动势 E 等于等效电流源的开路电压 $I_S R_0'$,而电压源和电流源的内阻相等。

在等效变换时应注意：

①电压源的电动势 E 和电流源的电激流 I_S 正方向应相同。

②等效变换时,R_0、R_0' 并不限于内阻,而可扩展至任一电阻。凡是电动势为 E 的理想电压源与某电阻 R 串联的有限支路,都可以变换为 I_S 的理想电流源与某电阻 R 并联的有限支路,反之亦然。

③等效变换不适用于理想电源。因为理想电压源的内阻为零,理想电压源的短路电流 $\dfrac{E}{R_0}$ 为"∞";对理想电流源,内阻 R_0 为"∞",故理想电流源的开路电压也为"∞",都不能得到有

限的数值。

④等效变换是对外部电路说的,对内部电路来说,这种变换是不等效的。

当某一支路有多个恒压源串联时,可用一个等效恒压源代替。等效恒压源的电动势等于各串联电动势的代数和。其中,各串联恒压源的电动势正方向与等效恒压源的电动势正方向相同时取正号,相反时取负号。同样,有多个恒流源并联时,可用一个等效恒流源代替,等效恒流源的电激流等于各并联恒流源的电激流的代数和。其中,各并联恒流源的电激流正方向与等效恒流源的电激流正方向相同时取正号,相反时取负号。

[**例2.1**] 试求图2.6(a)所示电路的4 Ω 电阻中的电流。

解 图示电路可应用电源等效变换的方法求解,即将图2.6(a)中的电压源变为电流源,如图2.6(b)所示,其中 $I_{S1} = \dfrac{E_1}{R_1} = \dfrac{15}{3}\text{A} = 5 \text{ A}$, $I_{S2} = \dfrac{E_2}{R_2} = \dfrac{12}{6}\text{A} = 2 \text{ A}$;然后将图2.6(b)中的各个并联恒流源合并成一个等效恒流源。注意:和4 A 恒流源串联的2 Ω 电阻,对端点a、b外部而言是不起作用的,可以短接,成为如图2.6(c)所示电路,其中

$$I_S = (I_{S1} - I_{S2} + 4)\text{A} = (5 - 2 + 4)\text{A} = 7 \text{ A}$$

根据分流公式求得4 Ω 电阻中的电流为

$$I = I_S \frac{\dfrac{3 \times 6}{3 + 6}}{\dfrac{3 \times 6}{3 + 6} + 4} \text{ A} = 7 \times \frac{2}{2 + 4} \text{ A} \approx 2.33 \text{ A}$$

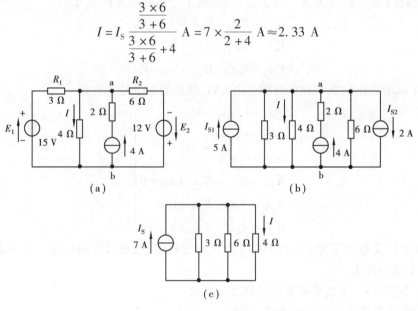

图2.6 例2.1的电路

2.2 支路电流法

以支路电流为求解变量列写电路方程组的求解方法,称为支路电流法。下面以图2.7为例介绍支路电流法。

图2.7所示电路有6条支路、4个节点、3个网孔,设支路电流如图2.7所示,利用KCL列方程,设流出节点的电流为正,流入的为负,则有

$$\left.\begin{aligned}\text{节点①}\quad & -i_1 + i_5 - i_6 = 0\\ \text{节点②}\quad & i_1 - i_2 + i_3 = 0\\ \text{节点③}\quad & -i_3 + i_4 - i_5 = 0\end{aligned}\right\} \tag{2.9}$$

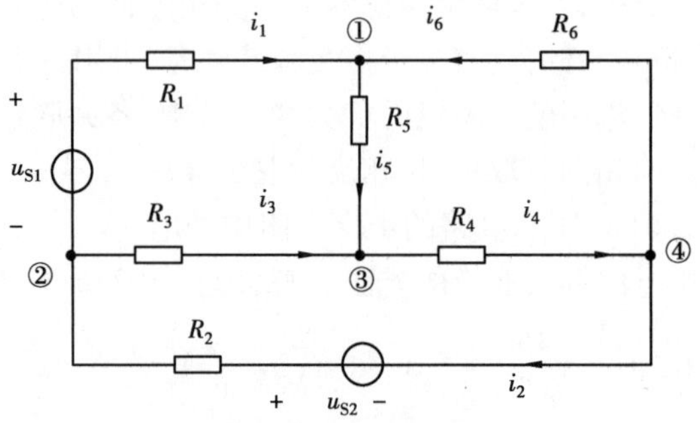

图 2.7 支路电流法

6 个变量用 3 个方程无法求出解答,再利用 KVL 列回路电压方程,因上节已述及,平面电路的网孔即是独立回路,所以不需要通过选树来确定基本回路。

取由电阻(1、5、3)、(5、6、4)、(3、4、2)组成的 3 个回路列方程

$$\left.\begin{aligned}R_1 i_1 + R_5 i_5 - R_3 I_3 - u_{S1} &= 0\\ R_6 i_6 + R_5 i_5 + R_4 i_4 &= 0\\ R_3 i_3 + R_4 i_4 + R_2 i_2 + u_{S2} &= 0\end{aligned}\right\} \tag{2.10}$$

联立由 KCL 列出的 3 个独立方程与由 KVL 列出的 3 个独立方程

$$\left.\begin{aligned}-i_1 + i_5 - i_6 &= 0\\ i_1 - i_2 + i_3 &= 0\\ -i_3 + i_4 - i_5 &= 0\\ R_1 i_1 + R_5 i_5 - R_3 i_3 - u_{S1} &= 0\\ R_6 i_6 + R_5 i_5 + R_4 i_4 &= 0\\ R_3 i_3 + R_4 i_4 + R_2 i_2 + u_{S2} &= 0\end{aligned}\right\} \tag{2.11}$$

解这 6 个以支路电流为未知量的相互独立的方程组,便得各支路电流。这种求解电路的方法,称为支路电流法。

从以上分析可知,支路电流方程的列写步骤为:

①标定各支路电流(电压)的参考方向;

②从电路的 n 个结点中任意选择 $n-1$ 个节点列写 KCL 方程;

③选择基本回路,结合元件的特性方程列写 $b-(n-1)$ 个 KVL 方程;

④求解上述方程,得到 b 个支路电流;

⑤进一步计算支路电压和进行其他分析。

需要注意的是:

支路电流法列写的是 KCL 和 KVL 方程,所以方程列写方便、直观,但方程数较多,宜于利用计算机求解;人工计算时,适用于支路数不多的电路。

［**例**2.2］　求图2.8所示电路的各支路电流及电压源各自发出的功率。

解　(1)对节点 a 列 KCL 方程

$$-I_1 - I_2 + I_3 = 0$$

(2)对两个网孔列 KVL 方程

$$7I_1 - 11I_2 = 70 - 6$$
$$11I_2 + 7I_3 = 6$$

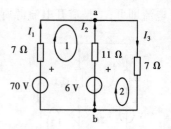

图 2.8　例 2.2 图

(3)求解上述方程

$$\Delta = \begin{vmatrix} -1 & -1 & 1 \\ 7 & -11 & 0 \\ 0 & 11 & 7 \end{vmatrix} = 203 \quad \Delta_1 = \begin{vmatrix} 0 & -1 & 1 \\ 64 & -11 & 0 \\ 6 & 11 & 7 \end{vmatrix} = 1\,218 \quad \Delta_2 = \begin{vmatrix} -1 & 0 & 1 \\ 7 & 64 & 0 \\ 0 & 6 & 7 \end{vmatrix} = -406$$

$$I_1 = \frac{\Delta_1}{\Delta} = \frac{1\,218}{203}\text{A} = 6\ \text{A} \quad I_2 = \frac{\Delta_2}{\Delta} = \frac{-406}{203}\ \text{A} = -2\ \text{A} \quad I_3 = I_1 + I_2 = (6-2)\text{A} = 4\ \text{A}$$

(4)电压源发出的功率

$$P_{70} = 6 \times 70\ \text{W} = 420\ \text{W} \qquad P_6 = [(-2) \times 6]\text{W} = -12\ \text{W}$$

［**例**2.3］　列写图 2.9 所示电路的支路电流方程(电路中含有理想电流源)。

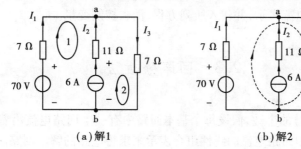

(a)解1　　　　　　　　　(b)解2

图 2.9　例 2.3 图

解1　(1)对节点 a 列 KCL 方程

$$-I_1 - I_2 + I_3 = 0$$

(2)选两个网孔为独立回路,设电流源两端电压为 U,列 KVL 方程

$$7I_1 - 11I_2 = 70 - U$$
$$11I_2 + 7I_3 = U$$

(3)由于多出一个未知量 U,需增补一个方程

$$I_2 = 6\ \text{A} \qquad 11I_2 + 7I_3 = 6$$

求解以上方程可得各支路电流。

解2　由于支路电流 I_2 已知,故只需列写两个方程。

(1)对节点 a 列 KCL 方程

$$-I_1 - 6 + I_3 = 0$$

(2)避开电流源支路取回路,选大回路列 KVL 方程

$$7I_1 - 7I_3 = 70$$

注意:对含有理想电流源的电路,列写支路电流方程有两种方法:一是设电流源两端电压,把电流源看作电压源来列写方程,然后增补一个方程,即令电流源所在支路电流等于电流源的

电流即可;二是避开电流源所在支路列方程,把电流源所在支路的电流作为已知。

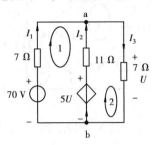

图 2.10　例 2.4 图

[**例 2.4**]　列写图 2.10 所示电路的支路电流方程(电路中含有受控源)。

解　(1)对节点 a 列 KCL 方程

$$-I_1 - I_2 + I_3 = 0$$

(2)选两个网孔为独立回路,列 KVL 方程

$$7I_1 - 11I_2 = 70 - 5U$$

$$11I_2 + 7I_3 = 5U$$

(3)由于受控源的控制量 U 是未知量,需增补一个方程

$$U = 7I_3$$

(4)整理以上方程,消去控制量 U

$$-I_1 - I_2 + I_3 = 0$$

$$7I_1 - 11I_2 + 35I_3 = 70$$

$$11I_2 - 28I_3 = 0$$

注意:对含有受控源的电路,方程列写需分两步。

①先将受控源看作独立源列方程;

②将控制量用支路电流表示,并代入所列方程,消去控制变量。

2.3　回路分析法

为减少未知量(方程)的个数,假设每个基本回路中有一个回路电流沿着构成该回路的各支路流动。各支路电流用回路电流的线性组合表示来求得电路的解。回路法和网孔法就是基于这种想法而提出的一类方法。

要使方程数目减少,必须使求解的未知量数目减少,应寻求数目少于支路数 b 的新的求解变量。

所列 KVL 方程相互独立的回路称为独立回路。一个具有 b 条支路、n 个节点的连通图有 $b - n + 1$ 个基本回路,即有 $b - n + 1$ 个独立回路。

假设电路的各独立回路中均有一电流在各回路单独作闭合流动,这些假想的电流称作各独立回路的回路电流。

如图 2.11 所示为回路分析法电路,图中有两个独立回路,选两个网孔为独立回路,设网孔电流沿顺时针方向流动。可以清楚地看到,当某支路只属于某一回路(或网孔),那么该支路电流就等于该回路(网孔)电流;如果某支路属于两个回路(或网孔)所共有,则该支路电流就等于流经该支路两回路(网孔)电流的代数和。

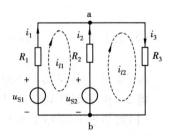

图 2.11　回路分析法电路

图 2.11 所示电路中

$$i_1 = i_{l1} \qquad i_3 = i_{l2} \qquad i_2 = i_{l2} - i_{l1}$$

回路电流在独立回路中是闭合的,对每个相关节点,回路电流流进一次,必流出一次,所以

回路电流自动满足 KCL。因此回路电流法是对基本回路列写 KVL 方程,方程数为 $b-(n-1)$,与支路电流法相比,方程数减少 $n-1$ 个。

应用回路法分析电路的关键是如何简便、正确地列写出以回路电流为变量的回路电压方程。以图 2.11 所示电路为例列写网孔的 KVL 方程,并从中归纳总结出简便列写回路 KVL 方程的方法。

按网孔列写 KVL 方程

$$网孔 1 \quad R_1 i_{l1} + R_2(i_{l1} - i_{l2}) - u_{S1} + u_{S2} = 0$$
$$网孔 2 \quad R_2(i_{l1} - i_{l2}) + R_3 i_{l2} - u_{S2} = 0 \tag{2.12}$$

将以上方程按未知量顺序排列整理得

$$(R_1 + R_2) i_{l1} - R_2 i_{l2} = u_{S1} - u_{S2}$$
$$-R_2 i_{l2} + (R_2 + R_3) i_{l2} = u_{S2} \tag{2.13}$$

观察方程可以看出如下规律:

第一个等式中,i_{l1} 前的系数 $(R_1 + R_2)$ 是网孔 1 中所有电阻之和,称为网孔 1 的自电阻,用 R_{11} 表示;i_{l2} 前的系数 $-R_2$ 是网孔 1 和网孔 2 公共支路上的电阻,称为两个网孔的互电阻,用 R_{12} 表示。由于流过 R_2 的两个网孔电流方向相反,故 R_2 前为负号;等式右端 $u_{S1} - u_{S2}$ 表示网孔 1 中电压源的代数和,用 u_{S11} 表示。u_{S11} 中各电压源的取号法则是,电压源的电压降落方向与回路电流方向一致的取负号,反之取正号。

用同样的方法可以得出第二个等式中的自电阻、互电阻和等效电压源。

$$自电阻 \quad R_{22} = (R_2 + R_3)$$
$$互电阻 \quad R_{21} = -R_2$$
$$等效电压源 \quad u_{S22} = u_{S2}$$

由此得回路(网孔)电流方程的标准形式

$$R_{11} i_{l1} + R_{12} i_{l2} = u_{S11}$$
$$R_{21} i_{l1} + R_{22} i_{l2} = u_{S22} \tag{2.14}$$

对于具有 $l = b - (n-1)$ 个基本回路的电路,回路(网孔)电流方程的通式为

$$R_{11} i_{l1} + R_{12} i_{l2} + \cdots + R_{1l} i_{ll} = u_{S11}$$
$$R_{21} i_{l1} + R_{22} i_{l2} + \cdots + R_{2l} i_{ll} = u_{S22} \tag{2.15}$$
$$\vdots$$
$$R_{l1} i_{l1} + R_{l2} i_{l2} + \cdots + R_{ll} i_{ll} = u_{Sll}$$

其中,自电阻 R_{kk} 为正;互电阻 $R_{jk} = R_{kj}$ 可正可负,当流过互电阻的两回路电流方向相同时为正,反之为负。

等效电压源 u_{Skk} 中的电压源电压方向与该回路电流方向一致时,取负号;反之取正号。注意:当电路不含受控源时,回路电流方程的系数矩阵为对称阵。

回路法的一般步骤:

①选定 $l = b - (n-1)$ 个基本回路,并确定其绕行方向;

②对 l 个基本回路,以回路电流为未知量,列写 KVL 方程;

③求解上述方程,得到 l 个回路电流;

④求各支路电流(用回路电流表示);

⑤其他分析。

电路中含有理想电流源和受控源时,回路方程的列写参见例题。

[例2.5] 列写图2.12所示电路的回路电流方程,说明如何求解电流 i。

解 独立回路有3个。选网孔为独立回路如图2.12(b)所示,回路方程为

$$(R_3 + R_1 + R_4)i_1 - R_1 i_2 - R_4 i_3 = u_S$$
$$-R_1 i_1 - (R_2 + R_1 + R_5)i_2 - R_5 i_3 = 0$$
$$-R_4 i_1 - R_5 i_2 + (R_2 + R_1 + R_5)i_3 = 0$$

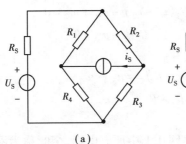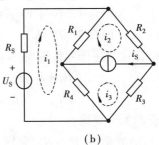

图2.12 例2.5图

从以上方程中解出网孔电流 i_2 和网孔电流 i_3,则电流 $i = i_2 - i_3$。

注意:

①不含受控源的线性网络,回路方程的系数矩阵为对称阵,满足 $R_{jk} = R_{kj}$。

②当网孔电流均取顺时针或逆时针方向时,R_{kj} 均为负。

[例2.6] 列写图2.13所示电路的回路电流方程(电路中含有无伴理想电流源)。

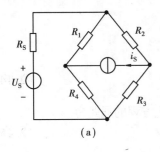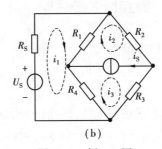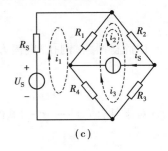

图2.13 例2.6图

解1 选取网孔为独立回路,如图2.13(b)所示,引入电流源电压 U,则回路方程为

$$(R_S + R_1 + R_4)i_1 - R_1 i_2 - R_4 i_3 = U_S$$
$$-R_1 i_1 - (R_2 + R_1)i_2 = U_S$$
$$-R_4 i_1 + (R_3 + R_4)i_3 = U$$

由于多出一个未知量 U,需增补一个方程,即增加回路电流和电流源电流的关系方程: $i_S = i_2 - i_3$。

解2 选取独立回路,使理想电流源支路仅仅属于一个回路,如图2.13(c)所示,该回路电流等于 i_S。回路电流方程为

$$(R_S + R_1 + R_4)i_1 - (R_1 + R_4)i_3 = 0$$
$$i_S = i_2$$
$$-(R_1 + R_4)i_1 + (R_1 + R_2)i_2 + (R_1 + R_2 + R_3 + R_4)i_3 = 0$$

本题说明对含有无伴理想电流源的电路,回路电流方程的列写有两种方式:

①引入电流源电压 U,把电流源看作电压源列写方程,然后增补回路电流和电流源电流的关系方程,从而消去中间变量 U。这种方法比较直观,但需增补方程,往往列写的方程数多。

②使理想电流源支路仅仅属于一个回路(作为连支),该回路电流等于已知的电流源电流 i_{s}。这种方法列写的方程数少。

在一些有多个无伴电流源问题中,以上两种方法往往并用。

[例 2.7]　列写图 2.14(a)所示电路的回路电流方程(电路中含有受控源)。

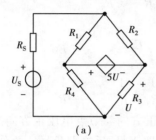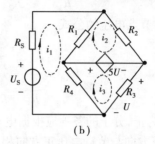

(a)　　　　　　　　　　(b)

图 2.14　例 2.7 图

解　选网孔为独立回路,如图 2.14(b)所示,把受控电压源看作独立电压源列方程,得

回路 1　　　　　　$(R_{\mathrm{S}} + R_1 + R_4)i_1 - R_1 i_2 - R_4 i_3 = U_{\mathrm{S}}$

回路 2　　　　　　　　　$-R_1 i_1 + (R_2 + R_1)i_2 = 5U$

回路 3　　　　　　　　　$-R_4 i_1 + (R_3 + R_4)i_3 = -5U$

由于受控源的控制量 U 是未知量,需增补一个方程 $U = R_3 i_3$。

整理以上方程消去控制量 U 得

回路 1　　　　　　$(R_{\mathrm{S}} + R_1 + R_4)i_1 - R_1 i_2 - R_4 i_3 = U_{\mathrm{S}}$

回路 2　　　　　　　　$-R_1 i_1 + (R_2 + R_1)i_2 - 5R_3 i_3 = 0$

回路 3　　　　　　　　$-R_4 i_1 + (R_3 + R_4 + 5R_3)i_3 = 0$

2.4　节点电压法

节点电压法是以节点电压为求解对象的计算方法。对于有两个节点的复杂电路,应用节点电压法十分简便。

现以图 2.15 为例来导出节点电压的计算公式,并说明如何用节点电压法解题。

根据基尔霍夫第一定律,对节点 A 有

$$I_1 + I_2 - I_3 - I_4 = 0$$

选定节点电压 U 的正方向如图 2.15 所示。根据基尔霍夫第二定律可求得各支路电流

$$U = E_1 - I_1 R_1 \qquad I_1 = \frac{E_1 - U}{R_1}$$

$$U = E_2 - I_2 R_2 \qquad I_2 = \frac{E_2 - U}{R_2}$$

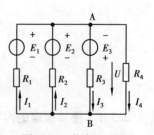

图 2.15　节点电压法

$$U = -E_3 + I_3R_3 \qquad I_3 = \frac{E_3 + U}{R_3}$$

$$U = I_4R_4 \qquad\qquad I_4 = \frac{U}{R_4}$$

将以上4式代入电流方程式,得

$$\frac{E_1 - U}{R_1} + \frac{E_2 - U}{R_2} - \frac{E_3 + U}{R_3} - \frac{U}{R_4} = 0$$

经整理后得出节点电压的公式

$$U = U_{AB} = \frac{\dfrac{E_1}{R_1} + \dfrac{E_2}{R_2} - \dfrac{E_3}{R_3}}{\dfrac{1}{R_1} + \dfrac{1}{R_2} + \dfrac{1}{R_3} + \dfrac{1}{R_4}} = \frac{\sum \dfrac{E}{R}}{\sum \dfrac{1}{R}} \qquad (2.16)$$

式中,分母各项总为正,分子的各项应根据电动势正方向与节点电压正方向的关系来决定:电动势(或电激流)正方向与节点电压正方向相反时取正号,反之取负号。此公式又称为弥尔曼定理,应用广泛。

[例2.8] 用节点电压法求在图2.16中的 I_3,已知 $R_1 = R_2 = 10\ \Omega$,$R_3 = 5\ \Omega$,$E_1 = 10\ V$,$E_2 = 5\ V$。

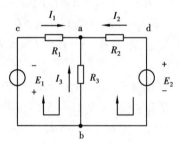

图2.16 例2.8图

解 根据弥尔曼定理,节点电压为

$$U = \frac{\sum \dfrac{E}{R}}{\sum \dfrac{1}{R}} = \frac{-\dfrac{E_1}{R_1} + \dfrac{E_2}{R_2}}{\dfrac{1}{R_1} + \dfrac{1}{R_2} + \dfrac{1}{R_3}} = \frac{-\dfrac{10}{10} + \dfrac{5}{10}}{\dfrac{1}{10} + \dfrac{1}{10} + \dfrac{1}{5}}\ V = -1.25\ V$$

于是可得

$$I_3 = \frac{-U}{R_3} = \frac{1.25}{5}\ A = 0.25\ A$$

2.5 叠加原理

2.5.1 叠加原理的内容

电路元件有线性和非线性之分。线性元件的参数是常数,与所施加的电压和通过的电流无关。由线性元件组成的电路称为线性电路。

叠加原理是线性电路的基本原理。它指出,在一个含有多个电源的线性电路中,任一支路的电流(或电压)等于电路中各电源电动势或电激流单独作用时在该支路所产生的电流(或电压)的代数和。

"单独作用"就是某一个电源工作时,其余电源的电动势或电激流都等于零,即令理想电压源短接,理想电流源断开,而它们的内阻保持不变。每个电源单独作用时,在该支路所产生的电流(或电压)的正方向与各电源同时作用时在该支路所产生的电流(或电压)的正方向一致时,叠加取正号;反之取负号。

2.5.2　叠加原理的应用

应用叠加原理可以将一个复杂电路的分析计算变成多个简单电路的分析计算。现再以例2.8 的图 2.16 说明应用叠加原理解题的方法。

根据叠加原理,由图 2.16 画出图 2.17。

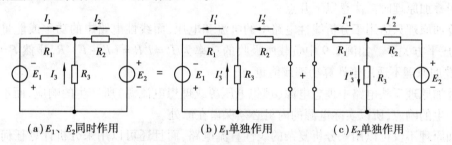

（a）E_1、E_2 同时作用　　　　（b）E_1 单独作用　　　　（c）E_2 单独作用

图 2.17　叠加原理解题电路图

由图 2.17(b),可得 E_1 单独作用时的电流

$$I_3' = \frac{E_1 R_2}{R_2 R_1 + R_2 R_3 + R_1 R_3}　　　代入数据有 I_3' = 0.5 \text{ A}$$

由图 2.17(c),可算出

$$I_3'' = \frac{E_2 R_1}{R_1 R_2 + R_2 R_3 + R_3 R_1}　　　代入数据有 I_3'' = 0.25 \text{ A}$$

E_1、E_2 同时作用时的电流为

$$I_3 = I_3' - I_3'$$

代入数据有

$$I_3 = (0.5 - 0.25) \text{A} = 0.25 \text{ A}$$

[**例 2.9**]　试求图 2.18(a)所示电路中的电流 I 及电压 U。

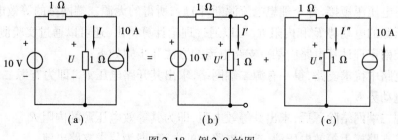

（a）　　　　　　　（b）　　　　　　　（c）

图 2.18　例 2.9 的图

解 先求理想电压源单独作用时所产生的电流 I' 和电压 U'。此时将理想电流源所在支路开路,如图 2.18(b)所示。由欧姆定律可得

$$I' = \frac{10}{1+1} \text{ A} = 5 \text{ A}$$

$$U' = (1 \times 5) \text{ V} = 5 \text{ V}$$

再求理想电流源单独作用时所产生的电流 I'' 和电压 U''。此时将理想电压源所在处短路,如图 2.18(c)所示。由分流公式可得

$$I'' = \left(\frac{1}{1+1} \times 10 \right) \text{ A} = 5 \text{ A}$$

$$U'' = (1 \times 5) \text{ V} = 5 \text{ V}$$

将图 2.18(b)与图 2.18(c)叠加可得

$$I = I' + I'' = (5+5) \text{ A} = 10 \text{ A}$$

$$U = U' + U'' = (5+5) \text{ V} = 10 \text{ V}$$

使用叠加原理时需注意以下几点:

①叠加原理只适用于分析线性电路中的电流和电压,而线性电路中的功率或能量是与电流、电压成平方关系。如例 2.9 中负载所吸收的功率为 $P = I^2 R = (I' + I'')^2 R$,显然 $P \neq I'^2 R + I''^2 R$,故叠加原理不适用于计算功率或能量。

②叠加原理反映电路中理想电源(理想电压源或理想电流源)所产生的响应,而不是实际电源所产生的响应,所以实际电源的内阻必须保留在原处。

叠加原理不仅可以用来分析复杂的线性直流电路,而且还可以用来分析计算任何复杂的交流线性电路;在分析非正弦交流电路时,更常用叠加原理的概念。此外,有关线性电路中的某些定理常应用叠加原理加以证明。

2.6 戴维南定理(等效电压源定理)

2.6.1 戴维南定理的内容

凡具有两个出线端的部分电路,称为二端网络。如果其内部含有电源,则称为有源二端网络。显然,任意一个有源二端网络对外部电路来说相当于一个电压源。

戴维南定理指出:任何一个有源线性二端网络,都可以用一个等效电压源替代,等效电压源的电动势 E' 等于有源二端网络的开路电压 U_0,其内阻 R_0 等于该有源二端网络除源(即将其内部各个理想电压源短接,各个理想电流源断开)后,所得的无源二端网络的等效电阻。

等效电压源的电动势 E' 和内阻 R_0 可以通过理论计算得出,还可以通过实验测出。

应用戴维南定理计算电路中某一支路电流的方法和步骤如下:

①移去电路中待求支路,得一有源二端网络,求出其开路电压 U_0,即为有源二端网络的等效电压源的电动势 E'。

②将有源二端网络除源后,求出其等效电阻,即为其等效电压源的内阻 R_0。

③将待求支路接上等效电压源,求出电路中的电流,即为待求支路电流。

2.6.2 戴维南定理的应用

[例2.10] 用戴维南定理求图2.19(a)所示电路中的 I_g。设 $E = 12$ V，$R_1 = R_2 = R_4 = 5$ Ω，$R_3 = 10$ Ω，$R_g = 10$ Ω。

解 根据用戴维南定理计算电路中某一支路电流的方法和步骤，画出电路图，如图2.19所示。

将待求支路 R_g 从网络中移去，求其开路电压 U_0。

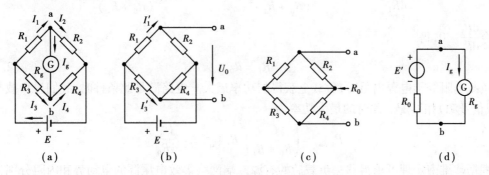

图2.19 例2.10的电路

由图2.19(b)得

$$E' = U_0 = \frac{R_2 E}{R_1 + R_2} - \frac{R_4 E}{R_3 + R_4} = 2 \text{ V}$$

由图2.19(c)得

$$R_0 = \frac{R_1 R_2}{R_1 + R_2} + \frac{R_3 R_4}{R_3 + R_4} = \left(2.5 + \frac{10}{3}\right)\Omega = 5.83 \text{ Ω}$$

由图2.19(d)得

$$I_g = \frac{E'}{R_0 + R_g} = \left(\frac{2}{5.83 + 10}\right)A = 0.126 \text{ A}$$

显然，用戴维南定理解此题，比用其他方法简便。

2.6.3 最大功率传输

[例2.11] 电路如图2.20所示，R_L 可调。R_L 为何值时，它吸收的功率最大？并计算出这个最大功率。

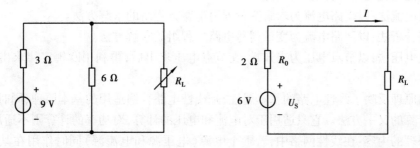

图2.20 例2.11的图　　　　图2.21 负载获得最大功率的条件

解 先分析一下电路中负载获得最大功率的条件。根据戴维南定理，对于负载 R_L 来说，

图 2.20 所示的电路可等效为图 2.21 所示的电路,U_S 为等效电压源中理想电压源的电压,R_0 为等效电压源的内阻,R_L 为负载电阻,可得负载功率为

$$P_L = I^2 R_L = \left(\frac{U_S}{R_0 + R_L} \right)^2 R_L$$

当 $R_L = 0$ 或 ∞ 时,R_L 上不获得功率,只有当 R_L 为 0 与 ∞ 之间某一值时,才能获得最大功率。由

$$\frac{\mathrm{d}P_L}{\mathrm{d}R_L} = \frac{U_S^2 \left[(R_0 + R_L)^2 - 2R_L(R_0 + R_L) \right]}{(R_0 + R_L)^4} = U_S^2 \frac{R_0 - R_L}{(R_0 + R_L)^3}$$

令 $\dfrac{\mathrm{d}P_L}{\mathrm{d}R_L} = 0$,得

$$R_L = R_0 \qquad\qquad (2.17)$$

即当负载电阻等于电源内阻时,负载上获得的功率最大。电路满足此条件时,我们说负载与电源(或信号源)相匹配。此时的最大功率为

$$P_{L\max} = \left(\frac{U_S}{R_0 + R_L} \right)^2 R_L \bigg|_{R_L = R_0} = \frac{U_S^2}{4R_0} \qquad\qquad (2.18)$$

根据戴维南定理可求得移去负载后的有源二端网络等效电压源的电动势和内阻分别为

$$U_S = U_0 = \frac{9}{3+6} \times 6 \text{ V} = 6 \text{ V}$$

$$\frac{1}{R_0} = \frac{1}{3 \text{ } \Omega} + \frac{1}{6 \text{ } \Omega} = \frac{3}{6 \text{ } \Omega} \quad R_0 = 2 \text{ } \Omega$$

如图 2.21 所示。

由式(2.16)和式(2.17)可知:当 $R_L = R_0 = 2 \text{ } \Omega$ 时,R_L 上获得最大功率,且最大功率为

$$P_{L\max} = \frac{U_S^2}{4R_0} = \frac{6^2}{4 \times 2} \text{W} = 4.5 \text{ W}$$

本章小结

1. 电源的两种电路模型:电压源与电流源。两者对电源外电路可以等效变换,变换的关系式为 $I_S = E/R_0$,$E = I_S R_S$,$R_0 = R_S$,E 和 I_S 的正方向应一致;对电源内电路则不能等效变换。这种等效变换是简化电路计算的一种方法。

2. 支路电流法:以支路电流为求解变量列写电路方程组的求解方法。

3. 回路分析法:以回路电流为变量列写电路方程组的求解方法。

4. 节点电压法:以节点电压为未知量,在节点电压求出后,再利用欧姆定律求出各支路的电流。

5. 叠加原理反映了线性电路的基本属性,是线性电路普遍适用的基本原理,同时也是简化线性电路计算的又一方法。它只适用于对电流和电压的计算,对功率的计算则不适用。

叠加原理的内容:在线性网络中,若干个电源(电压源和电流源)同时作用在某一支路上所产生的电压(或电流)等于各个电源单独作用时分别在该支路上所产生的电压(或电流)的代数和。应用时注意两点:①在叠加过程中,对于不作用的恒压源应短路,对于不作用的恒流

源应断路,但内阻不变,仍保留在电路中。②叠加计算时,若某电源单独作用在某支路所产生的电压(或电流)的正方向与所有电源同时作用在该支路所产生的电压(或电流)的正方向相同时,叠加取正号;相反时取负号。

6. 戴维南定理又称等效电压源定理,是一个简化有源二端网络的定理。仅计算复杂电路中某一支路的电流时,使用戴维南定理最为简捷。

习　题

2.1　图 2.22 所示电路中,当 $U_S = 10$ V 时,$I = 1$ A。若将 U_S 增大到 30 V,则此时 I 等于多少?

2.2　图 2.23 所示电路中,恒压源、恒流源同时作用时,电压表的读数为 12 V。若电路仅将恒压源短接,则电压表的读数为 8 V。试问电路仅将恒流源断开后,电压表的读数是多少?

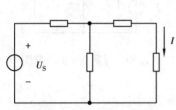

图 2.22　习题 2.1 的图

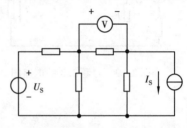

图 2.23　习题 2.3 的图

2.3　试求图 2.24 所示电路中开关 S 断开时电路入端的等效电阻 R_{ab}。

2.4　试求图 2.25 所示电路中电路入端的等效电阻 R_{ab}。

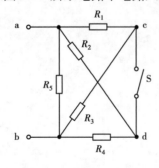

图 2.24　习题 2.3 的图

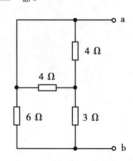

图 2.25　习题 2.4 的图

2.5　应用戴维南定理求图 2.26 所示电路中 R_3 上的电流 I。已知 $E_1 = 15$ V,$E_2 = 13$ V,$E_3 = 4$ V,$R_1 = 1$ Ω,$R_2 = 1$ Ω,$R_3 = 10$ Ω,$R_4 = 1$ Ω,$R_5 = 1$ Ω。

2.6　如图 2.27 所示,已知 $U_1 = 10$ V,$U_2 = 3$ V,$I_{S1} = 4$ A,$R_1 = 1$ Ω,$R_2 = 1$ Ω,$R_3 = 2$ Ω,$R_4 = 3$ Ω,$R_5 = 6$ Ω,$R_6 = 3$ Ω,求 R_4 两端的电压 U_{ab}。

2.7　如图 2.28 所示,已知 $E_1 = 160$ V,$E_2 = 130$ V,$E_3 = 16$ V,$R_1 = 25$ Ω,$R_2 = 35$ Ω,$R_3 = 30$ Ω,$R_4 = 10$ Ω,求电路中电流 I。

2.8　在图 2.29 中,已知 $E_1 = 2.5$ V,$E_2 = 11$ V,$I_S = 3$ A,$R_1 = 2$ Ω,$R_2 = 3$ Ω,$R_3 = 1$ Ω,$R_4 = 1.8$ Ω,$R_5 = 3.75$ Ω,用电源等效变换的方法计算电流 I 及电流源的端电压 U。

2.9 应用叠加原理求图 2.30 所示电路中的 U。

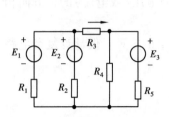

图 2.26 习题 2.5 的电路图

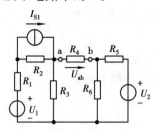

图 2.27 习题 2.6 的电路图

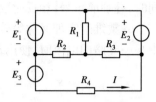

图 2.28 习题 2.7 的电路图

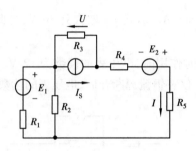

图 2.29 习题 2.8 的电路图

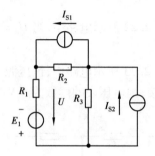

图 2.30 习题 2.9 的电路图

第 **3** 章
正弦交流电路

正弦交流电路是指用正弦电源激励,产生大小和方向均随时间按正弦规律变化的电流与电压的电路。

本章介绍正弦交流电路的基本概念和分析方法,从单一参数电路出发,讨论交流电路的电流和电压的关系及功率问题,然后分析 *RLC* 串、并联电路,功率因数提高及谐振电路,最后介绍和分析三相交流电路及安全用电知识。

3.1 正弦交流电的基本概念

3.1.1 正弦量的三要素

方向和大小随时间变化的电动势、电流和电压,统称为交流电。按照正弦规律变化的交流电称为正弦交流电,如图 3.1 所示。

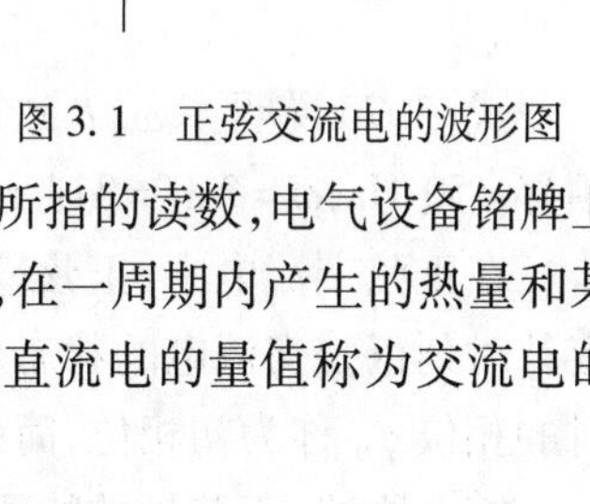

正弦交流电压的函数表示式为

$$u = U_\mathrm{m}\sin(\omega t + \varphi_0) \qquad (3.1)$$

式中,U_m 为电压的最大值,又称幅值,反映正弦交流电的大小。

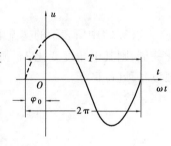

图 3.1 正弦交流电的波形图

在工程中,常采用有效值表示交流电的大小。交流测量仪表所指的读数,电气设备铭牌上的额定值都是指有效值。通常规定:如果一交流电流通过电阻 R,在一周期内产生的热量和某一直流电流通过同一电阻在相同时间内产生的热量相等,则这个直流电的量值称为交流电的有效值。

(a)交流电流通过电阻 R (b)直流电流通过电阻 R

图 3.2 交流电流与直流电流热效应的比较

如图 3.2 所示,两个相同的电阻 R 中,分别通以交流电流 i 和直流电流 I。当交流电 i 通

过电阻 R 时,该电阻在一周期的时间 T 内所消耗的电能为

$$W_i = \int_0^T Ri^2 \mathrm{d}t = R\int_0^T i^2 \mathrm{d}t \qquad\qquad (3.2)$$

当直流电通过电阻 R 时,在相同的时间 T 内所消耗的电能为

$$W_I = RI^2 T \qquad\qquad (3.3)$$

令式(3.2)和式(3.3)相等,就得到交流电的有效值计算式

$$I = \sqrt{\frac{1}{T}\int_0^T i^2 \mathrm{d}t} \qquad\qquad (3.4)$$

可见,交流电的有效值是它的均方根值。

对于正弦交流电,设其函数式为 $i = I_\mathrm{m}\sin(\omega t + \varphi_i)$,则其有效值为

$$I = \sqrt{\frac{1}{T}\int_0^T I_\mathrm{m}^2\sin^2(\omega t + \varphi_i)\,\mathrm{d}t} = \frac{I_\mathrm{m}}{\sqrt{2}} = 0.707I_\mathrm{m} \qquad\qquad (3.5)$$

这就是说,正弦交流电的有效值等于它的最大值的 $\dfrac{1}{\sqrt{2}}$ 倍。这个结论对于正弦电动势和电压都是适用的,即

$$E = \frac{E_\mathrm{m}}{\sqrt{2}} \qquad U = \frac{U_\mathrm{m}}{\sqrt{2}}$$

交流电变化一周所需的时间称为周期,用 T 表示,单位为秒(s)。交流电在一秒钟内变化的周数称为频率,用 f 表示,单位为赫[兹](Hz)。

显然

$$f = \frac{1}{T} \qquad\qquad (3.6)$$

式(3.1)中所表示的交流电在交变过程中所经历的角度 $\omega t + \varphi_0$ 称为电角度。交流电变化一周,则其电角度变化 2π 弧度。单位时间内变化的电角度称为角频率,用 ω 表示,单位为弧度每秒(rad/s)。

显然,

$$\omega = \frac{2\pi}{T} = 2\pi f \qquad\qquad (3.7)$$

式(3.7)说明:f、ω、T 3 个量都反映正弦交流电变化的快慢。我国工业用电频率(称为工频)$f = 50$ Hz,$\omega = 2\pi f = 314$ rad/s,周期 $T = 0.02$ s。

在正弦交流电中,正弦量随时间变化的电角度是 $\omega t + \varphi_0$,反映正弦交流电的变化进程,决定某时刻正弦交流电的状态,称为正弦量的相位。显然,相位的大小与计时的起点有关。$t = 0$ 时的相位 φ_0 称为初相位,简称初相,反映正弦交流电的初始状态。

综上所述,正弦量的特征表现在变化的大小、快慢和初始状态三个方面,它们分别由最大值、角频率和初相位来确定。最大值、角频率和初相位称为正弦量的三要素,是正弦量特征的完整表示,也是正弦量之间进行比较和区分的依据。

3.1.2 同频率正弦量的相位关系

在正弦交流电路的分析中,经常要确定和比较它们之间的相位关系。设任意两个同频率

正弦量,一个是电流 i,一个是电压 u,即

$$u = U_m \sin(\omega t + \varphi_u)$$
$$i = I_m \sin(\omega t + \varphi_i)$$

它们之间的相位之差称为相位差,用 φ 表示,即

$$\varphi = (\omega t + \varphi_u) - (\omega t + \varphi_i) = \varphi_u - \varphi_i \qquad (3.8)$$

可见,同频率正弦交流电的相位差等于其初相位之差,与时间无关。时间起点选择得不同,电压的初相角 φ_u 和电流的初相角 φ_i 将随着改变,但二者之差则是不变的。相位差是比较两个同频率正弦交流电的重要标志之一。

两个同频率正弦量的相位关系,它们的相位差有:$\varphi = 0$,两交流电同相,如图 3.3(a)所示;$\varphi > 0$,u 超前 i,如图 3.3(b)所示;$\varphi < 0$,u 滞后 i。若 $\varphi = \pm \pi/2$,两交流电正交,如图 3.3(b)所示;若 $\varphi = \pm \pi$,两交流电反相,如图 3.3(c)所示。

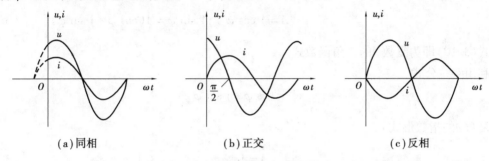

(a)同相   (b)正交   (c)反相

图 3.3 正弦交流电的相位关系

[**例 3.1**] 已知两正弦交流电 $u = 12\sin(314t + 80°)$ V,$i = 7\sin(314t + 10°)$ A。

(1)在同一坐标上绘出它们的波形图。

(2)求其各自的最大值、有效值、角频率和初相位。

(3)说明它们的相位差哪个超前,哪个滞后。

解 (1)u、i 的波形图如图 3.4 所示。

(2)$U_m = 12$ V,$U = 6\sqrt{2}$ V

$I_m = 7$ A,$I = 3.5\sqrt{2}$ V

$\omega_1 = \omega_2 = 314$ rad/s,$f_1 = f_2 = 50$ Hz

$T_1 = T_2 = 0.02$ s

$\varphi_u = 80°$,$\varphi_i = 10°$

(3)$\varphi = \varphi_u - \varphi_i = 70°$;$u$ 超前 $i70°$

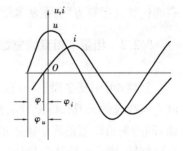

图 3.4 例 3.1 的波形图

3.2 正弦量的相量表示法

在正弦交流电路的计算中,实际广泛采用的是简便有效的方法——相量法。为此,下面有必要先复习一下复数。

3.2.1 复数及其运算

一个复数 $\dot{A}$ 可以用几种形式表示，用代数式表示为

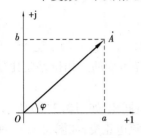

$$\dot{A} = a + jb \tag{3.9}$$

式中，a、b 都是实数，a 是实部，b 是虚部。为免与电流相混淆，电工学中常用 j 作虚部的单位。

复数 $\dot{A}$ 在复平面上可用有向线段表示，如图 3.5 所示。其中有向线段 A 的长度就是复数的模，有向线段 A 与实轴正方向的夹角 φ 就是幅角。

图 3.5　与复数对应的矢量

$$\dot{A} = A\cos\varphi + jA\sin\varphi = A(\cos\varphi + j\sin\varphi) \tag{3.10}$$

式（3.10）即为复数 $\dot{A}$ 的三角函数式。

利用欧拉公式

$$e^{j\varphi} = \cos\varphi + j\sin\varphi$$

可得复数 $\dot{A}$ 的指数形式

$$\dot{A} = Ae^{j\varphi} \tag{3.11}$$

写成极坐标形式，有

$$\dot{A} = A\angle\varphi \tag{3.12}$$

综上所述，可见复数有多种表示形式。这使复数的四则运算极为灵活。加法和减法用复数的代数式运算方便，乘法和除法选用极坐标形式则更为简捷。

3.2.2 相量　相量的复数运算法

复数 A 可用复平面上一点表示，或用由坐标原点 O 到 P 点的有向线段表示。在复平面上取有向线段的长 OP，即复数的模 $|OP|$ 等于正弦量的幅值 I_m，有向线段的初始位置与横轴（实轴）间的夹角即幅角等于正弦量的初相位 φ_0，并以角速度 ω（等于正弦量的角频率）按逆时针方向旋转，则这个旋转矢量任一时刻在纵轴（虚轴）上的投影正是正弦量的瞬时值。由此形成的波形正是正弦交流电 $i = I_m\sin(\omega t + \varphi_0)$ 的波形，如图 3.6 所示。由此可见，一个正弦量可用一个对应的旋转矢量来表示。由于正弦交流电路的分析通常不涉及角频率，因此不必考虑矢量的旋转问题，而用该旋转矢量在 $t=0$ 时的矢量来表示正弦量；其长度等于正弦量的幅值（或有效值）的固定矢量，称为幅值相量（或有效值相量）。这种表示正弦量的方法称为正弦量的矢量表示法。显然，用与该矢量对应的复数同样可以表示一个正弦量，称为正弦量的复数表示法，即相量表示法。

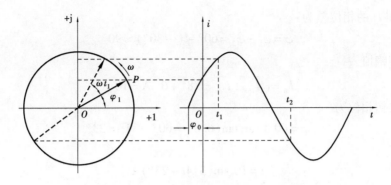

图 3.6 正弦量的矢量表示

以正弦电流 $i = I_m \sin(\omega t + \varphi_0)$ 为例，其幅值为 I_m，初相位为 φ_0，对应的复数为 $\dot{I}_m = I_m \angle \varphi_0$。因此，可用复数 $\dot{I}_m = I_m \angle \varphi_0$ 表示正弦电流 $i = I_m \sin(\omega t + \varphi_0)$。这种表示正弦量的复数，称为相量，以相应的大写字母顶上加"·"表示。如用最大值作为相量的模，称为最大值相量，如 $\dot{I}_m$；若用有效值作为相量的模，称为有效值相量，如 $\dot{I} = I \angle \varphi_0$。这样，对每一个正弦量，都可按照其对应关系写出相量。反之，对每一个相量，也可按照其对应关系求出该相量所表示的正弦量。

正弦量可用对应的复数表示，这样，正弦电路中有关量的加、减、乘、除也就容易解决了。

这种用复数表示正弦量来计算交流电路的方法称为相量的复数运算法。

这里，需要注意的是：

①相量可以表示正弦量，但并不等于正弦量，两者只有对应关系。

②只有正弦周期量才能用相量表示，相量不能表示非正弦周期量。因此，只有表示正弦量的复数才能称为相量。

3.2.3 相量图 相量图法

多个同频率正弦量对应的矢量画在同一坐标的复平面上的集合图，称为相量图。由于频率相同，各矢量在图中的位置是固定不变的。因此，以相量图为基础，通过矢量运算，就可进行正弦量的计算，这种方法称为相量图法。相量图法亦属于相量法，它比相量的复数计算法更形象、直观、简明，是简化交流电路计算的一种很有效的方法。

应用相量图法时，需要注意的是：

①作相量图时，同频率的正弦量才能画在同一个相量图上。

②同类型的正弦量必须按其大小成比例画出，才能进行比较。

③实际决定各相量之间关系的是相位差。因此，可取某一相量作为参考相量（取其初相位等于零），各相量在相量图上的位置便可由它们与参考相量的相位差来确定。

[例3.2] 已知 $i_1 = 8 \sin(314t + 60°)\text{A}$，$i_2 = 6 \sin(314t - 30°)\text{A}$，试求 $i = i_1 + i_2$。

解 先作电流 i_1 和 i_2 的相量图，然后求相量和，如图 3.7 所示。

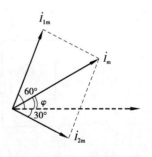

图 3.7 例 3.2 的相量图

因为 i_1 和 i_2 的相位差为

$$\varphi = \varphi_1 - \varphi_2 = 60° - (-30°) = 90°$$

所以总电流的幅值为

$$I_m = \sqrt{I_{1m}^2 + I_{2m}^2} = \sqrt{8^2 + 6^2} \ A = 10 \ A$$

总电流的初相位为

$$\varphi = 60° - \arctan(6/8) = 60° - 37° = 23°$$

所以

$$i = 10 \ \sin(314t + 23°) \ A$$

3.3 单一参数的正弦交流电路

3.3.1 纯电阻电路

负载为纯电阻元件的电路,称为纯电阻电路,如图 3.8(a)所示。这种电路,在任何时刻,它的两端的电压与电流的关系均服从欧姆定律。在电压与电流取关联方向时,有

$$u = iR \tag{3.13}$$

设 $i = I_m \sin \omega t$,则其相量为

$$\dot{I} = I \angle 0°$$

电阻两端电压为

$$u_R = iR = I_m R \ \sin \ \omega t = U_{Rm} \sin \ \omega t \tag{3.14}$$

也是一个同频率的正弦量,电压与电流的量值关系为

$$\frac{U_{Rm}}{I_m} = \frac{U}{I} = R$$

且同相位,其波形如图 3.8(b)所示。

由式(3.14)可得其相量为

$$\dot{U}_R = U_R \angle 0° = IR \angle 0° = \dot{I}R \tag{3.15}$$

它同时表达了电阻元件两端的电压与电流的量值和相位关系,其相量图如图 3.8(c)所示。

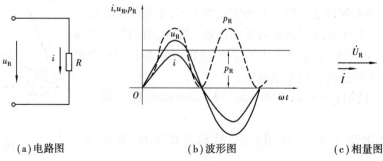

(a)电路图   (b)波形图   (c)相量图

图 3.8 纯电阻电路

任何瞬间,电压瞬时值 u 与电流瞬时值 i 的乘积称为瞬时功率,用小写字母 p 表示,即

$$p_R = u_R i = U_{Rm} I_m \sin^2 \omega t = U_R I (1 - \cos 2\omega t) \tag{3.16}$$

由图 3.8 可知,瞬时功率以 2 倍于电源频率的频率交变着,且总是正值,表明电阻元件从电源取用能量而转化为热能,这种能量转化是不可逆的,故电阻元件为耗能元件。

电工中通常说的功率是指瞬时功率在一周期内的平均值,称为平均功率,又称为有功功率,以大写字母 P 表示,单位为瓦[特](W)。

$$P_R = \frac{1}{T} \int_0^T p_R \mathrm{d}t = \frac{1}{T} \int_0^T U_R I (1 - \cos 2\omega t) \mathrm{d}t = U_R I = I^2 R = \frac{U_R^2}{R} \tag{3.17}$$

式(3.17)表明交流电路中电阻上消耗的有功功率等于电压有效值 U 与电流有效值 I 的乘积,公式与直流电路中的完全一样。

[**例 3.3**] 交流电压 $u = 311 \sin(314t - 60°)$ V,作用在 20 Ω 电阻两端,试写出电流瞬时值函数式,其平均功率为多少?

解 电压的有效值为 $U = \dfrac{U_m}{\sqrt{2}} = \dfrac{311}{\sqrt{2}}$ V $= 220$ V

电流的有效值为 $I = \dfrac{U}{R} = \dfrac{220}{20}$ A $= 11$ A

根据纯电阻电路中电流和电压同相位,可得 $i = 11\sqrt{2} \sin(314t - 60°)$ A

其平均功率为 $P = UI = 220 \times 11$ W $= 2\,420$ W

3.3.2 纯电感电路

负载为纯电感元件,如图 3.9 所示忽略电阻的空心线圈,称为纯电感电路,如图 3.10(a)所示。

选定电压与电流取关联方向,正弦电流与它在线圈中产生磁通的正方向应遵从右手螺旋关系。根据电磁感应定律,$e_L = -N \dfrac{\mathrm{d}\Phi}{\mathrm{d}t}$,电流在线圈中产生的自感电动势与磁通的正方向也应遵从右手螺旋关系,因此,自感电动势的正方向与电流的正方向一致。对于线性电感,$N\Phi = Li$。

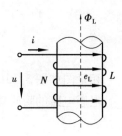

图 3.9 电感线圈

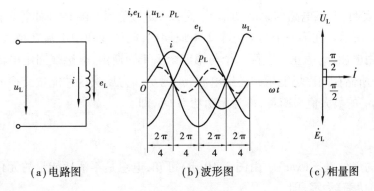

(a)电路图   (b)波形图   (c)相量图

图 3.10 纯电感电路

设通过线圈的正弦电流为

$$i = I_m \sin \omega t \tag{3.18}$$

电感两端电压为

$$u_L = -e_L = N\frac{d\Phi}{dt} = L\frac{di}{dt} = I_m \omega L \cos \omega t = U_m \sin\left(\omega t + \frac{\pi}{2}\right) \tag{3.19}$$

可见电感电路中的电压与电流也是同频率的正弦量。比较式(3.18)与式(3.19),可知电感电路中的电压比电流超前$\frac{\pi}{2}$相位角。电压与电流波形图如图 3.10(b)所示。

在式(3.19)中,引用了关系式

$$U_m = I_m \omega L$$

可表示为

$$\frac{U_m}{I_m} = \frac{U}{I} = \omega L \tag{3.20}$$

由此可知,在电感电路中,电压与电流有效值(或幅值)之比 ωL 对交流电流起阻碍作用,因此称 ωL 为感抗,单位为欧[姆](Ω),用 X_L 表示

$$X_L = \omega L = 2\pi f L \tag{3.21}$$

显然,当电压一定时,X_L 越大,则电流越小。感抗 X_L 与线圈的电感量 L、频率 f 成正比。L 一定时,f 越高,感抗 ωL 越大;f 越低,感抗 ωL 越小,如果 f 减小到零,则感抗 X_L 等于零,即对直流可视为短路。可见电感元件具有"阻高频,通低频"和"阻交流,通直流"的作用。

根据式(3.18)和式(3.19),用相量表示电压与电流,有

$$\dot{I} = I\angle 0°, \dot{U}_L = U_L\angle 90° \tag{3.22}$$

则

$$\dot{U}_L = j\,\dot{I}X_L = j\,\dot{I}\omega L$$

相量图如图 3.10(c)所示。式中,复数,$jX_L = j\omega L$ 称为复感抗。

电感电路的瞬时功率为

$$p_L = u_L i = U_m I_m \sin\left(\omega t + \frac{\pi}{2}\right)\sin \omega t$$

$$= U_m I_m \sin \omega t \cos \omega t = U_L I \sin 2\omega t \tag{3.23}$$

式(3.23)表明,电感电路的瞬时功率 P_L 是以 2ω 为角频率随时间而交变的正弦量,其波形如图 3.10(b)所示。在第一个与第三个 1/4 周期内,电感线圈中电流在增大,磁场在增强,线圈从电源取用电能,p_L 为正。在第二个与第四个 1/4 周期内,电感线圈中电流在减小,磁场在减弱,线圈中所储存的磁场能量归还给电源,p_L 为负。为反映这种能量交换的规模,我们规定用瞬时功率 p_L 的最大值来衡量,称为无功功率 Q_L,即

$$Q_L = U_L I = I^2 X_L = \frac{U_L^2}{X_L} \tag{3.24}$$

无功功率的单位是乏(var)。由图 3.10(b)可知,电感是不消耗能量的元件,电感电路的有功功率(平均功率)为零,即

$$P = \frac{1}{T}\int_0^T p_L dt = \frac{1}{T}\int_0^T U_L I \sin 2\omega t dt = 0$$

3.3.3 纯电容电路

负载为纯电容元件的电路,称为纯电容电路,如图3.11(a)所示。

在电容器两极板间加上电压,电容器将被充电。对于线性电容,两极板上所带电荷q与两极板间的电压u有如下关系

$$q = Cu \tag{3.25}$$

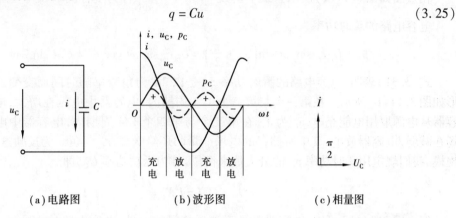

| (a)电路图 | (b)波形图 | (c)相量图 |

图3.11　纯电容电路

式中,C为电容量,单位为法[拉](F)。选定电压与电流取关联方向,则通过电容器的正弦电流

$$i = \frac{\mathrm{d}q}{\mathrm{d}t} = C\frac{\mathrm{d}u}{\mathrm{d}t}$$

设电容器上的电压为

$$u = U_\mathrm{m} \sin \omega t \tag{3.26}$$

则

$$i = C\frac{\mathrm{d}u}{\mathrm{d}t} = U_\mathrm{m}\omega C \cos \omega t = U_\mathrm{m}\omega C \sin\left(\omega t + \frac{\pi}{2}\right) = I_\mathrm{m} \sin\left(\omega t + \frac{\pi}{2}\right) \tag{3.27}$$

比较式(3.26)和式(3.27)可知,电容电路中电流超前电压$\frac{\pi}{2}$相位角。电压与电流波形图如图3.11(b)所示。

在式(3.27)中,引用了关系式

$$I_\mathrm{m} = U_\mathrm{m}\omega C$$

可表示为

$$\frac{U_\mathrm{m}}{I_\mathrm{m}} = \frac{U}{I} = \frac{1}{\omega C} \tag{3.28}$$

由此可知,在电容电路中,电压与电流有效值(或幅值)之比为$\frac{1}{\omega C}$,它对交变电流起阻碍作用,因此称它为容抗,单位为欧[姆](Ω),用X_C表示

$$X_\mathrm{C} = \frac{1}{\omega C} = \frac{1}{2\pi f C} \tag{3.29}$$

当电压一定时,X_C越大,则电流越小。容抗X_C与电容器的电容量C、频率f成反比,C一定时f越高,容抗X_C越小;f越低,容抗X_C越大,如果f减小到零,容抗X_C趋于∞,这时对直流电可视为开路。可见电容元件与电感特性相反,具有"阻直流,通交流"和"阻低频,通高频"的

作用。

根据式(3.26)和式(3.27),用相量表示电压与电流的关系,则为

$$\dot{U}_C = -j\,\dot{I}\,\frac{1}{\omega C} = -j\,\dot{I}\,X_C \qquad (3.30)$$

相量图如图3.11(c)所示。式中复数 $-jX_C = -j\dfrac{1}{\omega C}$ 称为复容抗。

电容电路的瞬时功率为

$$p_C = U_m I_m \sin \omega t \sin\left(\omega t + \frac{\pi}{2}\right) = U_m I_m \sin \omega t \cos \omega t = U_C I \sin 2\omega t \qquad (3.31)$$

式(3.31)表明,电容电路的瞬时功率 p_C 是以 2ω 为角频率随时间而交变的正弦量,其波形如图3.11(b)所示。在第一个与第三个1/4周期内,电容器中电压在增大,电场在增强,电容器从电源取用电能充电,p_C 为正;在第二个与第四个1/4周期内,电容器中电压在减小,电场在减弱,电容器放电,其中所储存的电场能量归还给电源,p_C 为负。为反映这种能量交换的规模,我们规定用瞬时功率 p_C 的最大值来衡量,称为无功功率 Q_C,即

$$Q_C = U_C I = I^2 X_C = \frac{U_C^2}{X_C} \qquad (3.32)$$

但由图3.11(b)可知,电容器也是不消耗能量的元件,电容电路的有功功率(平均功率)也为零,即

$$P = \frac{1}{T}\int_0^T p_C dt = \frac{1}{T}\int_0^T p_L U_C I \sin 2\omega t dt = 0$$

[例3.4] 一纯电容元件 $C = 580\ \mu F$,接于50 Hz和50 kHz,$U = 22\ mV$ 的交流信号源上,其容抗、电流与无功功率各是多少?

解 (1)当 $f = 50$ Hz 时

$$X_C = \frac{1}{2\pi f C} = \frac{1}{314 \times 580 \times 10^{-6}}\ \Omega = 5.5\ \Omega$$

$$I = \frac{U}{X_C} = \frac{22 \times 10^{-3}}{5.5}\ A = 4\ mA$$

$$Q_C = UI = 22 \times 10^{-3} \times 4 \times 10^{-3}\ var = 88 \times 10^{-6}\ var$$

(2)当 $f = 50$ kHz 时

$$X_C = \frac{1}{2\pi f C} = 5.5 \times 10^{-3}\ \Omega$$

$$I = \frac{U}{X_C} = \frac{22 \times 10^{-3}}{5.5 \times 10^{-3}}\ A = 4\ A$$

$$Q_C = UI = 22 \times 10^{-3} \times 4\ var = 88 \times 10^{-3}\ var$$

计算表明,电容在低频时容抗大,在高频时容抗小,与感抗特性恰恰相反。

3.4 串联正弦交流电路

3.4.1 RLC 串联交流电路

由电阻、电感、电容串联接于正弦交流电源,便构成 RLC 串联交流电路,如图3.12所示。

串联电路各元件上通过同一电流 $i = I_m \sin \omega t$，总电压与各元件上电压瞬时值的关系为

$$u = u_R + u_L + u_C$$

各元件上电流与电压关系用对应的相量式表示，分别为

$$\dot{U}_R = \dot{I}R \qquad \dot{U}_L = j\dot{I}X_L \qquad \dot{U}_C = -j\dot{I}X_C$$

总电压相量 $\dot{U}$ 等于串联电路各元件上电压相量之和，故

$$\dot{U} = \dot{U}_R + \dot{U}_L + \dot{U}_C = \dot{I}R + j\dot{I}X_L - j\dot{I}X_C = \dot{I}\left[R + j(X_L - X_C)\right]$$
$$= \dot{I}(R + jX) = \dot{I}Z \tag{3.33}$$

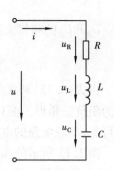

图 3.12　RLC 串联电路图

式中

$$Z = R + jX = R + j(X_L - X_C) = |Z|\angle\varphi \tag{3.34}$$

称为串联电路的复阻抗。其模为

$$|Z| = \sqrt{R^2 + X^2} = \sqrt{R^2 + (X_L - X_C)^2} = \frac{U}{I} \tag{3.35}$$

称为串联电路的阻抗，其中 $X = X_L - X_C$，称为电抗，表明了电压与电流的量值关系。幅角为

$$\varphi = \arctan\frac{X_L - X_C}{R} = \arctan\frac{\omega L - \dfrac{1}{\omega C}}{R} \tag{3.36}$$

表明了电压与电流的相位关系。

可见，采用 RLC 串联电路欧姆定律的相量表达式进行计算时，可同时算出电压与电流的数值和相位角，这是相量复数运算法的优点。

RLC 串联电路电压与电流的关系还可以用相量图法进行分析计算。因为串联电路各元件上通过的电流相同，所以常以电流作为参考相量。根据式（3.33）作出的相量图 3.13 可以清楚地表示出串联电路电压与电流的关系。

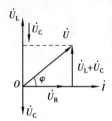

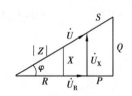

图 3.13　RLC 串联电路相量图　　图 3.14　RLC 串联电路功率、电压阻抗三角形

从相量图中可以看出，RLC 串联电路总电压相量 $\dot{U}$ 与串联电路各元件上电压相量 $\dot{U}_R$ 和 $\dot{U}_X = \dot{U}_L + \dot{U}_C$ 构成一直角三角形，称为电压三角形。$\dot{U}$、$\dot{U}_R$ 和 $\dot{U}_X$ 的量值关系为

$$U = \sqrt{U_R^2 + U_X^2} = \sqrt{U_R^2 + (U_L - U_C)^2}$$

U 和 I 的量值关系为

$$U = \sqrt{(IR)^2 + (IX_L - IX_C)^2} = I\sqrt{R^2 + (X_L - X_C)^2} = I\sqrt{R^2 + X^2} = I|Z|$$

$\dot{U}_R$ 和 $\dot{U}_R$ 的相位关系为

$$\varphi = \arctan \frac{U_X}{U_R} = \arctan \frac{U_L - U_C}{U_R} = \arctan \frac{X_L - X_C}{R} = \arctan \frac{X}{R}$$

由式(3.35)和式(3.36),还可以清楚地看出,$|Z|$、R、X 三者之间也构成一直角三角形,称为阻抗三角形。而且,电压三角形中,电压与电流的相位差等于阻抗三角形中的阻抗角。由此可见,串联电路的电压与电流的关系完全决定于电路各元件参数。

图3.13 所示的相量图是在假定 $X_L > X_C$ 的条件下画出的,此时电抗 $X = X_L - X_C > 0$,为正值,总电压超前电流相位角 $\varphi = \varphi_u - \varphi_i > 0$,这种电路称为电感性电路;反之,若电路参数使 $X_L < X_C$,则电抗 $X = X_L - X_C < 0$,为负值,总电压滞后电流相位角,$\varphi = \varphi_u - \varphi_i < 0$,这种电路称为电容性电路;若使 $X_L = X_C$,则 $X = 0$,$\varphi = \varphi_u - \varphi_i = 0$,总电压与电流同相,这种电路称为电阻性电路。

RLC 串联交流电路中同时有耗能元件 R 和储能元件 L 与 C,因此,从能量转换关系分析,电源必须同时向电路提供两种类型的功率,一是电阻元件 R 上将电能转换成热能而消耗掉的功率,称为有功功率,用 P 表示,单位是瓦[特](W);一是电感元件 L 和电容元件 C 用于建立磁场和电场所需的功率,称为无功功率,用 Q 表示,单位是乏(var),用来衡量电感元件 L 和电容元件 C 与电源的能量交换的规模。

从图3.13 知

$$U_R = U \cos \varphi = IR \tag{3.37}$$

于是

$$P = U_R I = UI \cos \varphi = I^2 R = \frac{U_R^2}{R} \tag{3.38}$$

式(3.38)表明,电源提供的有功功率就是相应的电阻消耗的功率。

从图3.13 还可知

$$U_X = U \sin \varphi \tag{3.39}$$

故得

$$Q = U_X I = UI \sin \varphi = I^2 X = \frac{U_X^2}{X} \tag{3.40}$$

又由

$$U_X = U_L - U_C$$

得

$$Q = U_X I = (U_L - U_C) I = U_L I - U_C I = Q_L - Q_C \tag{3.41}$$

式(3.41)表明,电源向 RLC 串联交流电路提供的无功功率为电感元件和电容元件所需的无功功率之差。

电压的有效值 U 和电流的有效值 I 的乘积称为视在功率,用 S 表示,即

$$S = UI = I^2 |Z| = \frac{U^2}{|Z|} \tag{3.42}$$

单位是伏[特]安[培](V·A)。由此,得

$$P = S \cos \varphi \qquad Q = S \sin \varphi \qquad S = \sqrt{P^2 + Q^2} \tag{3.43}$$

于是,P、Q、S 三者又构成一直角三角形,称为功率三角形。

显然,在同一个串联电路中,电压三角形、阻抗三角形和功率三角形都是相似形,如图3.14所示。φ 是阻抗角,又是串联电路中总电压与电流间的相位差,同时还是功率因数角。阻抗角 φ 的大小由电路的参数决定,反映了电路的性质,决定了电路中电压、电流间的相位关系,并决定了电路功率因数的高低。

视在功率是电力工程中的一个重要概念,变压器的容量就是用视在功率 S 表示的。由式 (3.43)知,当 $\cos \varphi = 1$ 时,$P = S$。因此,视在功率表明了该设备正常运行时所能提供的最大有功功率。

RLC 串联电路的 3 个相似的直角三角形——阻抗三角形、电压三角形和功率三角形对电路的分析计算有极大的帮助,务必牢固掌握。

[例3.5]　如图 3.12 所示电路中,$R = 30\ \Omega$,$L = 2.55\ \text{mH}$,$C = 0.079\ 6\ \mu\text{F}$,电源电压 $U = 5\ \text{V}$,$f = 10\ \text{kHz}$,求:(1)电路中的电流和各元件上的电压,并绘出相量图;(2)串联电路的 P、Q、S。

解　(1)先计算电路复阻抗

电路感抗:$X_L = \omega L = 2\pi fL = 2\pi \times 10 \times 10^3 \times 2.55 \times 10^{-3}\ \Omega = 160\ \Omega$

电路容抗:$X_C = \dfrac{1}{\omega C} = \dfrac{1}{2\pi fC} = \dfrac{1}{2\pi \times 10 \times 10^3 \times 0.079\ 6 \times 10^{-6}}\ \Omega = 200\ \Omega$

电路电抗:$X = X_L - X_C = (160 - 200)\ \Omega = -40\ \Omega$

电路复阻抗:$Z = R + jX = (30 - j40)\ \Omega = 50 \angle -53.1°\ \Omega$

令电源电压为参考相量,即

$$\dot{U} = 5 \angle 0°\ \text{V}$$

则

$$\dot{I} = \frac{\dot{U}}{Z} = \frac{5 \angle 0°}{50 \angle -53.1°}\ \text{A} = 0.1 \angle 53.1°\ \text{A}$$

电阻上电压相量为

$$\dot{U}_R = \dot{I}R = 30 \times 0.1 \angle 53.1°\ \text{V} = 3 \times \angle 53.1°\ \text{V}$$

电感上电压相量为

$$\dot{U}_L = j\dot{I}\omega L = j160 \times 0.1 \angle 53.1°\ \text{V} = 16 \angle 143.1°\ \text{V}$$

电容上电压相量为

$$\dot{U}_C = -j\dot{I}\frac{1}{\omega C} = -j200 \times 0.1 \angle 53.1°\ \text{V} = 20 \angle -36.9°\ \text{V}$$

相量图如图 3.15(a)所示。

若令电流为参考相量,即

$$\dot{I} = I \angle 0° = 0.1 \angle 0°\ \text{A}$$

则

$$\dot{U}_R = \dot{I}R = 30I \angle 0° = 3 \angle 0°\ \text{V}$$

$$\dot{U}_L = j\dot{I}\omega L = j160I \angle 0° = j160I \angle 90° = 16 \angle 90°\ \text{V}$$

$$\dot{U}_C = -j \dot{I} \frac{1}{\omega C} = -j200I\angle 0° = 200I\angle -90 = 20\angle -90° \text{ V}$$

$$\dot{U} = \dot{I}Z = I\angle 0° \times 50\angle -53.1° = 5\angle -53.1° \text{ V}$$

相量图如图 3.15(b) 所示。

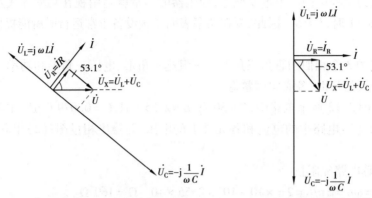

（a）以电压相量为参考相量的相量图　　　（b）以电流相量为参考相量的相量图

图 3.15　例 3.5 的图

可见，改用电流作参考相量，只不过使各电压相量沿顺时针方向旋转了 53.1°，而对各有效值和相位差并无影响。

（2）$P = UI\cos\varphi = 5 \times 0.1 \times \cos(-53.1°) \text{ W} = 0.3 \text{ W}$

$Q = UI\sin\varphi = 0.5 \times 0.1 \times \sin(-53.1°) \text{ var} = -0.4 \text{ var}$

$Q_L = U_L I = 16 \times 0.1 \text{ var} = 1.6 \text{ var}$　　　$Q_C = U_C I = 20 \times 0.1 \text{ var} = 2 \text{ var}$

$Q = Q_L - Q_C = -0.4 \text{ var}$　　　$S = UI = 5 \times 0.1 \text{ V} \cdot \text{A} = 0.5 \text{ V} \cdot \text{A}$

3.4.2　串联谐振电路

图 3.13 所示的相量图中，若电路参数使 $X_L = X_C$，则电抗 $X = X_L - X_C = 0$，电压与电流同相，这种工作状态称为串联谐振。串联谐振时，各量加注下标"0"表示。

（1）谐振条件与谐振频率

由串联谐振时，电抗 $X_0 = X_{L0} - X_{C0} = 0$，可知 $X_{L0} = X_{C0}$

即

$$\omega_0 L = \frac{1}{\omega_0 C}$$

则

$$\omega_0 = \frac{1}{\sqrt{LC}}$$

谐振频率

$$\frac{\omega_0}{2\pi} = \frac{1}{2\pi\sqrt{LC}} \tag{3.44}$$

（2）串联谐振电路的特点

① 谐振时电路的阻抗值最小。RLC 串联电路的阻抗为

$$|Z| = \sqrt{R^2 + X^2} = \sqrt{R^2 + \left(\omega L - \frac{1}{\omega C}\right)^2}$$

由此作出 RLC 串联电路阻抗随频率变化的曲线,如图 3.16(a)所示,称为阻抗的频率特性曲线。由图可知,$f = f_0$ 时

$$Z_0 = R \tag{3.45}$$

整个电路呈电阻性;$f < f_0$ 时,$X_L < X_C$,电路呈电容性;当 $f > f_0$ 时,$X_L > X_C$,电路呈电感性。

②谐振时电路的电流值最大,如图 3.16(b)所示。

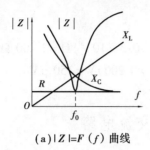 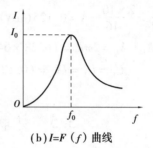

(a)$|Z| = F(f)$ 曲线   (b)$I = F(f)$ 曲线

图 3.16 串联谐振曲线

$$I_0 = \frac{U}{Z_0} = \frac{U}{R} \tag{3.46}$$

③谐振时,因 $X_{L0} = X_{C0}$,使 $\dot{U}_{L0} = -\dot{U}_{C0}$,即电感与电容上的电压等值反相。电路的端电压等于电阻上的电压,即 $\dot{U} = \dot{U}_R$。

串联谐振时,电感(或电容)上的电压与电阻上的电压之比值,通常用 Q 表示。

$$Q = \frac{U_{L0}}{U_R} = \frac{U_{C0}}{U_R} = \frac{\omega_0 L}{R} = \frac{1}{\omega_0 RC}$$

Q 称为电路的品质因数。一般 Q 远大于 l,在高频电路中可达几百。因此,串联谐振时,电感(或电容)上的电压远大于电路的端电压(或电阻上的电压)。

$$U_{L0} = U_{C0} = QU \tag{3.47}$$

故串联谐振又称电压谐振。串联谐振在无线电中得到广泛应用。

④串联谐振时,电感与电容之间相互实现无功全补偿,无须同电源之间进行能量交换。

[例 3.6] 某收音机的磁性天线,如图 3.17(a)所示,线圈绕在磁棒上,线圈等效电感 $L = 0.3$ mH,电阻 $R = 16\ \Omega$,欲收听 640 kHz 某电台广播,应将可变电容 C 调到多少皮法? 回路 Q 值是多少? 如果调谐回路感应出电压 $U = 2\ \mu\text{V}$,试求这时回路中该信号电流多大,并在电容两端得到多大的电压。

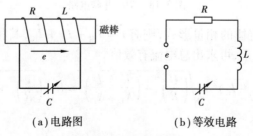

(a)电路图   (b)等效电路

图 3.17 例 3.6 的图

解 根据 $f_0 = 1/2\pi\sqrt{LC}$ 得出

$$640 \times 10^3 = \frac{1}{2 \times 3.14 \sqrt{0.3 \times 10^{-3} \times C}}$$

由此算出 $C = 204 \text{ pF}$

$$Q = \frac{\omega_0 L}{R} = \frac{2\pi \times 640 \times 10^3 \times 3 \times 10^{-4}}{16} = 75$$

谐振时 $I = \dfrac{U}{R} = \dfrac{2 \times 10^{-6}}{16} \text{A} = 0.125(\mu\text{A})$

$$X_L = X_C = 2\pi f L = (6.28 \times 640 \times 10^3 \times 0.3 \times 10^{-3})\Omega = 1\ 200\ \Omega$$

$$U_C = U_L = IX_L = (0.125 \times 10^{-6} \times 1\ 200)\text{V} = 150\ \mu\text{V}$$

3.5 并联正弦交流电路

3.5.1 RLC 并联交流电路

RLC 并联交流电路和电压、电流参考方向如图 3.18(a)所示,设 $\dot{U} = U\angle 0°$(参考相量),则

$$\dot{I}_R = \frac{\dot{U}}{R} = \frac{U}{R} \angle 0°$$

$$\dot{I}_L = \frac{\dot{U}}{Z_L} = \frac{\dot{U}}{j\omega L} = \frac{U}{X_L} \angle -90°$$

$$\dot{I}_C = \frac{\dot{U}}{Z_C} = \frac{\dot{U}}{(-jX_C)} = \frac{U}{X_C} \angle 90°$$

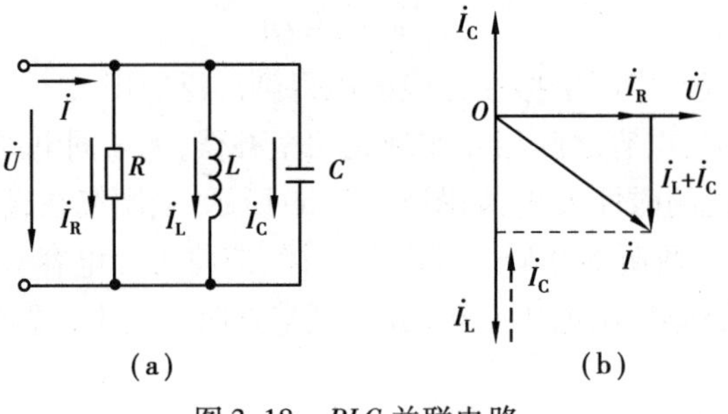

图 3.18 *RLC* 并联电路

根据基尔霍夫电流定律的相量形式,则有 $\dot{I} = \dot{I}_R + \dot{I}_L + \dot{I}_C$,其相量图如图 3.18(b)所示 ($I_L > I_C$)。根据电流三角形,可求出总电流有效值。

$$I = \sqrt{I_R^2 + (I_L - I_C)^2} = \sqrt{\left(\frac{U}{R}\right)^2 + \left(\frac{U}{X_L} - \frac{U}{X_C}\right)^2} = U\sqrt{\left(\frac{1}{R}\right)^2 + \left(\frac{1}{X_L} - \frac{1}{X_C}\right)^2}$$

及

$$\varphi = \arctan \frac{I_L - I_C}{I_R}$$

讨论:

①$\dfrac{1}{X_L} > \dfrac{1}{X_C}$，则 $I_L > I_C$，$\varphi > 0$，总电流滞后于电源电压——感性负载。

②$\dfrac{1}{X_L} < \dfrac{1}{X_C}$，则 $I_L < I_C$，$\varphi < 0$，总电流超前于电源电压——容性负载。

③$\dfrac{1}{X_L} = \dfrac{1}{X_C}$，则 $I_L = I_C$，$\varphi = 0$，总电流和电源电压同相——电阻性负载——谐振现象。

3.5.2　并联谐振电路

图 3.19(a)是由线圈和电容器组成的并联电路，R 表示线圈的电阻，L 表示电感，C 表示电容。与串联电路一样，当信号源的角频率 ω 改变时，电路中的感抗 $X_L = \omega L$ 和容抗 $X_C = 1/\omega C$ 也随之变化，电路的复阻抗

$$Z_1 = R + j\omega L \quad Z_2 = -j\frac{1}{\omega C} = \frac{1}{j\omega C}$$

所以

$$\frac{1}{Z} = \frac{1}{Z_1} + \frac{1}{Z_2} = \frac{1}{R + j\omega L} + j\omega C = \frac{R}{R^2 + (\omega L)^2} + j\left[\omega C - \frac{\omega L}{R^2 + (\omega L)^2}\right]$$

电路中电流

$$\dot{I} = \frac{\dot{U}}{Z} = \dot{U}\left[\frac{R}{R^2 + (\omega L)^2} + j\left(\omega C - \frac{\omega L}{R^2 + (\omega L)^2}\right)\right] \tag{3.48}$$

当并联电路中的总电流 $\dot{I}$ 与电路中的端电压同相时，称为并联谐振。即式(3.48)中虚部为零，因此

$$\omega_0 C = \frac{\omega_0 L}{R^2 + (\omega_0 L)^2}$$

则

$$\omega_0 = \frac{1}{\sqrt{LC}}\sqrt{1 - \frac{C}{L}R^2} \tag{3.49}$$

$$f_0 = \frac{1}{2\pi\sqrt{LC}}\sqrt{1 - \frac{C}{L}R^2} \tag{3.50}$$

式中，ω_0、f_0 分别为并联谐振角频率和频率。

当 $R = 0$ 时

$$\left.\begin{array}{l} \omega_0 = \dfrac{1}{\sqrt{LC}} \\[2mm] f_0 = \dfrac{1}{2\pi\sqrt{LC}} \end{array}\right\} \tag{3.51}$$

在实际电路中，总是选用电阻 R 很小的线圈来组成并联谐振电路，所以式(3.51)在许多场合中都可以使用，不致产生很大误差。

并联谐振时，电路具有以下特征：

①电路中阻抗最大，电流最小。阻抗 $|Z_0| = \dfrac{R^2 + (\omega_0 L)^2}{R}$，称为电路谐振阻抗。电流 $I_0 =$

$$\frac{UR}{R^2 + (\omega_0 L)^2} = \frac{RC}{L}U, 称为电路的谐振电流。$$

②两个并联支路中的电流值 I_L 和 I_C 有可能远远大于电路中的总电流。因为实际线圈中的电阻很小,忽略 R,则 $I_L \approx \dfrac{U}{\omega_0 L} \approx I_C = U\omega_0 C$,所以 $I = I_0$,几乎很小。因此

$$\frac{I_L}{I_0} = \frac{I_C}{I_0} = \frac{U\omega_0 C}{U\frac{RC}{L}} = \frac{\omega_0 L}{R} = \frac{1}{\omega_0 RC} = Q \tag{3.52}$$

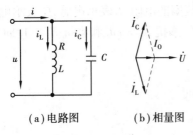

（a）电路图　　（b）相量图

图 3.19　并联谐振

此即谐振电路的品质因数 Q。当 $Q \gg 1$ 时,$I_C \approx I_L \gg I_0$,故并联谐振亦称为电流谐振。并联谐振电路相量图如图 3.19（b）所示。

③由于电源电压与电路中电流同相（$\varphi = 0$）,因此电路对电源呈电阻性。谐振时的阻抗 Z_0 相当于一个电阻。

[例 3.7]　如图 3.19 所示的并联电路中,$L = 0.5$ mH,$R = 25\ \Omega$,$C = 80$ pF,试求谐振频率 ω_0、品质因数 Q 和谐振时电路的阻抗 $|Z_0|$。

解
$$\omega_0 = \sqrt{\frac{1}{LC}} = \sqrt{\frac{1}{0.5 \times 10^{-3} \times 80 \times 10^{-12}}}\ \text{rad/s} = 5 \times 10^6\ \text{rad/s}$$

$$f_0 = \frac{\omega_0}{2\pi} = \frac{5 \times 10^6}{2\pi}\ \text{Hz} = 796\ \text{kHz}$$

$$Q = \frac{\omega_0 L}{R} = \frac{5 \times 10^6 \times 0.5 \times 10^{-3}}{25} = 100$$

$$|Z_0| = \frac{L}{RC} = \frac{0.5 \times 10^{-3}}{25 \times 80 \times 10^{-12}}\ \Omega = 250\ \text{k}\Omega$$

3.6　三相正弦交流电路

现代电力系统中,电能的生产、输送与分配几乎全都采用了三相正弦交流电。三相交流电之所以得到如此广泛应用,是因为三相交流发电机与同功率的单相交流发电机比较,具有体积小、成本低的优点。许多需要大功率直流电源的用户,亦利用整流装置来获得直流电,因为三相交流电整流后波形较平直,接近理想直流。

但是,三相交流电压在传输过程中会因电流的变化引起周围磁场的变化,对周围通信线路产生干扰,且在输电线路上有较大的损耗,所以目前也采用高压直流电输送,即将发电机发出的三相交流电升压后,整流成高压直流电,经输电线路送到变电所后,再将高压直流电逆变成三相交流电,降压后供用户使用。

3.6.1　三相交流电及其表示方法

图 3.20 为三相交流发电机的示意图,其中定子上嵌有 3 个具有相同尺寸和匝数的绕组

A—X、B—Y、C—Z[①]。其中,A、B、C 为三个绕组的首端,X、Y、Z 分别为绕组的末端。绕组在空间的位置彼此相差 120°(两极电机)。当转子磁场在空间按正弦规律分布,转子按恒定转速旋转时,三相绕组中将感应出三相正弦电动势 e_A、e_B、e_C。

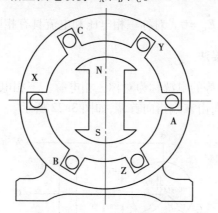

图 3.20　三相发电机原理

通常,我们把三相电源及负载的三相交流电动势、电压和电流统称三相交流电,而把大小相等、频率相同、相位上互差 120°的三相交流电动势、电压和电流统称为对称三相交流电。以对称三相交流电动势为例,三相交流电有如下几种表示方法:

①瞬时值表达式

$$e_A = E_m \sin \omega t$$
$$e_B = E_m \sin(\omega t - 120°)$$
$$e_C = E_m \sin(\omega t - 240°) = E_m \sin(\omega t + 120°)$$

(3.53)

②波形图如图 3.21(a)所示。

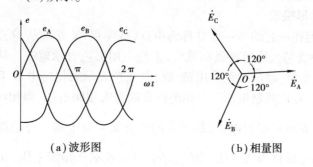

(a)波形图　　　　　(b)相量图

图 3.21　三相电动势

③相量图表示如图 3.21(b)所示。

④相量表示

$$\dot{E}_A = E \angle 0° = E$$

$$\dot{E}_B = E \angle -120° = E\left(-\frac{1}{2} - j\frac{\sqrt{3}}{2}\right)$$

---

①　三个绕组的首端也可用 U_1、V_1、W_1 表示,末端分别用 U_2、V_2、W_2 表示,$U_1 U_2$、$V_1 V_2$ 和 $W_1 W_2$ 三个绕组分别称为 U 相、V 相和 W 相绕组。

$$\dot{E}_C = E\angle 120° = E\left(-\frac{1}{2} + j\frac{\sqrt{3}}{2}\right) \tag{3.54}$$

从图 3.21 不难证明,对称三相电动势瞬时值代数和恒等于零,其相量和也恒等于零。即有 $e_A + e_B + e_C = 0, \dot{E}_A + \dot{E}_B + \dot{E}_C = 0$。对称三相电压和电流具有相同的特性。

3.6.2 三相电源星形接法

用来产生对称三相电动势的电源称为对称三相电源。三相电源具有结构上对称的三相绕组,每相绕组电动势的正方向由末端指向首端,如图 3.22 所示。

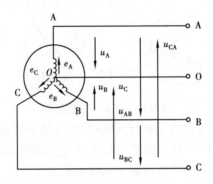

图 3.22　发电机的星形连接

三相交流电在相位上的先后次序称为相序。如上述三相电动势达到最大值的顺序依次为 A—B—C,则其相序为 A—B—C(俗称顺相序)。

三相电源的连接方法有星形连接和三角形连接两种,而以星形接法用得最广。本书只介绍三相电源的星形接法,三角形接法不予介绍。

(1)有中线的星形接法

三相绕组末端连在一起的那一点 O 称为中点(或零点,N 点),从 O 点引出的导线称中线(或零线,N 线)。中线与大地相连就称地线,工程上用黑色表示地线。从三相绕组首端引出的 3 根导线称相线,俗称火线,工程上用黄、绿、红三色表示顺相序中 A、B、C 三相火线。由 4 根线提供的电源称三相四线制电源。每相绕组首端与末端间电压,即相线与中线间电压称相电压。用 $\dot{U}_A$、$\dot{U}_B$、$\dot{U}_C$ 表示三相相电压,其正方向从首端指向末端。每相绕组首端与首端间电压,即相线与相线间电压称为线电压,用 $\dot{U}_{AB}$、$\dot{U}_{BC}$、$\dot{U}_{CA}$ 表示三相线电压。$\dot{U}_{AB}$ 正方向从 A 指向 B,$\dot{U}_{BC}$、$\dot{U}_{CA}$ 依次类推。我们知道 A、B 两点间电压的瞬时值应等于 A 相电压和 B 相电压之差。故有

$$u_{AB} = u_A - u_B$$
$$u_{BC} = u_B - u_C$$
$$u_{CA} = u_C - u_A$$

相量表示为

$$\dot{U}_{AB} = \dot{U}_A - \dot{U}_B$$
$$\dot{U}_{BC} = \dot{U}_B - \dot{U}_C$$

$$\dot{U}_{CA} = \dot{U}_C - \dot{U}_A$$

图 3.23 是它们的相量图。忽略电源绕组压降,相电压与对应的电动势基本相等,因此 3 个相电压也是对称的。由图可见 3 个线电压也是对称的,而且线电压是超前相应相电压 30°,例如 $\dot{U}_{AB}$ 超前 $\dot{U}_A$30°,且 $U_{AB} = 2U_A \cos 30° = \sqrt{3}U_A$。

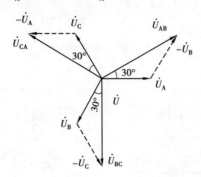

图 3.23　发电机绕组星形连接时相电压和线电压的相量图

相量表示为

$$\dot{U}_{AB} = \sqrt{3}\dot{U}_A \angle 30°$$

$$\dot{U}_{BC} = \sqrt{3}\dot{U}_B \angle 30°$$

$$\dot{U}_{CA} = \sqrt{3}\dot{U}_C \angle 30°$$

设线电压 $U_L = U_{AB} = U_{BC} = U_{CA}$,相电压 $U_P = U_A = U_B = U_C$,则有 $\dot{U}_L = \sqrt{3}\dot{U}_P \angle 30°$。

可见电源三相绕组星形连接时,线电压是相电压的 $\sqrt{3}$ 倍,相位上较对应的相电压超前 30°。三相四线制电源可为负载提供两种电压。例如:相电压 U_P 等于 220 V 时,线电压 U_L 等于 $\sqrt{3} \times 220 \text{ V} = 380 \text{ V}$。能同时得到两种三相对称电压是三相四线制电源供电的优点之一。

(2)无中线星形接法

此接法是星形连接而不引出中线,构成三相三线制电源,为负载提供一种电压,即三相对称的线电压。

3.6.3　负载星形连接的三相交流电路

三相电路中负载连接的方式也有两种:星形连接和三角形连接。

负载星形连接的三相交流电路的连接方式如图 3.24 所示。三相负载 Z_a、Z_b、Z_c 的末端连成一点 O′,称负载中点,接在电源中线上;首端分别与三相火线相连。流过各相负载的电流称相电流,如图中 $\dot{I}_a$、$\dot{I}_b$、$\dot{I}_c$,正方向与对应相电压正方向相同。流过火线的电流称线电流,如图中 $\dot{I}_A$、$\dot{I}_B$、$\dot{I}_C$,正方向从电源指向负载。

负载对称是指三相负载的复阻抗相等,即 $Z_a = Z_b = Z_c = R + jX$。具体说是三相负载电阻相等($R_a = R_b = R_c = R$),三相负载电抗也相等($X_a = X_b = X_c = X$),并且性质相同(同为感抗或容抗)。

如图 3.25 所示电路的特点各相负载所承受电压是电源相电压 $\dot{U}_P = (1/\sqrt{3})\dot{U}_L\angle -30°$,而线电流 $\dot{I}_L$ 等于相电流 $\dot{I}_P$($\dot{I}_L = \dot{I}_P$)。由于相电压是三相对称的,负载也是三相对称的,所以每相电流的大小及每相电流与电压的相位差角是相等的,即

$$I_a = I_b = I_c = I_p = \frac{U_p}{\sqrt{R^2 + X^2}}$$

$$\varphi_a = \varphi_b = \varphi_c = \varphi = \arctan\frac{X}{R}$$

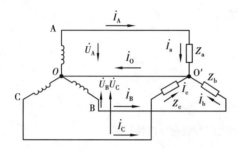

图 3.24 负载星形连接的三相四线制电路图

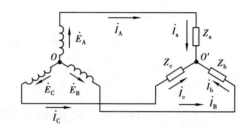

图 3.25 三相三线制电路

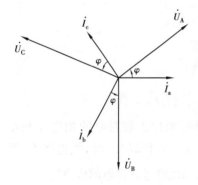

图 3.26 对称负载的相量图

在负载对称的三相电路中,三相电流也是对称的。显然,各相电流的计算可简化为一相(单相电路)的计算,其他两相电流可根据对称关系推出。相量图如图 3.26 所示。值得注意的是:图中 φ 是表示各相电流与相应相电压间的相位差,而不表示每相电流的初相位。每相电流的初相位应是各相电流对统一的直角坐标的相位角。根据基尔霍夫节点定律,对 O' 点列节点电流方程

$$\dot{I}_o = \dot{I}_a + \dot{I}_b + \dot{I}_c = 0$$

因为三个相电流对称,故中线电流为零。中线无电流过则可省去中线,成为星形连接的三相三线制电路,如图 3.25 所示。三相对称负载,只需采用三相三线制电路,可省去中线。三个相电流便借助于各相火线及各相负载互成回路。在任一瞬间,在负载中性点 O' 上流进的相电流之和与流出相电流之和是相等的。每相负载上所承受的电压是电源相电压。

[例 3.8] 图 3.27 所示为星形接法三相对称负载,负载的复阻抗 $Z = 20\angle 30°\ \Omega$,电源线电压 $u_{AB} = 380\sqrt{2}\sin(\omega t + 30°)$ V,试求负载各相电流 i_A、i_B、i_C、$\dot{I}_A$、$\dot{I}_B$、$\dot{I}_C$ 并画出相量图。

解 因为三相负载对称星形连接,相电流等于线电流,负载每相电压等于电源相电压,在对称三相电路中,只需计算一相。

$$\dot{U}_{AB} = \sqrt{3}\dot{U}_A\angle 30° = 380\angle 30°\ \text{V}$$

$$\dot{U}_A = 220\angle 0°\ \text{V}$$

$$\dot{I}_A = \frac{\dot{U}_A}{Z} = \frac{220\angle 0°}{20\angle 30°}\text{A} = 11\angle -30°\ \text{A}$$

$$\dot{I}_B = \dot{I}_A \angle -120° = 11 \angle -150° \text{ A}$$

$$\dot{I}_C = \dot{I}_A \angle +120° = 11 \angle 90° \text{ A}$$

$$i_A = 11\sqrt{2} \sin(\omega t - 30°) \text{ A}$$

$$i_B = 11\sqrt{2} \sin(\omega t - 150°) \text{ A}$$

$$i_C = 11\sqrt{2} \sin(\omega t + 90°) \text{ A}$$

相量图如图 3.28 所示。

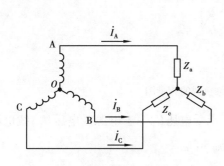

图 3.27　例 3.8 的图

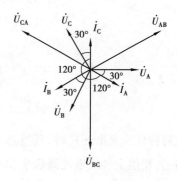

图 3.28　例 3.8 的相量图

3.6.4　负载三角形连接的三相交流电路

将三相负载首、末端依次连成一个闭合电路,然后将 3 个连接点与三相电源的火线连接构成负载三角形连接的三相电路,如图 3.29 所示。不论负载对称与否,每相负载所承受的电压均为电源线电压。线电流、相电流其正方向如图 3.29 所示。负载三角形接法只能构成三相三线制电路。

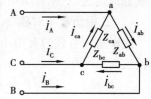

图 3.29　负载的三角形接法

因为三相负载对称,每相负载均承受电源线电压,构成对称三相交流电路。所以,相电流、线电流也均是三相对称的。

每相电流为

$$I_{ab} = I_{bc} = I_{ca} = I_p = \frac{U_L}{|Z|}$$

负载相电流与负载相(线)电压的相位差

$$\varphi_{ab} = \varphi_{bc} = \varphi_{ca} = \varphi = \arctan\frac{X}{R}$$

相电流与线电流关系,由基尔霍夫定律求得

$$\dot{I}_A = \dot{I}_{ab} - \dot{I}_{ca}$$

$$\dot{I}_B = \dot{I}_{bc} - \dot{I}_{ab}$$

$$\dot{I}_C = \dot{I}_{ca} - \dot{I}_{bc}$$

相量图如图 3.30 所示。由图可见,线电流 $\dot{I}_{\mathrm{L}} = \sqrt{3}\,\dot{I}_{\mathrm{P}}\angle -30°$。

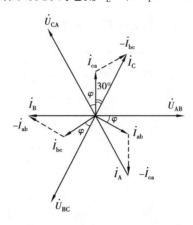

图 3.30　三角形对称负载的相量图

负载对称作三角形连接时,其特点:每相负载承受电压 $\dot{U}_{\mathrm{P}}$ 等于电源线电压 $\dot{U}_{\mathrm{L}}$;线电流为相电流的 $\sqrt{3}$ 倍,相位上各线电流滞后于相应的相电流30°。

3.6.5　三相电路的功率

三相电路的功率与单相电路一样,分有功功率、无功功率和视在功率。三相电路中,不论负载如何接法,三相有功功率、无功功率分别等于各相负载有功功率、无功功率之和。

(1)三相负载不对称

此时每相负载的有功功率、无功功率和视在功率均不相等,要分别进行计算。三相负载星形接法时

$$P = P_{\mathrm{A}} + P_{\mathrm{B}} + P_{\mathrm{C}} = U_A I_{\mathrm{a}} \cos\varphi_{\mathrm{a}} + U_B I_{\mathrm{b}} \cos\varphi_{\mathrm{b}} + U_C I_{\mathrm{c}} \cos\varphi_{\mathrm{c}}$$

$$Q = Q_{\mathrm{A}} + Q_{\mathrm{B}} + Q_{\mathrm{C}} = U_A I_{\mathrm{a}} \sin\varphi_{\mathrm{a}} + U_B I_{\mathrm{b}} \sin\varphi_{\mathrm{b}} + U_C I_{\mathrm{c}} \sin\varphi_{\mathrm{c}}$$

$$S = \sqrt{P^2 + Q^2}$$

三相负载三角形接法时

$$P = P_{\mathrm{A}} + P_{\mathrm{B}} + P_{\mathrm{C}} = U_{AB} I_{\mathrm{ab}} \cos\varphi_{\mathrm{ab}} + U_{BC} I_{\mathrm{bc}} \cos\varphi_{\mathrm{bc}} + U_{CA} I_{\mathrm{ca}} \cos\varphi_{\mathrm{ca}}$$

Q 与 S 的计算公式与上类似。

(2)三相负载对称

三相负载对称时,每相负载的有功功率、无功功率和视在功率均相等。

$$P = 3P_{\mathrm{P}} = 3U_{\mathrm{P}}I_{\mathrm{P}} \cos\varphi_{\mathrm{P}}$$

式中,P_{P}、U_{P}、I_{P}、$\cos\varphi_{\mathrm{P}}$ 是指每相功率、相电压、相电流和功率因数。

在工程上测量线电压、线电流比较方便。若用电源线电压、线电流表示星形接法,则

$$I_{\mathrm{a}} = I_{\mathrm{b}} = I_{\mathrm{c}} = I_{\mathrm{p}} = I_{\mathrm{L}} \qquad U_A = U_B = U_C = U_{\mathrm{p}} = \frac{U_{\mathrm{L}}}{\sqrt{3}}$$

故

$$P = 3U_{\mathrm{P}}I_{\mathrm{P}} \cos\varphi_{\mathrm{P}} = 3\frac{U_{\mathrm{L}}}{\sqrt{3}}I_{\mathrm{L}} \cos\varphi_{\mathrm{P}} = \sqrt{3}U_{\mathrm{L}}I_{\mathrm{L}} \cos\varphi_{\mathrm{P}}$$

用电源线电压、线电流表示三角形接法,则

$$I_{ab} = I_{bc} = I_{ca} = I_P = \frac{I_L}{\sqrt{3}} \qquad U_{AB} = U_{BC} = U_{CA} = U_P = U_L$$

故

$$P = 3U_P I_P \cos \varphi_P = 3U_L \frac{I_L}{\sqrt{3}} \cos \varphi_P = \sqrt{3} U_L I_L \cos \varphi_P$$

可见,无论负载星形接法还是三角形接法,对称三相电路的有功功率均为

$$P = \sqrt{3} U_L I_L \cos \varphi_P \tag{3.55}$$

由此类推,无功功率、视在功率为

$$Q = \sqrt{3} U_L I_L \sin \varphi_P \tag{3.56}$$

$$S = \sqrt{P^2 + Q^2} = \sqrt{3} U_L I_L \tag{3.57}$$

式中,U_L、I_L 为线电压、线电流,$\cos \varphi_P$ 为每相负载的功率因数。

[例 3.9] 三相对称负载,每相负载 $R = 6\ \Omega$,感抗 $X_L = 8\ \Omega$,接入三相三线制电源,$U_L = 380\ V$,比较在星形接法和三角形接法两种情况下的三相功率。

解　每相负载阻抗为

$$|Z| = \sqrt{R^2 + X_L^2} = \sqrt{6^2 + 8^2}\ \Omega = 10\ \Omega$$

负载星形接法时

$$U_P = \frac{U_L}{\sqrt{3}} = \frac{380}{\sqrt{3}}\ V = 220\ V$$

$$I_P = I_L = \frac{U_P}{|Z|} = \frac{220}{10} A = 22\ A \qquad \cos \varphi_P = \frac{R}{|Z|} = \frac{6}{10} = 0.6$$

$$P_Y = \sqrt{3} U_L I_L \cos \varphi_P = \sqrt{3} \times 380 \times 22 \times 0.6\ W = 8.7\ kW$$

负载三角形接法时

$$U_P = U_L = 380\ V$$

$$I_P = \frac{U_P}{|Z|} = \frac{380}{10}\ A = 38\ A$$

$$I_L = \sqrt{3} I_P = \sqrt{3} \times 38\ A = 66\ A$$

$$\cos \varphi_P = 0.6$$

$$P_\Delta = \sqrt{3} U_L I_L \cos \varphi_P = \sqrt{3} \times 38 \times 66 \times 0.6\ W = 26.1\ kW$$

所以

$$P_\Delta = 3P_Y$$

上式说明,电源线电压不变时,三角形接法负载所吸收的功率是星形接法的 3 倍。这是由于三角形接法时,负载的相电压比星形接法时大 $\sqrt{3}$ 倍,故相电流就增加了 $\sqrt{3}$ 倍。而此时线电流又是相电流的 $\sqrt{3}$ 倍,实际上比星形接法的线电流大了 3 倍,故功率也就为星形接法的 3 倍。

3.7　安全用电

电能的应用给工农业生产和人们的生活带来极大的方便。在供用电过程中必须特别注意

电气安全,无数电气施工告诫人们:思想的麻痹大意,往往是造成人身触电事故的主要因素。因此必须对用电人员加强安全教育,树立"安全第一"的意识。

3.7.1 触电

(1)触电的类型

触电是指人体触及或接近带电导体时,电流对人体造成伤害。人体触电时,电流对人造成的危害有电击和电灼伤两种类型。

1)电击

电击是指电流通过人体内部,影响心脏、呼吸和神经系统的正常功能,造成人体内部组织的损坏,甚至危及生命。

电击是由电流通过人体而引起的,它造成伤害的严重程度与电流大小、频率、通电的持续时间、流过人体的路径及触电者本身的情况有关。通过人体的电流越大,触电时间越长,危险就越大。对于工频交流电,根据通过人体电流的大小和人体呈现的不同状态,可将电流划分为三级:

①感知电流:能引起人的感觉的最小电流。成年男性的平均感知电流约为 1.1 mA,成年女性的平均感知电流约为 0.7 mA。

②摆脱电流:人触电后能自主摆脱电源的最大电流。成年男性的最小摆脱电流约为 9 mA,成年女性的最小摆脱电流约为 6 mA。

③致命电流:在短时间内危及生命的最小电流。电击致死的主要原因,大都是电流引起心室颤动造成的,通过人体 1 mA 的工频电流就会使人有不舒服的感觉;50 mA 的工频电流就会引起心室颤动,有生命危险;100 mA 的工频电流足以使人死亡。

2)电灼伤

电灼伤是指人体外部受伤,如电弧灼伤、与带电体接触后的电斑痕以及在大电流下因熔化而飞溅的金属沫对皮肤的烧伤等。

①灼伤:由于电弧的高温或高频电流流过人体产生的热量所致,如拉开裸露的刀开关时,电弧可能烧伤人的手部或面部。

②电斑痕:人体触电后在皮肤上形成的伤痕。

③金属溅伤:在线路短路、开启式熔断器熔断时,炽热的金属微粒飞溅所造成的伤害。

(2)常见的触电方式

根据人体触及带电体的方式和电流通过人体的路径,触电方式分为单相触电、两相触电、跨步电压触电以及接触电压触电。

1)单相触电

人体的某部分在地面或其他接地导体上、另一部分触及一相带电体的触电事故称单相触电。这时触电的危险程度决定于三相电网的中性点是否接地,一般情况下,接地电网的单相触电事故比不接地电网的危险大。

图 3.31(a)表示供电网中性点接地时的单相触电,此时人体承受电源相电压;图 3.31(b)表示供电网无中性线或中性线不接地时的单相触电,此时电流通过人体进入大地,再经过其他两相对地电容或绝缘电阻流回电源。

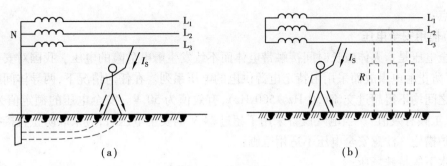

图 3.31　单相触电

2）两相触电

人体的不同部分同时分别触及同一电源的任何两相导线称两相触电,这时,电流从一根导线经过人体流至另一根导线,人体承受电源的线电压。这种触电形式比单相触电更危险,如图3.49所示。

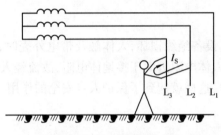

图 3.32　两相触电

3）跨步电压触电

当带电体接地有电流流入大地时(如架空导线的一根断落在地上时),地面上以接地点为中心形成不同的电位,人在接地点周围,两脚之间出现的电位差即为跨步电压。线路电压越高,离落地点越近,两脚间距越大,触电危险性越大,如图4.33所示。

4）接触电压触电

人体与电气设备的带电外壳接触而引起的触电称接触电压触电。人体触及带电体外壳,会产生接触电压,人体站立点离接地点越近,接触电压越小,如图3.34所示。

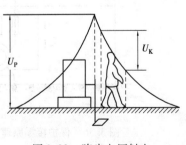

图 3.33　跨步电压触电

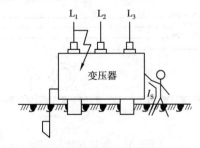

图 3.34　接触电压触电

3.7.2　防止触电的保护措施

触电往往很突然,最常见的触电事故是偶然触及带电体或触及正常不带电而意外带电的导体。为了防止触电事故,除思想上重视及健全管理制度外,还应加强安全技术措施,主要有如下几点：

（1）使用安全电压

安全电压是指人体较长时间接触带电体而不致发生触电危险的电压。我国对安全电压规定：为了防止触电事故而采用由特定电源供电的电压系列。在任何情况下，两导体间或任一导体与地之间均不得超过交流（50 Hz~500 Hz），有效值为 50 V。安全电压的额定值为 36、24、12、6 V（工频有效值）。当电气设备采用了超过 24 V 的安全电压时，应采取防止直接接触带电体的保护措施。注意安全电压不适用范围：

①水下等特殊场所；

②带电体部分能伸入人体内的医疗设备。

（2）保护接地

1）定义

保护接地就是在变压器的中性点不直接接地的电网内，电气设备的金属外壳和接地装置良好连接。

2）原理

如图 3.35 所示，当电气设备绝缘损坏，人体触及带电外壳时，由于采用了保护接地，人体电阻和接地电阻并联，此时人体电阻远大于接地体电阻，故流经人体的电流远小于流经接地体电阻的电流并在安全范围内，这样就起到了保护人身安全的作用。

（3）保护接零

1）定义

保护接零就是在变压器中性点直接接地的电网中，电气设备、电气设备的金属外壳与零线作可靠连接。

2）原理

低压系统电气设备采用保护接零后，如有电气设备发生单相碰壳故障时，形成一个单相短路回路。由于短路电流极大，熔丝快速熔断，保护装置动作，从而迅速地切断了电源，防止了触电事故的发生，如图 3.36 所示。

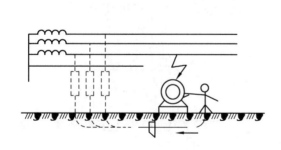

图 3.35　保护接地原理图

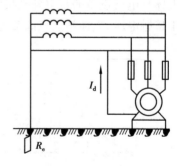

图 3.36　保护接零原理图

3）注意事项

①同一台变压器供电系统的电气设备不允许一部分采用保护接地而另一部分采用保护接零；

②保护接零线上不准装设熔断器；

③保护接地线或保护接零线不能串联；

④在保护接零方式中,将零线的多处通过接地装置与大地再次连接,称为重复接地。

保护接零回路的重复接地是保证接地系统可靠运行,可防止零线断线失去保护作用。

本章小结

本章主要用相量法来分析正弦稳态响应,并分析了电阻、电感、电容是交流电路的 3 个基本参数,着重介绍了正弦电路中的有功功率、无功功率、功率因数及视在功率的计算方法,以及串、并联谐振电路的特点。本章主要知识点如下:

1. 大小和方向随时间按正弦规律变化的电动势、电压和电流,称为正弦电流电。正弦交流电的主要物理量有瞬时值、最大值、有效值、频率(或角频率)、周期、相位(或初相位)和相位差。其中,最大值、角频率、初相位称为正弦交流电的三要素。同频率交流电的相位关系由它们间的相位差决定。为了计算交流电路,必须给电压和电流规定正方向(或参考方向)。

2. 正弦交流电可用三角函数式、波形图、相量(相量图和相量式)来表示。

用复数来表示的正弦量称为相量,但相量并不等于正弦量,两者只有对应关系。用相量作为工具计算交流电路的方法称为相量法。交流电路的分析方法有两种。

(1)相量图分析法:首先选择参考相量(阻抗串联一般选电流作参考方向,阻抗并联一般选电压作参考方向),然后将电路中其他电压和电流的相量定性地画出来,根据相量图上的各电压和电流的相量关系,用数学的几何作图及平行四边形法则求解三角形的办法求出未知量的大小和相位角。

(2)符号法:将电路中的电压和电流以及它们的相位角用一个复数式来表示(作为一种运算符号),从而将电路的运算转变为复数的代数运算。当相量相加或相减时,一般用复数的代数形式进行;当相量相乘或相除时,一般用复数的指数式(或极坐标式)进行,从而使交流电路的计算变得简单和方便。

3. R、L 和 C 串联交流电路中的 R、$X = (X_L - X_C)$ 和 $|Z|$ 构成阻抗三角形,$\dot{U}_R$、$\dot{U}_X = (\dot{U}_L + \dot{U}_C)$ 和总电压 $\dot{U}$ 构成电压三角形,P、Q、S 构成功率三角形。阻抗三角形、电压三角形、功率三角形均为相似三角形。阻抗角 φ 的大小由电路的参数决定,它反映了电路的性质,决定了电路中电压、电流间的相位关系,并决定了电路功率因数的高低。两个复阻抗 Z_1 和 Z_2 串联时,其总阻抗 $Z = Z_1 + Z_2$。

在 RLC 串联交流电路中,当 $X_{L0} = X_{C0}$ 或 $f = f_0 = \dfrac{1}{2\pi\sqrt{LC}}$ 时,总电压与电流同相位,称为串联谐振。串联谐振时阻抗最小,$Z_0 = R$;电流 $I_0 = \dfrac{U}{R}$ 最大;电感和电容上的电压等值反相,等于电源电压的 Q 倍,电感和电容上的无功功率实现相互全补偿,整个电路呈电阻性。

4. R、L 和 C 并联交流电路中的 $\dot{I}_R$、$\dot{I}_X = (\dot{I}_L + \dot{I}_C)$ 和总电流 $\dot{I}$ 构成电流三角形,其总电流 $I = \sqrt{I_R^2 + (I_L - I_C)^2} = U\sqrt{\left(\dfrac{1}{R}\right)^2 + \left(\dfrac{1}{X_L} - \dfrac{1}{X_C}\right)^2}$,$\varphi = \arctan\dfrac{I_L - I_C}{I_R}$。

两个复阻抗 Z_1 和 Z_2 并联时,其总阻抗 $Z = \dfrac{Z_1 Z_2}{Z_1 + Z_2} = |Z| \angle \varphi$。

5. 功率因数 $\cos \varphi = \dfrac{P}{S}$ 是企业用电的技术经济指标之一。提高功率因数,能充分利用电源设备,减少线路功率损耗和电压损失。提高网络功率因数的方法是在负载两端并联电容补偿无功功率,补偿电容 $C = \dfrac{P}{U^2 \omega}(\tan \varphi_1 - \tan \varphi_2)$,其中 φ_1 为补偿前的阻抗角,φ_2 为补偿后的阻抗角。

6. 电力系统普遍采用三相电路。在通常情况下,三相电源电压是对称的,即它们的幅值相等,频率相同,相位互差 $120°$。当电源以三相四线制供电时,可为负载提供两种电源电压,即线电压 U_L 和相电压 U_P,它们的大小关系是 $U_L = \sqrt{3} U_P$,相位关系是线电压超前相应相电压 $30°$,即 $\dot U_L = \dot U_P \angle 30°$。相序为三相电流出现正的最大值的先后顺序,如 A→B→C 称为顺相序;A→C→B 称为逆相序。三相负载可接成星形或三角形。

7. 对称三相电路由对称三相电源和对称三相负载所组成。对称三相电路的计算可先取一相,求得该相的电压和电流后,再利用对称关系求得其他两相的数值。

8. 对称三相电路功率 $P = \sqrt{3} U_L I_L \cos \varphi_p$,$Q = \sqrt{3} U_L I_L \sin \varphi_p$,$S = \sqrt{3} U_L I_L$。不对称三相电路中三相电流不对称,每相功率要分别计算。各相功率之和为三相功率。

9. 触电是指人体触及或接近带电导体时,电流对人体造成的伤害,可分为电击和电灼伤。常见的触电方式有单相触电、两相触电、跨步电压触电和接触电压触电。

习 题

3.1 纯电感 $L = 318$ mH 两端的电压为 $u(t) = 311 \sin(314t + 60°)$ V,求通过电感的电流 $i(t)$。若电压 U 不变,而频率变为 1 000 Hz,则通过电感的电流 I 变成多少?画出电压、电流相量图。

3.2 通过电容 $C = 318$ μF 的电流 $i(t) = 14.1 \sin(314t + 45°)$ A,求电容 C 两端的电压 U_1。若电流 I 不变,而频率变为 500 Hz,求电容 C 两端的电压 U_2。画出电压、电流相量图。

3.3 $R = 100$ Ω 的电阻与电容串联接在 50 Hz 的电源上,今测得电容上的电压为 40 V,电阻上的电压为 30 V,求电源电压、电流和电容 C,并画出电流、电阻与电容上的电压以及总电压相量图。

3.4 一电容与电感并联接在 50 Hz 的电源上,今测得总电流 $I = 2$ A,两并联支路的阻抗比为 $Z_L : Z_C = 2 : 1$,求通过电容和电感上的电流,并画出电流、电压相量图。

3.5 在如图 3.37 所示电路中,两支路电流 $\dot I_L$ 及 $\dot I_C$ 之间的相位差为 $90°$,求证电路的参数 R_1、R_2、L 和 C 应满足关系式 $R_1 R_2 = L/C$。

3.6 有一只线圈,接在直流电源上时通过 8 A 电流,线圈端电压为 48 V;接在 50 Hz、100 V 交流电源上,通过的电流为 10 A,求线圈的电阻和电感,并画出相量图。

3.7　已知 $V_1 = 100$ V, $A_1 = 10$ A, $R = 5$ Ω, $X_1 = 10$ Ω, $X_3 = 5$ Ω,求图 3.38 中的 X_2、V_0 和 A_0。

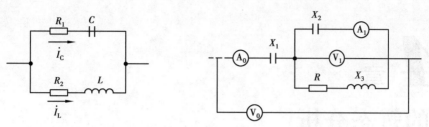

图 3.37　习题 3.5 的图　　　　　图 3.38　习题 3.7 的图

3.8　已知电路中某元件的电压 $u = 282.8 \sin(314t + 75°)$ V, $i = 7.07 \sin(3.14t + 30°)$ A, 求:(1)元件的性质;(2)元件的阻抗值;(3)平均功率;(4)无功功率。

3.9　一收音机的输入电路的电感为 0.3 mH,今欲收听中波段 535 ~ 1 605 kHz 的电台广播,问可变电容的调节范围应为何值?

3.10　已知 $Z_1 = 24\angle -36.9°$ Ω, $Z_2 = 32\angle 53.1°$ Ω。两元件串联后接在 50 Hz 电源上,通过的电流为 10 A。求:(1)总复阻抗 Z;(2)两元件上电压 $\dot{U}_1$、$\dot{U}_2$ 和总电压 $\dot{U}$;(3)有功功率 P_1、P_2 和总功率 P;(4)无功功率 Q_1、Q_2 和总无功功率 Q;(5)视在功率 S_1、S_2 和总视在功率 S;(6)试计算并验证 $P = P_1 + P_2$, $Q = Q_1 + Q_2$, $S \neq S_1 + S_2$。

第 **4** 章

电路的暂态分析

本章介绍电路暂态分析的基本概念、产生原因、分析方法,以及研究的目的和意义;本章详细介绍了分析暂态过程的一般方法——解一阶常系数线性微分方程的经典法,并着重介绍用"三要素法"分析 *RC* 和 *RL* 电路的暂态过程。

4.1 电路的暂态及换路定律

4.1.1 电路的暂态

在一定的条件下,电路有一定的稳定状态,条件变了,其稳定状态也要发生变化。例如将汽车的发动机关闭,它的速度将减小,最后停下来。将室内的物体移到室外,它的温度也会变得和室外一样。电路也是如此,当电路与电源接通或者断开时,或者电路元件 *R*、*L* 和 *C* 的参数发生变化时,电路将从一种稳定状态变化到另一种稳定状态,这一变化过程称为暂态过程或简称暂态(也称过渡过程)。

电路产生过渡过程必须具备两个条件。第一是电路发生换路,如电路的接通、折断、短路或者电源电压骤然改变,也可以是电路参数的骤然改变。第二是电路中必须含有储能元件——电感或者电容。

暂态分析就是要研究在过渡过程中,电流、电压随时间变化的规律,以及它们与电路参数的关系,这显然与前面两章用以计算稳态电路的方法是不同的。

暂态过程时间虽然不长,有时以微秒、毫秒为单位,但在实际工作中却有着重要的意义。例如在电子技术中,通常利用电容器的充放电构成各种脉冲电路,产生各种信号波形,利用 *RLC* 电路的暂态过程构成振荡电路等。电路的暂态过程也有其有害的一面,例如某些电路在接通或断开的暂态过程中,会产生过高的电压或过大的电流,从而使电气设备遭受损坏。我们研究暂态过程的目的,就是要认识暂态过程这一物理现象,掌握它的变化规律,充分利用它的特性,防止其产生的危害。

4.1.2　换路定律及电路初始值的确定

换路是指电路发生接通、断开、参数突变、结构突变、电源电压波动等,使电路的状态发生变化。

我们以换路瞬间 $t=0$ 作为计时起点,换路前的终了瞬间用 $t=0_-$ 表示,换路后的初始瞬间用 $t=0_+$ 表示,则可得出电感电路和电容电路的换路定律。

由于电容元件所储存的电场能量 $W=Cu_C^2/2$ 不能突变,所以电容元件 C 中的电压 u_C 不能突变,即换路后的瞬间电容元件上的电压 $u_C(0_+)$ 等于换路前的一瞬间电容上的电压 $u_C(0_-)$。其数学表达式为

$$u_C(0_+)=u_C(0_-) \tag{4.1}$$

由于电感元件中储存的磁场能量 $W=Li_L^2/2$ 不能突变,所以电感元件 L 中电流 i_L 不能突变,即换路后瞬间电感的电流 $i_L(0_+)$ 等于换路前瞬间电感中电流 $i_L(0_-)$。其数学表达式为

$$i_L(0_+)=i_L(0_-) \tag{4.2}$$

由于电阻 R 是非储能元件,所以其两端电压 u_R 和流经电阻上的电流 i_R 都看成可以突变,电容元件中的电流 i_C 和电感元件两端电压 u_L 也都可以突变。

因此,确定换路瞬间电路中的初始值步骤如下:

① 根据换路定律可以确定 $u_C(0_+)=u_C(0_-)$,$i_L(0_+)=i_L(0_-)$。

② 把电容上电压初始值 $u_C(0_-)$ 看成恒压源,电感上的电流初始值 $i_L(0_-)$ 看成恒流源,画出 $t=0_+$ 的等效电路。

③ 求解该等效电路,从而可以求出其他 4 个可以突变的 [$i_R(0_+)$、$u_R(0_+)$、$i_C(0_+)$、$u_L(0_+)$] 物理量的初始值。

[例 4.1]　如图 4.1 所示电路,试确定在开关 S 闭合瞬间的电压 $u_C(0_+)$、$u_L(0_+)$ 和电流 $i_L(0_+)$、$i_C(0_+)$、$i_R(0_+)$ 及 $i_S(0_+)$。设开关闭合前电路已处于稳态。

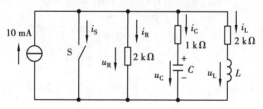

图 4.1　例 4.1 的电路

解　作出 $t=(0_-)$ 和 $t=(0_+)$ 时的电路,如图 4.2(a)、(b) 所示。在 $t=(0_-)$ 时,电路已处于稳态,故电容元件视为开路,而电感元件可视为短路。

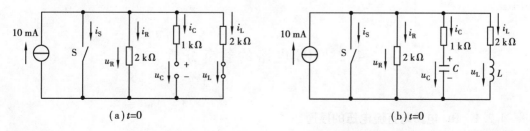

(a) $t=0$　　　　　　　　　　　　　(b) $t=0$

图 4.2　例 4.1 的 $t=(0_-)$,$t=(0_+)$ 等效电路

经计算如表4.1所示。

表4.1 例4.1的表

	i_L	u_C	i_C	i_R	i_S	u_L	u_R
$t = (0_-)$	5 mA	10 V	0	5 mA	0	0	10 V
$t = (0_+)$	5 mA	10 V	−10 mA	0	15 mA	−10 V	0

由表可知:在换路瞬间,除了电容上电压和电感中的电流不能突变外,其余物理量是可以突变的。

[**例4.2**] 图4.3(a)所示电路中,已知 $E = 20$ V, $R_1 = R_2 = R_3 = 2$ kΩ, $L = 1$ H, $C = 10$ μF。$t = 0$ 时,开关 S 闭合,闭合前电路无储能。作出 $t = 0_+$ 时的等效电路,并计算 $i_{R3}(0_+)$、$i_{R2}(0_+)$、$u_C(0_+)$、$u_L(0_+)$。

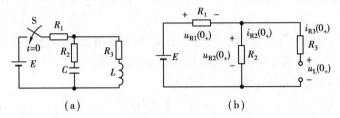

图4.3 例4.2的图

解 因开关闭合前电路无储能,即

$$i_L(0_-) = 0 \qquad u_C(0_-) = 0$$

由于换路瞬间电感电流和电容电压不能突变,故知在开关闭合瞬间,电容相当于短路,电感相当于开路,所以图4.3(a)在 $t = 0_+$ 时的等效电路如图4.3(b)所示。按该电路进行计算。

$$i_{R3}(0_+) = i_L(0_+) = i_L(0_-) = 0$$

$$i_{R2}(0_+) = \frac{E}{R_1 + R_2} = \frac{20}{2 + 2} \text{ mA} = 5 \text{ mA}$$

$$u_C(0_+) = u_C(0_-) = 0 \text{ V}$$

$$u_L(0_+) = u_{R2}(0_+) = \frac{R_2}{R_1 + R_2} E = \frac{2}{2 + 2} \times 20 \text{ V} = 10 \text{ V}$$

由此例题可见,计算 $t = 0_+$ 时电压和电流的初始值,只需计算 $t = (0_-)$ 时的 $i_L(0_-)$ 和 $u_C(0_-)$ 即可,因为它们不能跃变,然后作出 $t = 0_+$ 时的等效电路,用理想电流源 $i_L(0_+)$ 代替电感 L,用理想电压源 $u_C(0_+)$ 代替电容器 C,在 (0_+) 等效电路图上可求出其他电流和电压的初始值。

4.2 RC 电路的暂态分析

4.2.1 RC 电路与直流电压的接通

在如图4.4所示电路中,电阻 R 与电容 C 串联通过开关 S 与一理想电压源 U 接通。假定合闸前,电容器上的电压 $u_C(0_-)=0$,也就是电场能量等于零。当 $t=0$ 时,开关 S 闭合,则有充电电流对电容器开始充电。随着电容器两端电压逐渐升高,充电电流逐渐减小。当电容器两端电压与理想电压源电压相等时,充电电流降为零,电路进入稳定状态。下面研究开关 S 闭合后,电路中各量的变化规律。

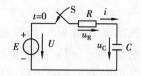

图 4.4 RC 电路与直流电压接通

根据克希荷夫定律可列出开关 S 闭合后 $(t \geqslant 0)$,暂态过程中的回路电压方程式

$$iR + u_C = U \qquad (4.3)$$

因为电容器 C 的充电电流

$$i = \frac{\mathrm{d}q}{\mathrm{d}t} = \frac{\mathrm{d}(Cu_C)}{\mathrm{d}t} = C\frac{\mathrm{d}u_C}{\mathrm{d}t} \qquad (4.4)$$

将式(4.4)代入式(4.3)得

$$RC\frac{\mathrm{d}u_C}{\mathrm{d}t} + u_C = U \qquad (4.5)$$

上式是一阶常系数非齐次线性微分方程。按数学中解这类方程的经典法,它的通解 $u_C(t)$(称为全解)是它的特解 u_C'(称为特殊积分)和对应的齐次方程

$$RC\frac{\mathrm{d}u_C}{\mathrm{d}t} + u_C = 0 \qquad (4.6)$$

的通解 u_C''(称为补函数)之和,即

$$u_C(t) = u_C' + u_C'' \qquad (4.7)$$

从数学中可知,特解 u_C' 是满足式(4.5)的任何一个解,因为稳态值总是满足式(4.5)的,通常取电路的稳态值作为特解,所以特解 u_C' 称为稳态分量(又称强制分量),它是由电路变化过程结束以后 $(t \to \infty \ \mathrm{d}u_C/\mathrm{d}t = 0)$ 的值来确定的,即

$$u_C' = u_C(\infty) = U \qquad (4.8)$$

从数学可知,补函数 u_C'' 是一个时间的指数函数,从电路中来看,它只是在变化过程中出现的,所以称 u_C'' 为暂态分量(又称自由分量),即

$$u_C'' = Ae^{pt} \qquad (4.9)$$

式中,A 为积分常数,p 为特征方程的根,与式(4.9)对应的齐次微分方程的特征方程是

$$RCp + 1 = 0 \qquad (4.10)$$

所以特征方程的根

$$p = -\frac{1}{RC} = -\frac{1}{\tau}$$

式中,$\tau = RC$ 具有时间的量纲(秒)[①],称为 RC 电路的时间常数。

因此式(4.7)的全解为

$$u_C(t) = u_C' + u_C'' = u_C(\infty) + Ae^{-t/\tau} \qquad (4.11)$$

积分常数 A 需要用初始条件来确定,可由换路定律求得,在 $t=0$ 瞬间

$$u_C(0) = u_C(0_+) = u_C(0_-) = 0$$

得 $A = -U$,所以电容器两端电压

---

① τ 的单位是欧·法 = 欧 $\dfrac{库}{伏}$ = $\dfrac{欧·安·秒}{伏}$ = 秒

$$u_C(t) = U - Ue^{-t/\tau} = U(1 - e^{-t/\tau}) \qquad (4.12)$$

所求电压 u_C 随时间的变化规律如图4.5所示。电压的全解 $u_C(t)$ 是稳态分量 $u_C' = U$ 和暂态分量 $u_C'' = -Ue^{-t/\tau}$ 所组成，u_C' 不随时间变化，u_C'' 按指数规律衰减而趋于零，$u_C(t)$ 按指数规律随时间增长而趋于稳态值。

合闸以后，电路中的电流（电容器的充电电流）

$$i = C\frac{\mathrm{d}u_C}{\mathrm{d}t} = \frac{U}{R}e^{-t/\tau} \qquad (4.13)$$

电阻上的电压

$$u_R = iR = Ue^{-t/\tau} \qquad (4.14)$$

所求 u_C、u_R 及 i 随时间变化的曲线如图4.6所示。

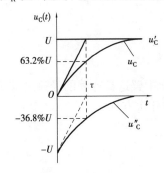

图4.5　u_C 的变化曲线 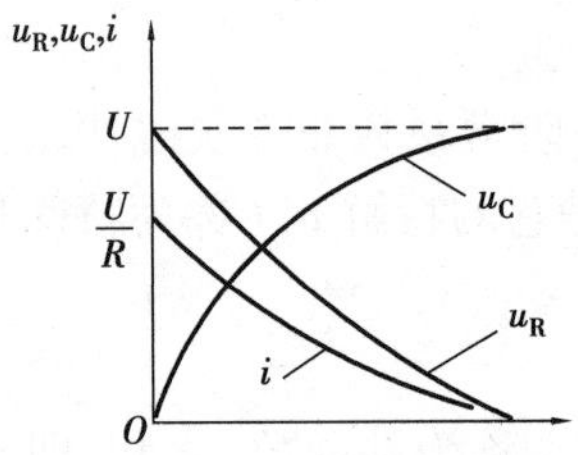　　　　图4.6　u_C、u_R 及 i 的变化曲线

分析复杂一些电路的暂态过程时，还可以应用戴维南定理将换路后的电路化简为一个简单电路（如图4.4所示的一个 RC 串联电路），即将储能元件划出而将其余部分看作一个等效电源，求等效电源的电动势和内阻，计算电路的时间常数，将所得的数据直接代入式(4.12)得出电容器两端电压的变化规律。

前面我们分析的情况是电容器在合闸前没有初始储能，即电容 C 两端电压初始值为零时的变化规律。若合闸前电容器两端电压不为零，$u_C(0) = U_o$，电容器具有初始储能的情况下，则式(4.11)由换路定律确定积分常数 A

$$u_C(0_+) = u_C(\infty) + A$$
$$A = u_C(0_+) - u_C(\infty)$$

将上式代入式(4.11)得

$$u_C(t) = u_C(\infty) + [u_C(0_+) - u_C(\infty)]e^{-t/\tau} \qquad (4.15)$$

从式(4.15)可以看出，只要知道 $u_C(0_+)$、$u_C(\infty)$ 和 τ 这"三个要素"，就可以方便地得出全解 $u_C(t)$。这种利用"三要素"来得出一阶线性微分方程全解的方法称为"三要素法"。它在分析一阶电路（用一阶线性微分方程描述电路的特性）的暂态过程时，可以避免求解微分方程而使分析简单，并且物理概念清楚。

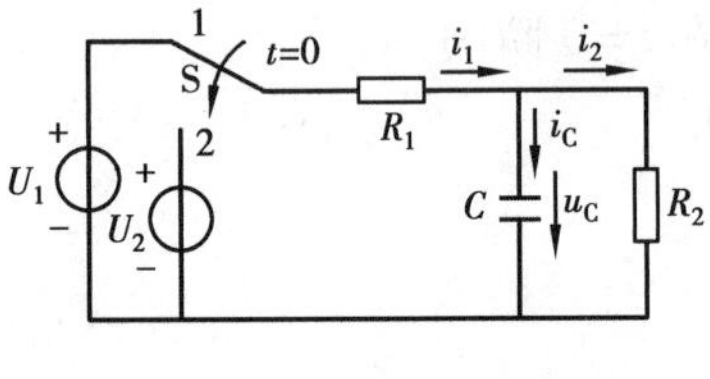

[例4.3]　在图4.7所示电路中，开关 S 原来接在位置"1"，电容器已充电结束。如果在开始计时瞬间（$t = 0$），将开关 S 突然换到位置"2"，试求出电容元件上的电压 u_C。已知 $R_1 = 1\text{ k}\Omega$，$R_2 = 2\text{ k}\Omega$，$C = 3\text{ }\mu\text{F}$，电压源 $U_1 = 3\text{ V}$，$U_2 = 5\text{ V}$。

图4.7　例4.3的电路

解 （1）确定 u_C 的初始值

$$u_C(0_+) = \frac{R_2}{R_1 + R_2}U_1 = \frac{2}{1+2} \times 3 \text{ V} = 2 \text{ V}$$

（2）确定 u_C 的稳态值

$$u_C(\infty) = \frac{R_2}{R_1 + R_2}U_2 = \frac{2}{1+2} \times 5 \text{ V} = \frac{10}{3} \text{ V}$$

（3）确定时间常数

$$\tau = \frac{R_1 R_2}{R_1 + R_2}C = \frac{1 \times 2}{1+2} \times 10^3 \times 3 \times 10^{-6}\text{s} = 2 \times 10^{-3} \text{ s}$$

于是根据式（4.15）可写出

$$u_C(t) = \frac{10}{3} \text{ V} + \left(2 - \frac{10}{3}\right)e^{\frac{1}{2} \times 10^{-3}t}\text{V} = \frac{10}{3}\text{V} - \frac{4}{3}e^{-500t}\text{V}$$

综上所述，用"三要素法"计算 RC 电路暂态过程的步骤为：

①求出换路前电容器 C 的电压 $u_C(0_-)$，而 $u_C(0_+) = u_C(0_-)$。

②求出换路后 $t \to \infty$ 时电容器 C 上的电压 $u_C(\infty)$。

③计算换路后的时间常数 $\tau = RC$，其中 R 的数值为换路后，从电容器两端往里看，电源不作用（理想电压源短路，理想电流源开路）时的等效电阻。

④按通式 $u_C(t) = u_C(\infty) + [u_C(0_+) - u_C(\infty)]e^{-t/\tau}$，写出电容器两端电压的变化规律。其中，$u_C(0_-)$、$u_C(\infty)$ 和 τ 的数值可用稳态电路的分析方法计算。电路中的其他量 $i_C(t)$、$u_R(t)$ 均可由 $u_C(t)$ 的表示式得到。

4.2.2 RC 电路的时间常数

RC 电路暂态过程进行的快慢是由时间常数 τ 决定的，而 $\tau = RC$，所以实际上是由电路的参数（R 和 C）所决定。C 越大，充到同样电压所需的电荷也越多，而电荷的积累是需要时间的，所以 $u_C(t)$ 上升就越慢。R 越大，充电电流越小，要积累同样多的电荷就需要更长的时间，所以 $u_C(t)$ 上升也越慢。$\tau = RC$ 中，R 的单位是欧[姆]（Ω），C 的单位是法[拉]（F），τ 的单位是秒（s），τ 越大，充放电越慢，暂态过程延续的时间就越长。图 4.8 表示了时间常数不同 $u_C(t)$ 变化的规律。

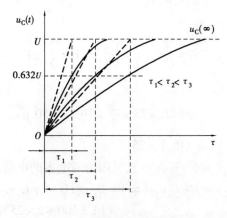

图 4.8　时间常数对波形图的影响

时间常数 τ 的物理意义可参照式(4.12)来进一步说明,当 $t = \tau$ 时

$$u_C(t) = U(1 - \mathrm{e}^{-1}) = U(1 - 0.368) = 0.632U$$

时间常数 τ 在数值上等于 u_C 从零增长到稳态值 U 的 0.632 倍所需要的时间,如图 4.8 所示。可以证明,指数曲线上任意一点的次切距的长度都等于 τ,以初始点为例

$$\left.\frac{\mathrm{d}u_C}{\mathrm{d}t}\right|_{t=0} = \frac{U}{\tau},\text{因此}\ \tau = \frac{U}{\left.\dfrac{\mathrm{d}u_C}{\mathrm{d}t}\right|_{t=0}} \tag{4.16}$$

也可以这样来理解时间常数的物理意义:式(4.19)说明 u_C 以起始速度 $\left.\dfrac{\mathrm{d}u_C}{\mathrm{d}t}\right|_{t=0}$ 从起始值到稳定值 $u_C(\infty)$ 所需要的时间就等于时间常数 τ。它可以在 u_C 的波形上从 $t = 0$ 时作一条切线,它与稳态值的图像交点 A 的横坐标就是时间常数 τ。

理论上,暂态过程所延续的时间 $t = \infty$,但在工程上一般认为 $t = (3 \sim 5)\tau$ 之后,暂态过程就基本上结束,由此而产生的误差是在允许范围之内的。

当电路中 R 和 C 的参数已知后,可按公式 $\tau = RC$ 计算 τ 值(后面将讨论 RL 电路,它的时间常数 $\tau = L/R$)。但对于含多个电阻的电路,其 τ 值中的电阻 R 理解为电路里由储能元件两端看入的等效电阻。如图 4.9 所示,R 为换路后网络除源(理想电压源短路,理想电流源开路)的等效电阻。

电容 C(或 L)也是换路后的等效值,如果遇到多个 C(或 L)串并联,则应先将它们化简,求出等效电容 C(或电感 L)。

[例4.4] 如图 4.10 所示电路,$C_1 = 1\ \mu\mathrm{F}$ 的电容器充电到 $u_{C1}(0_+) = 100\ \mathrm{V}$,通过 $R = 75\ \Omega$ 的电阻分电到 $C_2 = 2\ \mu\mathrm{F}$(并已充电到 $u_{C2}(0_+) = 25\ \mathrm{V}$)的电容器上,试求电容器电压随时间变化的规律。

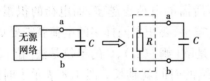

图 4.9　τ 中的电阻 R

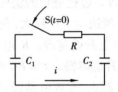

图 4.10　例 4.4 的图

解　两电容串联的等效电容为

$$C = \frac{C_1 C_2}{C_1 + C_2} = \frac{1 \times 2}{1 + 2}\ \mu\mathrm{F} = \frac{2}{3}\ \mu\mathrm{F}$$

故时间常数

$$\tau = RC = 75 \times \frac{2}{3} \times 10^{-6}\mathrm{s} = 50\ \mu\mathrm{s}$$

初始值 $u_{C1}(0_+) = 100\ \mathrm{V}, u_{C2}(0_+) = 25\ \mathrm{V}$。

当 $t = \infty$ 时,$i = 0$,故 $u_{C1}(\infty) = u_{C2}(\infty)$,又因为两电容的电荷总值应不变,故

$$C_1 u_{C1}(\infty) + C_2 u_{C2}(\infty) = C_1 u_{C1}(0_+) + C_2 u_{C2}(0_+)$$
$$= (1 \times 100 + 2 \times 25)\mu\mathrm{C} = 150\ \mu\mathrm{C}$$

由此二式解出

$$u_{C1}(\infty) = u_{C2}(\infty) = \frac{150}{C_1 + C_2} = \frac{150}{1+2}\ \text{V} = 50\ \text{V}$$

因此得出

$$u_{C1} = u_{C1}(\infty) + [u_{C1}(0_+) - u_{C1}(\infty)]e^{-\frac{t}{\tau}} = 50\ \text{V} + 50e^{-20t}\ \text{V} \quad (t\ \text{以毫秒计})$$

$$u_{C2} = u_{C2}(\infty) + [u_{C2}(0_+) - u_{C2}(\infty)]e^{-\frac{t}{\tau}} = 50\ \text{V} - 25e^{-20t}\ \text{V} \quad (t\ \text{以毫秒计})$$

在具有开关的电路中,由于开关倒向位置不同,电路的结构不一样,与之联系的电路的时间常数也会随之变化,应分别计算,如图4.11所示。

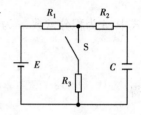

当开关 S 断开时,时间常数为

$$\tau_1 = (R_1 + R_2)C$$

当开关 S 接通时,时间常数为

$$\tau_2 = \left(R_2 + \frac{R_1 R_3}{R_1 + R_3}\right)C$$

图4.11　τ 值的计算

上面研究了 RC 电路在充电和放电时电容器两端电压的变化规律,电路参数对这些变化规律的影响;介绍了经典法,并着重介绍了三要素法分析电容两端电压变化规律的一般步骤。

三要素法不仅可以用来求解电容电压,也可以用于求解电路中其他的变量,如电容电流、电阻电压等,所以式(4.15)用一般的数学式表示如下

$$f(t) = f(\infty) + [f(0_+) - f(\infty)]e^{-\frac{t}{\tau}} \tag{4.17}$$

$f(0_+)$ 为换路后该变量的初始值,计算方法在第4.1.2节换路定律中已详细述及。注意,除了电容器两端的电压和电感中的电流不能突变之外,其他量都是可以突变的。

$f(\infty)$ 为换路后该变量的稳定值,即 $t = \infty$ 时瞬变过程终将结束。在恒定电压(或电流)作用下,电感电压 u_L 和电容电流 i_C 终将变为零。稳定后,电感相当于短路,电容相当于开路,可用网络分析的方法计算变量的稳态值。

τ 是时间常数,因为整个电路的变化规律都受储能元件影响,因此它的分析计算方法以及大小都和电容器两端电压变化规律中 τ 的计算是一致的。

4.3　RL 电路的暂态分析

4.3.1　RL 电路与直流电压的接通

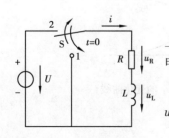

图4.12 所示电路中,当 $t=0$ 时将开关 S 由位置 1 合在位置 2 上,电感 L 则通过电阻 R 与恒压源 U 接通。此时实际输入一阶跃电压 U。

根据 KVL 定律可知,开关 S 接在位置 2 时: $u_R + u_L = U$ 或 $iR = u_L = U$,将 $u_L = L\dfrac{\mathrm{d}i}{\mathrm{d}t}$ 代入可得

图4.12　RL 电路的过渡过程

$$L\frac{\mathrm{d}i}{\mathrm{d}t} + Ri = U \tag{4.18}$$

比较式(4.18)与式(4.5)可知,它们的形式完全一样,也是一阶常系数非齐次线性微分方程,它的特解即为稳定分量

$$i' = i(\infty) = \frac{U}{R}$$

它的补函数即暂态分量

$$i'' = Ae^{pt}$$

式中,A 为积分常数,p 为特征方程的根。对应齐次微分方程的特征方程式是

$$\frac{L}{R}p + 1 = 0$$

得

$$p = -\frac{1}{L/R} = -\frac{1}{\tau}$$

式中,$\tau = \frac{L}{R}$具有时间的量纲(秒)①,称为 RL 电路的时间常数,于是得

$$i'' = Ae^{pt} = Ae^{-(R/L)t}$$

因此式(4.18)的全解为

$$i = i' + i'' = i(\infty) + Ae^{-(R/L)t} = \frac{U}{R} + Ae^{-(R/L)t} \tag{4.19}$$

在 $t = 0_+$ 时 $i = 0$,则$\frac{U}{R} + A = 0$,得 $A = -\frac{U}{R}$,因此

$$i = \frac{U}{R} - \frac{U}{R}e^{-(t/\tau)} = \frac{U}{R}(1 - e^{-(t/\tau)}) \tag{4.20}$$

所求电流随时间变化的曲线如图4.13所示。图4.12中电阻和电感上电压的变化规律可以从式(4.20)推出,即

$$u_R = iR = U(1 - e^{-(t/\tau)}) \tag{4.21}$$

$$u_L = L\frac{di}{dt} = Ue^{-(t/\tau)} \tag{4.22}$$

它们随时间变化的曲线如图4.14所示。在稳定状态时,电感 L 对直流不起作用(相当于电感被短路),其上电压为零,所以电阻上的电压就等于电源电压。

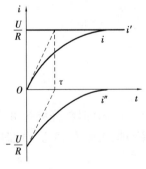

图4.13 i 的变化曲线

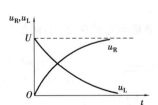

图4.14 u_R 及 u_L 的变化曲线

---

① 电感的单位是亨,即欧·秒,因此 τ 的单位为$\frac{\text{欧·秒}}{\text{欧}}$ = 秒

时间常数 τ 越大,暂态过程就进行得越慢。因为 L 越大,阻碍电流变化的作用也就越强 $\left(e_1 = -L\dfrac{\mathrm{d}i}{\mathrm{d}t} \right)$,电流增长的速度就越慢;$R$ 越小,则在同样电压下电流的稳定值或暂态分量的初始值 U/R 越大,电流增长到稳定值所需的时间就越长。

τ 值的计算与 RC 电路类似,如果有多个电感 L 串联、并联时,其值为等值电感。

与电容器充电过程类似,假若在合闸前电感线圈中的电流不为零,即 $i(0) = I_0$,线圈具有一定的初始储能,则式(4.19)由换路定律确定积分常数 A。

$$i(0_+) = i(\infty) + A$$
$$A = i(0_+) - i(\infty)$$

这样式(4.19)可写成

$$i(t) = i(\infty) + [i(0_+) - i(\infty)]\mathrm{e}^{-(t/\tau)} \tag{4.23}$$

从式(4.23)可知:$i(\infty)$、$i(0_+)$、$\tau = L/R$ 是解 RL 电路的三要素,同样可用三要素法,其计算步骤和方法与 RC 电路相同。

[例4.5] 在图4.15中,如在稳定状态下 R_1 被短接,试问短路后经多少时间电流才达到15A?

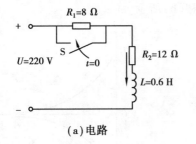 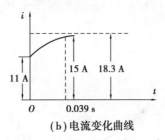

(a)电路　　　　　　　(b)电流变化曲线

图4.15　例4.5的图

解 应用三要素法求 i。

(1)确定 i 的初始值

$$i(0_+) = \frac{U}{R_1 + R_2} = \frac{220}{8 + 12}\,\mathrm{A} = 11\,\mathrm{A}$$

(2)确定 i 的稳态值

$$i(\infty) = \frac{U}{R_2} = \frac{220}{12}\,\mathrm{A} = 18.3\,\mathrm{A}$$

(3)求电路的时间常数

$$\tau = \frac{L}{R_2} = \frac{0.6}{12}\,\mathrm{s} = 0.05\,\mathrm{s}$$

于是根据式(4.23)可写出

$$i = 18.3\,\mathrm{A} + (11 - 18.3)\mathrm{e}^{-(1/0.05)t}\,\mathrm{A} = 18.3\,\mathrm{A} - 7.3\mathrm{e}^{-20t}\,\mathrm{A}$$

当电流到达15A时

$$15\,\mathrm{A} = 18.3\,\mathrm{A} - 7.3\mathrm{e}^{-20t}\,\mathrm{A}$$

所经过的时间为 $t = 0.039\,\mathrm{s}$,电流的变化规律如图4.15(b)所示。

4.3.2 RL 电路的短接

如果 RL 电路接通直流电压 U,并且在电流达到稳态值 $\dfrac{U}{R}$ 后,在 $t=0$ 时,将图 4.12 所示电路中开关 S 由位置 2 换接于位置 1,则由换路定律知

$$i_L(0_+) = i_L(0_-) = \frac{U}{R} = I_0$$

具有初始储能的电感 L,通过电阻 R 接成回路,将能量进行泄放,在电感初始储能的作用下,产生电流、电压的暂态过程持续到储能全部消耗在电阻 R 上为止。即 $i(\infty)=0$,将 $i_L(0_+)$、$i_L(\infty)$ 和 $\tau = L/R$ 的值代入式(4.20)可得

$$i_L(t) = 0 + (I_0 - 0) e^{-(t/\tau)} = I_0 e^{-(t/\tau)}$$

电感的端电压为

$$u_L = u_L(0_+) e^{-(t/\tau)} = -I_0 R e^{-(t/\tau)}$$

电阻端电压为

$$u_R = -u_L = I_0 e^{-(t/\tau)}$$

$i_L(t)$、$u_L(t)$ 和 $u_R(t)$ 的波形如图 4.16(a)和(b)所示。

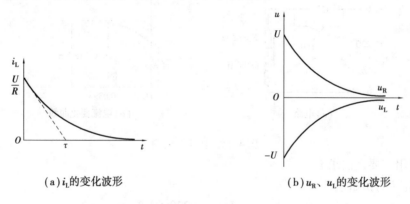

(a) i_L 的变化波形　　　　　　　(b) u_R、u_L 的变化波形

图 4.16　RL 短接时的 i_L、u_L 和 u_R 的变化波形

4.3.3 电感电路突然断开时过电压的产生及防止

具有初始储能的电感电路,用开关直接切断电流是不允许的。如图 4.17 所示的电感线圈由直流电压 U 供电,当线圈突然从电源上断开,则开关两端电阻 $R \to \infty$,而 $i_L(0) = I_0$ 不能突变,这样在开关触头 ab 之间的距离很短而电压又很高,开关处的空气将发生电离而形成电弧。电弧具有极高的温度可能使开关损坏,同时出现过高的自感电势也可能将线圈的绝缘材料击穿。

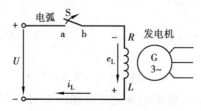

图 4.17　电感线圈从电源上扳断

为了防止这种危害,可在线圈两端并联一适当电阻值的电阻 R_0(称泄放电阻),使线圈电压受到限制,如图 4.18(a)所示;或在线圈两端并联适当的电容,以吸收一部分突然断开时电感释放的能量,如图 4.18(b)所示。也可用二极管与线圈并联(极性不能错),提供放电回路,使电感所储存的能量消耗在自身的电阻中,如图 4.18(c)所示。

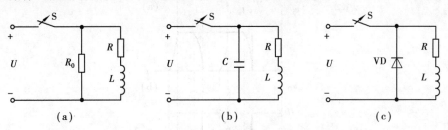

图 4.18 防止 RL 电路突然断开而产生的高电压

4.4 微分电路和积分电路

微分电路和积分电路是电容元件充放电的 RC 电路,这种电路在不同的输出连接方式及选取不同的时间常数时构成输出电压波形和输入电压波形之间的特定(微分或积分)的关系。

4.4.1 微分电路

图 4.19 所示 RC 电路中,如果输入信号是如图 4.20(a)所示的矩形脉冲电压 u_1,脉冲电压的幅值为 U、宽度为 t_p,电阻 R 两端输出的电压为 $u_2 = u_R$,电压 u_2 的波形与电路的时间常数 τ 有关。当输入脉冲宽度 t_p 一定时,改变 τ 和 t_p 的比值,电容器充、放电的快慢就不同,输出电压 u_2 的波形也就不同,如图 4.20(b)~(e)所示。

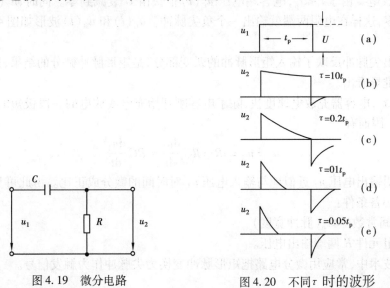

图 4.19 微分电路   图 4.20 不同 τ 时的波形

下面具体分析以矩形脉冲为输入信号时,输出端电压 u_R 波形的形成过程,如图 4.21 所示。

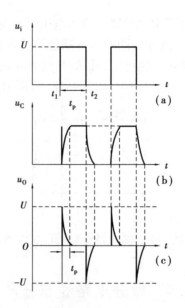

图 4.21　RC 电路在矩形脉冲作用下的瞬变过程

在 $t = t_1$ 时,脉冲由零跃变到 U,相当于接通一个直流电压源,通过电阻 R 对电容器 C 进行充电。电容器两端电压 u_C 由零按指数规律上升,见式(4.12)。

u_R 由 U 按指数规律衰减,见式(4.14)。

如果电路的时间常数 $\tau \ll t_p$(实际上只需要使 $\tau \ll \dfrac{t_p}{5 \sim 10}$),如图 4.21(b)所示,$u_C(t)$ 很快由零增长到矩形波幅度值 U。与此同时,$u_2(t) = u_R(t)$ 很快由幅值 U 衰减到零值,这样在电阻两端输出一个正尖脉冲,如图 4.21(c)所示。

在 $t = t_2$ 瞬时,输入矩形脉冲信号由 U 值跃变到零值,相当于输入端短路,于是电容器 C 经过电阻 R 放电。由于 $\tau \ll t_p$,电容端电压 $u_C(t)$ 很快由 U 衰减到零。同时,$u_2(t) = u_R(t)$ 由 $-U$ 衰减到零,这样在电阻两端就输出一个负尖脉冲。$u_C(t)$ 和 $u_R(t)$ 波形如图 4.21(b)、(c)所示。

这种输出尖脉冲反映了输入矩形脉冲的跃变部分,是矩形脉冲微分的结果,这种微分关系可以由以下推导看出。

由于 $\tau \ll t_p$,电容器充放电速度快,除了电容刚开始充电或放电的一段极短时间之外,$u_1 = u_C + u_2 \approx u_C$。因而有

$$u_2 = u_R = iR = RC\frac{\mathrm{d}u_C}{\mathrm{d}t} \approx RC\frac{\mathrm{d}u_1}{\mathrm{d}t} \tag{4.24}$$

该式表明输出电压 u_2 近似地与输入电压 u_1 对时间的微分成正比。由此可见,RC 微分电路具有两个必备条件:

①τ(时间常数)$\ll t_p$(脉冲宽度)。

②从电阻元件 R 两端输出电压。

在电子技术中,常应用微分电路把矩形脉冲变换为尖脉冲作为触发信号。

4.4.2　积分电路

微分和积分在数学上是矛盾的两方面。同样,微分电路和积分电路也是矛盾的两方面。

若满足 $\tau = RC \gg t_p$,如 $\tau \geq (5 \sim 10) t_p$,从电容上输出,便构成了积分电路,如图 4.22 所示。下面分析这个电路输入电压 u_1 和输出电压 u_2 之间的关系。

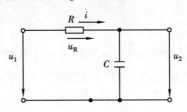

图 4.22　积分电路

在图 4.23 中,$t = t_1$ 瞬间,电路接通矩形脉冲信号,$u_1(t)$ 由零跃变到 U,电容器开始充电,u_C 按指数规律增长。由于时间常数 τ 较大,因此电容器 C 充电缓慢,$u_2(t)$ 变化也缓慢,电容器上所充电压 u_C 远未达到稳态值 U 时,输入信号脉冲已结束($t = t_2$)。矩形脉冲由 U 跃变到零值,相当于短路,电容器上所充电压通过电阻 R 放电。同样由于 τ 较大,电容器上电压衰减缓慢,在远未衰减完时,第二个脉冲又来到,重复以上过程,如图 4.23 所示。这样,积分电路在矩形脉冲信号作用下,将输出一个锯齿波信号。τ 越大,充放电越慢,所得的锯齿波电压线性度也就越好。

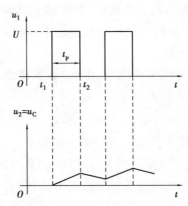

图 4.23　RC 积分电路的波形图

由于 $\tau \gg t_p$,充电时 $u_C = u_2 \ll u_R$,因此,在 t_p 时间内可近似认为电阻端电压就是输入电压,即

$$u_1 = u_R + u_2 \approx u_R = iR$$

因此输出电压

$$u_C = \frac{1}{C} \int i \mathrm{d}t = \frac{1}{RC} \int u_1 \mathrm{d}t \tag{4.25}$$

表明输出电压与输入电压的积分成正比,该电路称为积分电路。由此可见,RC 积分电路具有两个必备条件:

①τ(时间常数)$\gg t_p$(脉冲宽度)。

②从电容 C 两端输出电压。

电子技术中,积分电路常用来将矩形波信号变换成锯齿波信号。

本章小结

本章介绍了电路暂态过程的基本概念,分析了暂态过程的一般方法——求解一阶常系数线性微分方程的"经典法",并着重介绍了用"三要素法"分析 RC 和 RL 电路的暂态过程。其主要内容有:

1. 稳定状态和暂态过程的基本概念。

2. 换路定律:过渡过程中电容元器件上的电压和电感元器件上的电流不能突变,其初始值可由换路定律来确定,其数学表达式为 $u_C(0_+) = u_C(0_-)$,$i_L(0_+) = i_L(0_-)$;但电容元件上的电流、电感元件上的电压以及电阻上的电压和电流都可以突变。

确定换路瞬间电路中初始值的步骤为:

①根据换路定律确定 $u_C(0_+) = u_C(0_-)$,$i_L(0_+) = i_L(0_-)$。

②把 $u_C(0_+)$ 看成恒压源,$i_L(0_+)$ 看成恒流源,并画出 $t = 0_+$ 时的等效电路。

③求解该等效电路,可得 $i_R(0_+)$、$u_R(0_+)$、$i_C(0_+)$ 和 $u_L(0_+)$ 4 个初始值。

3. 时间常数 τ:由初始值上升到稳态值的 63.2%(或衰降到初始值的 36.8%)所经历的时间。过渡过程进行的快慢取决于时间常数 τ。RC 电路中 $\tau = RC$,RL 电路中 $\tau = L/R$,一般认为在 $t = (4 \sim 5)\tau$ 时,电路已达稳定值。

4. 三要素法:用 $f(t)$ 表示待求电压或电流,$f(\infty)$ 表示终值,$f(0_+)$ 表示初始值,τ 表示时间常数,三要素法的一般公式可表示为

$$f(t) = f(\infty) + [f(0_+) - f(\infty)]e^{-\frac{t}{\tau}}.$$

利用三要素法计算 RC 或 RL 电路暂态过程的步骤如下:

①$u_C(0_+)$ 和 $i_L(0_+)$ 可直接用换路定律求得,而对 $i_C(0_+)$、$u_L(0_+)$、$u_R(0_+)$ 和 $i_R(0_+)$,则要先画出 $t = 0_+$ 时的等效电路,然后通过等效电路求出以上 4 个初始值。

②求出换路后 $t \to \infty$ 时,电容器 C 上的电压 $u_C(\infty)$ 或电感 L 上的电流 $i_L(\infty)$。

③计算换路后的时间常数,RC 电路为 $\tau = RC$,而 RL 电路为 $\tau = L/R$。其中,R 的数值为换路后从储能元件两端往外看,电源不起作用(理想电压源短路,理想电流源开路)时的等效电阻;C 或 L 的数值也为换路后的等效电容 C 值或等效电感 L 值。

④按通式 $f(t) = f(\infty) + [f(0_+) - f(\infty)]e^{-\frac{t}{\tau}}$,写出电压或电流的变化规律。

5. 微分电路、耦合电路、积分电路:RC 作微分电路时,当输入为矩形脉冲,且时间常数 $\tau = RC$ 远小于 t_P(脉冲宽度),此时从电阻上输出的脉冲为尖脉冲;RC 作耦合电路时,也是从电阻上输出,但 τ 远大于 t_P,此时输出信号为输入信号的交流分量;RC 作积分电路时,当输入为矩形信号,且时间常数 $\tau = RC$ 远大于 t_P(脉冲宽度),此时从电容两端输出的信号为锯齿波信号。

习　题

4.1　在图 4.24 中,$E = 40$ V,$R = 5$ kΩ,$C = 100$ μF($q_0 = 0$)。试求:(1)电路的时间常数

τ;(2)当开关闭合后电路的电流 i 及各元件上电压 u_C 和 u_R,并作出它们的变化曲线;(3)经过一个时间常数后的电流值。

4.2 在图4.25所示电路中,开关 S 未接通前,$u_o(0)=0$ 时,开关 S 接通。试求:(1)写出 $u_o(t)$ 的表示式并画出其波形图;(2)$u_o(t)$ 上升到3.6 V所需要的时间。

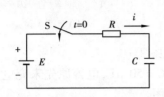

图4.24 习题4.1的图

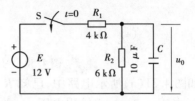

图4.25 习题4.2的图

4.3 在图4.26所示电路中,已知 $E=12$ V,$R_B=51$ kΩ,$R_C=1.5$ kΩ,$C_0=2\,000$ pF。开关 S 原先接在 B 点,在 $t=0$ 瞬间投向 C 点。试求电压 u_{BC} 随时间变化的规律,以及 u_{BC} 等于零的时间。

4.4 在图4.27电路中,开关 S 合于位置1时,电路已达稳态。若在 $t=0$ 时将开关切换到位置2,试求 S 换路后电容电压 u_C 的变化规律。已知 $R_1=1$ kΩ,$R_2=2$ kΩ,$C=3$ μF,$E_1=3$ V,$E_2=5$ V。

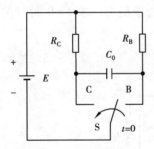

图4.26 习题4.3的图

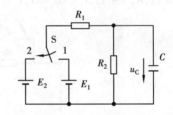

图4.27 习题4.4的图

4.5 如图4.28所示,电路原已处于稳态,$R_1=R_2=40$ Ω,$C=50$ μF,$I_S=2$ A,$t=0$ 时开关 S 闭合。试求换路后的 u_C、i_C,并作出它们的变化曲线。

4.6 在如图4.29所示电路中,开关闭合前电路已处于稳态,问开关闭合后电容上的电压 u_C 的大小。

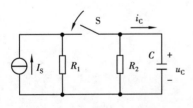

图4.28 习题4.5的电路图

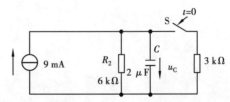

图4.29 习题4.6的电路图

4.7 如图4.30(a)所示电路中,已知 $R=100$ kΩ,$C=10$ μF 电容原未充电,当输入如图4.30(b)所示电压 u_1 时,试求输出电压 u_C 并作出波形图。

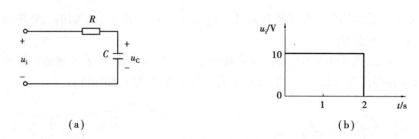

（a）   （b）

图 4.30　习题 4.7 的电路图

4.8　如图 4.31（a）所示电路中，已知 $R = 10\ \text{k}\Omega, C = 50\ \mu\text{F}$，电容原先未充电，当输入图 4.31（b）所示电压 u_1 时，试求输出电压 u_R，并作出波形图。

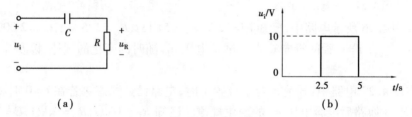

（a）   （b）

图 4.31　习题 4.8 的电路图

4.9　如图 4.32 所示电路，开关闭合前，电路已处于稳态。求 $t = 0$ 时开关闭合后的 i 和 u_L。已知 $R_1 = 6\ \Omega, R_2 = 4\ \Omega, L = 20\ \text{mH}, U = 100\ \text{V}$。

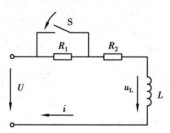

图 4.32　习题 4.9 的电路图

第 **5** 章
磁路与铁芯线圈电路

本章先简介磁路的基本概念,然后重点分析变压器交流励磁的恒磁通特性,负载运行时的磁势平衡方程式,电压变换、电流变换和阻抗变换功能,以及"同名端"概念;同时简述三相变压器、自耦变压器和仪用互感器的工作原理,最后简介电磁铁的工作原理和特性。

5.1 磁路与磁路的欧姆定律

表示磁场内某点的磁场强弱和方向的物理量称为磁感应强度(B),它是一个矢量,它与产生磁场的电流之间方向关系可由右手螺旋定则来确定。磁感应强度 B 的单位为特[斯拉](T)。磁感应强度 B 与垂直于磁场方向的面积 S 的乘积称为该面积的磁通(Φ),$\Phi = BS$ 或 $B = \Phi/S$,可见磁感应强度在数值上可以看成与磁场方向垂直的单位面积所通过的磁通,又称磁通密度。Φ 的单位为韦[伯],(Wb)。用来确定磁场与电流之间的关系的物理量是磁场强度(H),它是计算磁场时所引用的一个物理量,也是矢量,其单位为安[培]每米(A/m)。产生磁通的电流称为励磁电流,其单位为安[培](A)。磁导率 μ 是表示磁场媒质导磁能力的物理量。

$$\mu = \frac{B}{H} \tag{5.1}$$

由实验测出真空的磁导率 $\mu_0 = 4\pi \times 10^{-7} \text{H/m}$,是一个常数。相对磁导率 μ_r 是任何一种物质的磁导率 μ 与 μ_0 的比值,$\mu_r = \dfrac{\mu}{\mu_0}$。

在变压器、电机和其他电磁器件中,为了把磁场聚集在人为限定的空间范围内,并且能用较小的励磁电流建立起足够强的磁场,常用高磁导率材料做成一定形状的铁芯,使磁通的绝大部分经过铁芯而形成一个闭合的通路,这种磁通的路径称为磁路。

图5.1 表示变压器的磁路,由闭合的铁芯构成。当电流通入线圈后,磁路中将产生磁通。有许多电磁器件工作时,必须设置不大的工作气隙。图5.2 表示 E 形电磁铁处于释放位置时的磁路,在闭合的磁路中除铁芯外,还有不大的工作气隙。采用直流励磁方式的磁路称为直流磁路,采用交流励磁方式的磁路则称为交流磁路。

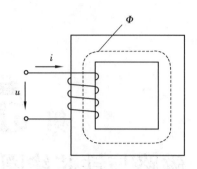

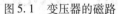

图 5.1　变压器的磁路

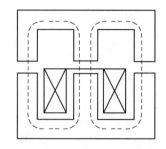

图 5.2　E 形电磁铁的磁路

在物理学中已学过,磁性材料是指铁、钴、镍及其合金等电工材料。磁性材料具有高导磁性、磁饱和性和磁滞性等磁性能,这是因为它们在外磁场的激励下,具有被强烈磁化的特性。磁性材料中,磁感应强度 B(或磁通 Φ)与磁场强度 H(或励磁电流 I)的关系曲线 $B = f(H)$ 或 $\Phi = f(I)$,称为磁化曲线。

在直流励磁下,磁性材料的磁化曲线 $B\text{-}H$ 或 $\Phi\text{-}I$ 如图 5.3 所示。磁化曲线上任何一点的 B 与 H 之比称为磁导率 μ。

根据磁化曲线上各点的 B 和 H 的数值可画出 $\mu\text{-}H$ 曲线。不难看出,磁性材料的导磁能力远远超过非磁性材料,其倍数高达几百、几千,甚至上万。正是磁性材料的高导磁性能,使得它们在电工和电子技术等领域中得到了广泛的应用。

由图 5.3 曲线可知,磁性材料的磁化特性还呈现磁饱和特性,即 B(或 Φ)不会随 H(或 I)的增加而无限增大,表现为起始段近似呈线性快速增长;饱和段则增长缓慢,出现磁饱和现象。整条磁化曲线不是一条直线,表明磁性材料的 $B\text{-}H$(或 $\Phi\text{-}I$)关系呈现非线性。μ 不是一个常数,其间有一个最大值 μ_{m}。

交流励磁时磁性材料的 $B\text{-}H$ 曲线是一条封闭曲线,称为磁滞回线,如图 5.4 所示。由图可见,当 H 由 $+H_{\mathrm{m}}$ 减小时,B 并不沿原始磁化曲线减小而是沿其上部的另一条曲线减小;当 H 减小到零时,B 并不减小到零,表明铁芯中仍存在剩磁,我们把 B_{r} 称为剩磁感应强度。若要去掉剩磁,应施加反向磁场强度 $-H_{\mathrm{c}}$,称为矫顽磁力。这种在磁性材料中出现的 B 或(Φ)的变化总要滞后于 H(或 I)的变化的特性,称为磁滞性。

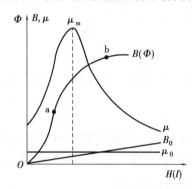

图 5.3　磁化曲线

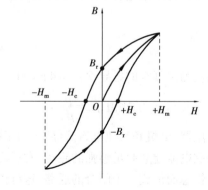

图 5.4　磁滞回线

磁性材料的磁滞现象使其在交变磁化的过程中,由于其内部磁分子反复变向,相互"摩擦"而产生功率损耗,称为磁滞损耗。交变磁化一周在单位体积内的磁滞损耗与磁滞回线的面积成正比。

　　根据磁滞特性,磁性材料可分为软磁材料,其磁滞回线较窄,剩磁 B_r、矫顽磁力 H_c 和磁滞损耗都较小,一般用来制造变压器、电机及电器等的铁芯,常用的软磁材料有铸铁、硅钢、坡莫合金及铁氧体等;硬磁材料,其磁滞回线较宽,B_r、H_c 和磁滞损耗都较大,通常用来制造永久磁铁,常用的硬磁材料有碳钢、钴钢及铁镍铝钴合金等;矩磁材料,其磁滞回线接近矩形,具有较小的 H_c 和较大的 B_r,稳定性也良好,常用作计算机和控制系统中的记忆元件、开关元件和逻辑元件,常用的矩磁材料有镁锰铁氧体及 1J51 型铁镍合金等。

5.2　变压器的基本结构与原理

　　变压器具有变换电压、变换电流和变换阻抗的功能,在电工技术、电子技术、自动控制系统诸多领域中获得了广泛的应用。

5.2.1　变压器的基本结构

　　不同类型的变压器,尽管它们在具体结构、外形、体积和质量上有很大的差异,但是它们的基本结构都是相同的,主要由铁芯和绕组两部分构成。

　　普通双绕组变压器的结构形式有心式和壳式两种。图 5.5 是心式单相和三相变压器的结构示意图,其绕组环绕着铁芯柱,是应用最多的一种结构形式。图 5.6 是壳式单相变压器的结构示意图,其绕组被铁芯所包围,仅用于小功率的单相变压器和特殊用途的变压器。

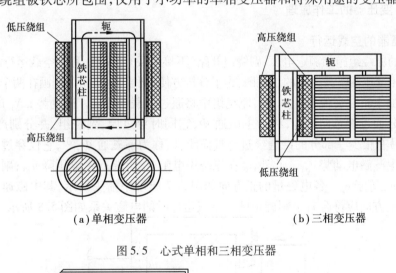

（a）单相变压器　　　　　　　　　　　（b）三相变压器

图 5.5　心式单相和三相变压器

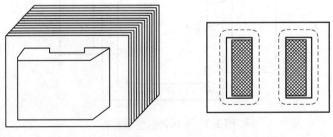

图 5.6　壳式单相变压器

87

铁芯是变压器磁路的主体部分,通常由表面涂有漆膜、厚度为 0.35 mm 或 0.5 mm 的硅钢片冲压成一定形状后叠装而成,担负着变压器原、副边的电磁耦合任务。

绕组是变压器电路的主体部分,担负着输入和输出电能的任务。我们把变压器与电源相接的一侧称为"原边",相应绕组称为原绕组(或初级绕组),其电磁量用下标数字 1 表示;而与负载相接的一侧称为"副边",相应绕组称为副绕组(或次级绕组),其电磁量用下标数字 2 表示。通常原、副绕组的匝数不相等,线径也不相同,匝数多的电压较高,称为高压绕组;匝数少的电压较低,称为低压绕组。为了加强绕组间的磁耦合作用,原、副绕组同心地套在一铁芯柱上的绕组结构形式,称为同心式绕组。为了有利于处理绕组和铁芯之间的绝缘,通常将低压绕组安放在靠近铁芯的内层,而高压绕组则套在低压绕组外面,如图 5.7 所示。同心式绕组是变压器中最常用的一种绕组结构形式。

变压器工作时,绕组和铁芯中要分别产生铜损和铁损,使它们发热。为了防止变压器因过热损坏绝缘,变压器必须采用一定的冷却方式和散热装置。小容量变压器采用空气自冷,即依靠空气的自然对流和热辐射把铁芯和绕组的热量直接散发到周围空气中。容量较大的变压器采用油浸自冷,即把变压器的铁芯和绕组全部浸没在盛满变压器油的金属油箱中,热量通过油的自然对流循环传给箱壁和散热管而散发到周围的空气中去。容量更大的变压器则采用油浸风冷,即在油箱外再装风扇,强迫通风冷却;或采用油泵强迫油循环冷却,迫使变压器油通过置于空气或冷却水中的蛇形散热管循环,强化冷却效果;或采用循环水内冷,即变压器绕组由空心导线绕成,内通强迫循环冷却水,强化冷却效果。

5.2.2 变压器的工作原理

(1)变压器的空载运行

变压器的原绕组施加额定电压,副绕组开路(不接负载)的情况,称为空载运行。图 5.7 是普通双绕组单相变压器空载运行的示意图,为了分析方便,把原、副绕组分别画在两个铁芯柱上。

原绕组加上正弦交流电压 u_1 时,原绕组中将通过空载电流 i_0。磁动势 $i_0 N_1$ 产生的交变磁通的绝大部分通过铁芯而闭合,称为主磁通 Φ,它同时穿过原、副绕组,并分别产生主磁电动势 e_1 和 e_2;另有很少一部分的磁通经过空气而闭合,称为漏磁通 $\Phi_{\sigma 1}$[①],它仅穿过原绕组,并在原绕组中产生漏磁电动势 $e_{\sigma 1}$。此外,i_0 在原绕组电阻 R_1 上要产生电压降 u_{R1};副绕组开路,副边开路电压 u_{20} 等于 e_2。各电磁量的正方向如图 5.7 所示中箭头所示,其中磁通与电流、电动势与磁通的正方向应符合右手螺旋定则。空载运行时的电磁关系如图 5.8 所示。

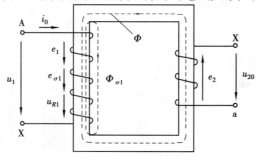

图 5.7 变压器的空载运行

---

① 设 $\Phi_{\sigma 1}$ 是一等效漏磁通,与原绕组各匝相连。

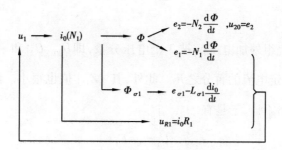

图 5.8　空载运行时的电磁关系

漏磁通 $\Phi_{\sigma 1}$ 主要经过空气,所以 $\Phi_{\sigma 1}$ 与 i_0 之间呈现线性关系,原绕组的漏磁电感 $L_{\sigma 1}$ 和 $e_{\sigma 1}$ 为

$$L_{\sigma 1} = \frac{N_1 \Phi_{\sigma 1}}{i_0} = 常数(线性电感)$$

$$e_{\sigma 1} = -N_1 \frac{\mathrm{d}\Phi_{\sigma 1}}{\mathrm{d}t} = -\frac{\mathrm{d}(N_1 \Phi_{\sigma 1})}{\mathrm{d}t} = -\frac{\mathrm{d}(L_{\sigma 1} i_0)}{\mathrm{d}t} = -L_{\sigma 1} \frac{\mathrm{d}i_0}{\mathrm{d}t}$$

主磁通 Φ 通过磁性材料构成的铁芯,与 i_0 为非线性关系,因此 e_1、e_2 只能通过 $e_1 = -N_1 \dfrac{\mathrm{d}\Phi}{\mathrm{d}t}$ 和 $e_2 = -N_2 \dfrac{\mathrm{d}\Phi}{\mathrm{d}t}$ 公式进行计算。设主磁通 $\Phi = \Phi_m \sin \omega t$,则

$$e_1 = -N_1 \frac{\mathrm{d}\Phi}{\mathrm{d}t} = -N_1 \frac{\mathrm{d}\Phi_m \sin \omega t}{\mathrm{d}t} = -N_1 \omega \Phi_m \cos \omega t$$

$$= 2\pi f N_1 \Phi_m \sin(\omega t - 90^{\circ}) = E_{m1} \sin(\omega t - 90^{\circ})$$

式中,$E_{m1} = 2\pi f N_1 \Phi_m$ 为 e_1 的最大值,其有效值为

$$E_1 = E_{m1}/\sqrt{2} = 2\pi f N_1 \Phi_m/\sqrt{2} \approx 4.44 f N_1 \Phi_m \tag{5.2}$$

同理

$$e_2 = 2\pi f N_2 \Phi_m \sin(\omega t - 90^{\circ}) = E_{m2} \sin(\omega t - 90^{\circ})$$

$$E_2 = E_{m2}/\sqrt{2} \approx 4.44 f N_2 \Phi_m \tag{5.3}$$

根据 KVL 定律,列原绕组电压方程式

$$e_1 + e_{\sigma 1} = i_0 R_1 - u_1$$

则

$$u_1 = i_0 R_1 + (-e_{\sigma 1}) + (-e_1) = i_0 R_1 + L_{\sigma 1} \frac{\mathrm{d}i_0}{\mathrm{d}t} + (-e_1)$$

通过正弦等值变换,上式各量可视为正弦量[①],于是上式可用相量表示

$$\dot{U}_1 = \dot{I}_0 R_1 + \mathrm{j}\dot{I}_0 \omega L_{\sigma 1} + (-\dot{E}_1) = \dot{I}_0 Z_1 + (-\dot{E}_1) \tag{5.4}$$

式中,$Z_1 = R_1 + \mathrm{j}\omega L_{\sigma 1} = R_1 + \mathrm{j}X_1$ 为原绕组漏阻抗,而 $X_1 = \omega L_{\sigma 1}$ 为原绕组的漏磁感抗。$\dot{I}_0 Z_1$ 为

①　当 u 是正弦电压时,一般 $u \approx -e$,而 $e = -N \dfrac{\mathrm{d}\Phi}{\mathrm{d}t}$,所以磁通 Φ 也是正弦量,但电流 i 不是正弦量。一个非正弦周期电流可用等效正弦电流来代替,等效条件为:等效正弦电流与它所代替的非正弦电流应具有相同的频率和有效值;等效代替后,电路的平均功率不变。

原绕组的阻抗压降。

式(5.4)表明,原绕组外加电压$\dot{U}_1$被 3 个电压分量,即$\dot{U}_{R1}$、$\dot{U}_{X1}$和$-\dot{E}_1$所平衡。由于变压器的I_0很小,只占其额定电流的百分之几。此外,其$|Z_1|$值也很小。因此$|\dot{I}_0Z_1|$值很小,与$|-\dot{E}_1|$比起来可以忽略不计,于是有

$$\dot{U}_1 \approx -\dot{E}_1$$

其有效值

$$U_1 \approx E_1 = 4.44fN_1\Phi_m \tag{5.5}$$

式(5.5)表明,当U_1、f、N_1一定时,主磁通的最大值Φ_m基本上保持不变,与磁路的磁阻无关,称为交流励磁磁路的恒磁通特性。它不仅是分析变压器工作原理的一个十分重要的概念,也是分析交流电磁铁、交流电机等交流电磁器件的一个十分重要的概念。

变压器副绕组电路的电压方程式为

$$u_{20} = e_2 \ \text{或} \ \dot{U}_{20} = \dot{E}_2$$

其有效值

$$U_{20} = E_2 = 4.44fN_2\Phi_m \tag{5.6}$$

式(5.5)和式(5.6)中,f为电源频率,单位为赫兹(Hz);Φ_m为铁芯中的主磁通最大值,单位为韦伯(Wb);N_1和N_2分别为原、副绕组的匝数;U_1为电源的电压,单位为伏[特](V)。

必须指出,尽管$\dot{E}_1$和$\dot{E}_2$都是由交变的主磁通产生的,但它们的作用是不同的。$\dot{E}_1$主要用来平衡原边电压,在原边回路中相当于一个反电势;$\dot{E}_2$则在副边回路起向负载提供电能的作用,实质上是一个电源电动势。

由式(5.5)和式(5.6)可得出

$$\frac{U_1}{U_{20}} = \frac{E_1}{E_2} = \frac{N_1}{N_2} = K \tag{5.7}$$

式(5.7)表明,变压器空载时,原、副绕组的电压比等于其匝数比,K称为变比。当N_1不等于N_2时,变压器便能将某一数值的交流电压变换成同频率的另一数值的交流电压,这就是变压器的电压变换作用。

[例 5.1] 有一铁芯线圈,试分析铁芯中的磁感应强度、线圈中的电流和铜损在下列几种情况下将如何变化。

(1)直流励磁:铁芯截面积加倍,线圈的电阻和匝数以及电源电压保持不变。

(2)交流励磁:铁芯截面积加倍,线圈的电阻和匝数以及电源电压和频率保持不变。

(3)交流励磁:频率和电源电压的大小减半。

解 (1)$I = \dfrac{U}{R}$,$\Delta P_{Cu} = I^2R$,则电流和铜损不变。而$R_m = \dfrac{l}{\mu S}$,$\Phi = \dfrac{NI}{R_m}$,$B = \dfrac{\Phi}{S}$,所以当S加倍时,R_m减半;NI不变,Φ加倍;Φ和S都加倍,所以B不变。

(2)因为$U \approx 4.44fN\Phi_m = 4.44fNB_mS$,当$S$加倍,$U$、$N$和$f$不变时,$B_m$将减半,但$\Phi_m$不变。$F_m$(或$I$)$\propto R_m$,所以当$S$加倍时,$R_m$减半,$I$也减半,铜损($I^2R$)则减小到原来的1/4。

(3)因为$U \approx 4.44fN\Phi_m = 4.44fNB_mS$,当$f$和$U$均减半时,$\Phi_m$和$B_m$将不变;$I$也不变;所以

铜损(I^2R)也将不变。

（2）变压器的负载运行

变压器原绕组加上额定电压、副绕组接上负载 Z_L 的工作情况，称为负载运行。其电路和电磁量及其正方向如图 5.9 所示。注意，此时原边电流已不再是空载电流 i_0，而是一个与副边电流 i_2 有关的电流 i_1。负载运行时的电磁关系如图 5.10 所示。

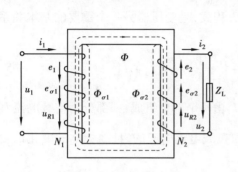

图 5.9 变压器的负载运行　　　　图 5.10 负载运行时的电磁关系

负载运行时，原边电路的电压方程式与空载时相似

$$\dot{U}_1 = \dot{I}_1(R_1 + jX_1) + (-\dot{E}_1) = \dot{I}Z_1 + (-\dot{E}_1)$$

原绕组的漏阻抗 Z_1 很小，其阻抗压降 $\dot{I}_1Z_1$ 比 $\dot{E}_1$ 小得多，可以忽略不计，因此有 $\dot{U}_1 \approx -\dot{E}_1$，而有效值 $U_1 \approx E_1 = 4.44fN_1\Phi_m$。

分析表明，运行中的变压器，其 $\dot{U}_1$ 主要被 $\dot{E}_1$ 所平衡。当 U_1、f 和 N_1 不变时，从空载到负载，铁芯中主磁通的最大值 Φ_m 基本上保持不变，即具有恒磁通特性。

在变压器的副边电路中，除主磁通在副绕组中产生的主磁电动势 $\dot{E}_2$（作电源电动势）外，还有漏磁通 $\Phi_{\sigma2}$ 在副绕组中产生的漏磁电动势 $\dot{E}_{\sigma2} = -j\dot{I}_2\omega L_{\sigma2}$，其中 $L_{\sigma2}$ 为副绕组漏磁电感，$X_2 = \omega L_{\sigma2}$ 为副绕组的漏磁感抗；电流 $\dot{I}_2$ 流过副绕组电阻 R_2 产生的电压降为 $\dot{I}_2R_2$；变压器副绕组的端电压 $\dot{U}_2$ 就是输送给副边的负载电压。列副边电路的 KVL 电压方程式为

$$e_2 + e_{\sigma2} = i_2R_2 + u_2 \qquad u_2 = e_2 - i_2R_2 + e_{\sigma2}$$

相量式为

$$\dot{U}_2 = \dot{E}_2 - \dot{I}_2R_2 + \dot{E}_{\sigma2} = \dot{E}_2 - \dot{I}_2R_2 - j\dot{I}_2X_2$$

$$= \dot{E}_2 - \dot{I}_2(R_2 + jX_2) = \dot{E}_2 - \dot{I}_2Z_2 \qquad (5.8)$$

式中，$Z_2 = R_2 + jX_2 = R_2 + j\omega L_{\sigma2}$ 为副绕组的漏阻抗；$\dot{I}_2Z_2$ 为副绕组的阻抗压降。变压器副绕组输出电压等于副绕组电动势 $\dot{E}_2$ 与副绕组内部的阻抗压降 $\dot{I}_2Z_2$ 之差。

若忽略原、副绕组的漏阻抗压降，则仍有 $U_1/U_2 \approx E_1/E_2 = K$。

下面分析变压器负载运行时，原边电流 i_1 和副边电流 i_2 之间的关系。变压器运行的恒磁通特性，说明变压器负载运行时产生主磁通 Φ 的磁动势 $\dot{F}$ 与空载时产生主磁通 Φ 的磁动势 $\dot{F}_0$

应相等。空载时,磁动势 $\dot{F}_0 = \dot{I}_0 N_1$;负载时,原、副绕组中分别流过电流 $\dot{I}_1$ 和 $\dot{I}_2$,则主磁通是由两个磁动势 $\dot{I}_1 N_1$ 和 $\dot{I}_2 N_2$ 共同产生的,其合成磁动势为 $\dot{F} = \dot{F}_1 + \dot{F}_2 = \dot{I}_1 N_1 + \dot{I}_2 N_2$。根据 $\dot{F} = \dot{F}_0$,有

$$\dot{I}_1 N_1 + \dot{I}_2 N_2 = \dot{I}_0 N_1 \tag{5.9}$$

式(5.9)为变压器负载运行时的磁动势平衡方程式,是变压器另一个重要的基本关系式。整理后可得

$$\dot{I}_1 = \dot{I}_0 + \left(-\frac{N_2}{N_1} \dot{I}_2 \right) = \dot{I}_0 + \left(-\frac{1}{K} \dot{I}_2 \right) = \dot{I}_0 + \dot{I}_1' \tag{5.10}$$

式(5.10)表明,变压器负载运行时原边电流 $\dot{I}_1$ 由两个部分组成:一部分为空载电流 $\dot{I}_0$,称为 $\dot{I}_1$ 的励磁分量;另一部分为 $\dot{I}_1' = -\frac{1}{K} \dot{I}_2$,它是由负载电流引起的,且随着 $\dot{I}_2$ 的变化而变化,称为 $\dot{I}_1$ 的负载分量。

如前所述,变压器正常运行时,其励磁电流 I_0 仅占额定电流的百分之几,因此变压器带额定负载时可以认为

$$\dot{I}_1 = \dot{I}_1' = -\frac{1}{K} \dot{I}_2 \tag{5.11}$$

其有效值

$$I_1 \approx I_1' = \frac{1}{K} I_2 = \frac{N_2}{N_1} I_2 \tag{5.12}$$

式(5.12)表明,在额定负载下,变压器原、副绕组电流的有效值之比近似与它们的匝数成反比。显然,变压器具有电流变换作用。

式(5.11)中,负号说明电流 $\dot{I}_1$ 和 $\dot{I}_2$ 在相位上几乎相差 180°,即磁动势 $\dot{I}_1 N_1$ 和 $\dot{I}_2 N_2$ 是反相的,表明副绕组的磁动势 $\dot{I}_2 N_2$ 对主磁通有祛磁作用。因此,变压器负载运行时,为了补偿 $\dot{I}_2 N_2$ 的祛磁效应,其原边电流将自动增加一个负载分量 $\dot{I}_1'$,以维持负载时主磁通最大值 Φ_m 与空载时基本相同。

(3)变压器的阻抗变换作用

在电子线路中,常利用变压器的阻抗变换功能来达到阻抗匹配的目的。

在图 5.11(a)中,负载阻抗 Z_L 接在变压器副边,而虚线框内的部分可以用一个等效的阻抗 Z_L' 来代替,如图 5.11(b)所示。所谓等效,就是在电源相同情况下,电源输入到图5.11(a)和图 5.11(b)电路的电压、电流和功率保持不变。为简化分析,设变压器为理想变压器,即忽略变压器原、副绕组的漏阻抗 Z_1、Z_2、励磁电流 I_0 和损耗(数值认为零),而效率等于 100%。虽然理想变压器实际上并不存在,但性能良好的铁芯变压器的特性与理想变压器相接近。

对图 5.11(a),根据式(5.7)和式(5.12)可得

$$\frac{U_1}{I_1} = \frac{(N_1/N_2) U_2}{(N_2/N_1) I_2} = \left(\frac{N_1}{N_2} \right)^2 \frac{U_2}{I_2} = K^2 |Z_L|$$

由图 5.11(b)可得

$$\frac{U_1}{I_1} = |Z'_L|$$

根据等效原理和条件可得

$$|Z'_L| = (N_1/N_2)^2 |Z_L| = K^2 |Z_L| \tag{5.13}$$

式(5.13)表明,接于变压器副边的阻抗$|Z_L|$,对原边电源而言,相当于接上等效阻抗为$K^2 |Z_L|$的负载,这就是变压器变换阻抗的作用。

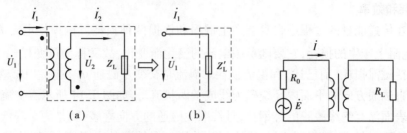

图 5.11 变压器的阻抗变换作用   图 5.12 例 5.2 图

[**例 5.2**] 在图 5.12 中,交流信号源的 $E = 120$ V,内阻 $R_0 = 800$ Ω,负载电阻 $R_L = 8$ Ω。
(1)要求 R_L 折算到原边的等效电阻 $R'_L = R_0$,试求变压器的变比和信号源输出的功率。
(2)当将负载直接与信号源连接时,信号源输出多大功率?

解 (1)变压器的变比应为

$$K = \frac{N_1}{N_2} = \sqrt{\frac{R'_L}{R_L}} = \sqrt{\frac{800}{8}} = 10$$

信号源输出功率为

$$P = \left(\frac{E}{R_0 + R'_L}\right)^2 R'_L = \left(\frac{120}{800 + 800}\right)^2 \times 800 \text{ W} = 4.5 \text{ W}$$

(2)当将负载直接接在信号源上时

$$P = \left(\frac{120}{800 + 8}\right)^2 \times 8 \text{ W} = 0.176 \text{ W}$$

5.2.3 变压器的外特性、损耗和效率

(1)外特性

由于变压器原、副绕组都具有电阻和漏磁感抗,根据图 5.9 原、副绕组电路图及相应电压平衡方程式可知,当原绕组外加电压 U_1 保持不变,负载 Z_L 变化时,副边电流或功率因数改变,导致原、副绕组的漏阻抗压降发生变化,使变压器副边输出电压 U_2 也随之发生变化。

U_1 为额定值不变,负载功率因数为常数时,$U_2 = f(I_2)$ 的关系曲线称为变压器的外特性,如图 5.13 所示。特性曲线表明,变压器副边电压随负载的增加而下降;对于相同的负载电流,感性负载的功率因数越低,副边电压下降越多。

变压器带负载后,副边电压下降程度用电压调整率 $\Delta U\%$ 表示。电压调整率 $\Delta U\%$ 规定如下:原边为额定电压,负载功率

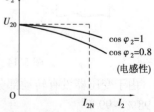

图 5.13 变压器的外特性曲线

因数为额定功率因数时,副边空载电压 U_{20} 与额定负载下副边电压 U_{2N} 之差相对空载电压 U_{20} 的百分值定义为 $\Delta U\%$,即

$$\Delta U\% = \frac{U_{20} - U_{2N}}{U_{20}} \times 100\% \qquad (5.14)$$

普通变压器绕组的漏阻抗很小,因此 $\Delta U\%$ 值不大。通常,电力变压器的电压调整率为 $3\% \sim 5\%$。

(2)损耗和效率

变压器在传递能量的过程中自身会产生铜损和铁损两种损耗。铜损是电流 I_1、I_2 分别在原、副绕组电阻上产生的损耗,它要随负载电流的变化而变化,故又称为可变损耗。

铁损包括磁滞损耗(前已述)和涡流损耗。涡流是交变主磁通 Φ 在铁芯中产生的电流,这种电流在垂直磁通方向的平面内环绕磁力线成漩涡状流动,如图 5.14 所示。交流励磁变压器的铁芯采用表面涂有绝缘漆膜的硅钢片,且按顺主磁通的方向叠装,就是为了降低铁芯中的铁损。硅钢属软磁材料,磁滞损耗小;掺入少量的硅增加了铁芯的电阻率;采用片状叠装增加了涡流路径长度,可减小涡流损耗。可以证明,铁损近似与铁芯中磁感应强度的最大值 B_m 的平方成正比,故设计制造变压器时,其铁芯磁感应强度额定最大值 B_{mN} 不宜选得过大;器件实际运行时,铁芯中的 B_m 值不允许长时间超出额定值 B_{mN} 过多,否则器件铁芯将因铁损增加过多而过热,并殃及线圈。对运行中的变压器而言,因其 Φ_m 或 B_m 基本不变,铁损也就基本不变,因此铁损又称为不变损耗。

变压器输出功率 P_2 和输入功率 P_1 之比称为变压器的效率,通常用百分数表示

$$\eta = \frac{P_2}{P_1} \times 100\% = \frac{P_2}{P_2 + \Delta P_{Cu} + \Delta P_{Fe}} \times 100\% \qquad (5.15)$$

如图 5.15 所示为变压器的效率曲线 $\eta = f(P_2)$。由图可见,效率随输出功率变化而变化,并有一最大值。由于电力变压器不可能一直处于满载运行,设计时通常使最大效率出现在 $50\% \sim 60\%$ 额定负载附近。

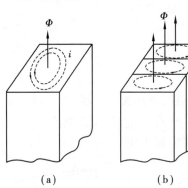

图 5.14 涡流

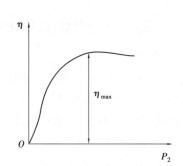

图 5.15 变压器的效率曲线

由于变压器没有转动部分,其效率是较高的,η 值一般在 95% 以上,大型变压器的 η 值可达 $98\% \sim 99\%$。

5.3 变压器的额定值

使用任何电气设备或元器件时,其工作电压、电流、功率等都是有一定限度的。为确保电气产品安全、可靠、经济、合理运行,生产厂家为用户提供其在给定的工作条件下能正常运行而规定的允许工作数据,称为额定值。它们通常标注在电气产品的铭牌和使用说明书上,并用下标 N 表示,如额定电压 U_N、额定电流 I_N、额定功率 P_N 等。

用户使用电气设备时,应以其额定值为依据。大多数用电设备(特别是电阻性的),如白炽灯、日光灯、电阻炉等,只要在额定电压下使用,其电流和功率都达到额定值,即处于满载(或额定)工作状态。发电机、变压器、电动机等电气设备,施加额定电压后,其电流和功率一般并不等于额定值,只有电流亦达到额定值时才处于满载工作状态;小于额定值时处于轻载状态,超过额定值时处于过载状态。

变压器的额定值标注在铭牌上或书写在使用说明书中,主要有:

(1)额定电压

额定电压是根据变压器的绝缘强度和允许温升而规定的电压值,以伏或千伏为单位。变压器的额定电压有原边额定电压 U_{1N} 和副边额定电压 U_{2N}。U_{1N} 指原边应加的电源电压,U_{2N} 指原边加上 U_{1N} 时副绕组的空载电压。应注意,三相变压器原边和副边的额定电压都是指其线电压。使用变压器时,不允许超过其额定电压。

(2)额定电流

额定电流是根据变压器允许温升而规定的电流值,以安或千安为单位。变压器的额定电流有原边额定电流 I_{1N} 和副边额定电流 I_{2N}。同样应注意,三相变压器中 I_{1N} 和 I_{2N} 都是指其线电流。使用变压器时,不要超过其额定电流值。变压器长期过负荷运行将缩短其使用寿命。

(3)额定容量

变压器额定容量是指其副边的额定视在功率 S_N,以伏安或千伏安为单位。额定容量反映了变压器传递电功率的能力。S_N 和 U_{2N}、I_{2N} 间的关系,对单相变压器为

$$S_N = U_{2N}I_{2N} \tag{5.16}$$

对于三相变压器为

$$S_N = \sqrt{3}U_{2N}I_{2N} \tag{5.17}$$

(4)额定频率 f_N

我国规定标准工频频率为 50 Hz,有些国家则规定为 60 Hz,使用时应注意。改变使用频率会导致变压器某些电磁参数、损耗和效率发生变化,影响其正常工作。

(5)额定温升 τ_N

变压器的额定温升是以环境温度为 +40 ℃ 作参考,规定在运行中允许变压器的温度超出参考环境温度的最大温升。

此外,变压器铭牌上还标明其他一些额定值,就不一一举例了。

[**例 5.3**] 某单相变压器额定容量 $S_N = 5$ kV·A,原边额定电压 $U_{1N} = 220$ V,副边额定电压 $U_{2N} = 36$ V,求原、副边额定电流。

解 副边额定电流

$$I_{2N} = \frac{S_N}{U_{2N}} = \frac{5 \times 10^3}{36} \text{ A} = 138.9 \text{ A}$$

由于 $U_{2N} \approx U_{1N}/K$，$I_{2N} \approx KI_{1N}$，所以 $U_{2N}I_{2N} \approx U_{1N}I_{1N}$，变压器额定容量 S_N 也可以近似用 U_{1N} 和 I_{1N} 的乘积表示，即 $S_N \approx U_{1N}I_{1N}$，故原边额定电流

$$I_{1N} \approx \frac{S_N}{U_{1N}} = \frac{5 \times 10^3}{220} \text{ A} = 22.7 \text{ A}$$

5.4　变压器绕组的极性

要正确使用变压器,还必须了解绕组的同名端(或称同极性端)概念。绕组同名端是绕组与绕组间、绕组与其他电气元件间正确连接的依据,并可用来分析原、副绕组间电压的相位关系。在变压器绕组接线及电子技术的放大电路、振荡电路、脉冲输出电路等的接线与分析中,都要用到同名端概念。

绕组的极性,是指任意瞬时绕组在两端产生的感应电动势的瞬时极性,它总是从绕组的相对瞬时电位的低电位端(用符号" - "表示)指向高电位端(用符号" + "表示)。两个磁耦合作用联系起来的绕组,例如变压器的原、副绕组,当某一瞬时原绕组某一端点的瞬时电位相对于原绕组的另一端为正时,副绕组必定有一个对应的端点,其瞬时电位相对于副绕组的另一端点也为正。我们把原、副绕组电位瞬时极性相同的端点称为同极性端,也称为同名端。绕组的同名端可以符号"·"标记,以便识别。

为了便于分析,我们把图 5.17(a)中变压器的副绕组 ax 与原绕组 AX 画在同一铁芯柱上,如图 5.16(a)所示。由图可知,两个绕组在铁芯柱上的绕向是相同的,当磁通 Φ 的变化使绕组中产生感应电动势时,A 与 a 或 X 与 x 端子的相对瞬时电位的极性必然相同。例如,设某一瞬时磁通 Φ 按图中正方向正向增大,根据楞次定律可判别两绕组中感应电动势 e_1、e_2 的极性(或方向),如图 5.16(a)中箭头所示。此时,AX 绕组端子的瞬时电位极性为 A +、X -、ax 绕组则为 a +、x -。反之,设某一瞬时磁通 Φ 按图中正方向减小,采用同样的分析方法可得 AX 绕组此时为 A -、X +,而 ax 绕组为 a -、x +。可见,A 与 a,或 X 与 x 端子的相对瞬时电位的极性始终相同;A 与 a,或 X 与 x 为同名端,画上标记符号"·"表示。图 5.17 为变压器绕组极性的表示方法。

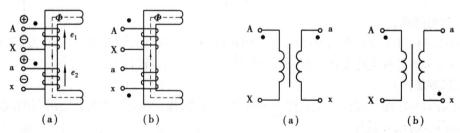

图 5.16　绕组极性与绕组绕向的关系　　　　图 5.17　变压器绕组极性的表示

如果副绕组和原绕组在铁芯柱上的绕向相反,如图 5.16(b)所示,则用同样的方法可判别 A 与 x 或 X 与 a 是同名端。可见,变压器绕组的同名端与两个绕组在铁芯柱上的绕向有关,已知绕组的绕向是很容易判别绕组的同名端的。

　　已制成的变压器、互感器等,通常都无法从外观上看出绕组的绕向,如果使用时需要知道它的同名端,可通过实验方法测定同名端。

　　图5.18是采用直流感应法测定变压器绕组极性的电路图。将变压器的一个绕组(图中为AX)通过开关S与电池相连,另一个绕组与直流毫安表相连,图中a端接毫安表正端,x接毫安表的负端。开关S接通瞬间,如果毫安表指针正向偏转,则AX绕组与电池正极相连的端子(图中为A),和ax绕组与毫安表正极相连的端子(图中为a)为同名端;如果毫安表指针反偏,则A和x为同名端。这是因为开关S接通的瞬间,AX绕组中将流过一个从A流向X的正向增长的电流i_1,根据楞次定律,AX绕组中将产生由X指向A的感应电动势e_l。如果a与A是同名端,则ax绕组中的感应电动势e_2的方向应由x指向a,如图中e_2实线箭头所示,故毫安表指针正向偏转。如果x与A是同名端,则e_2的方向如图中e_2虚线箭头所示,故毫安表指针反向偏转。图中R为限流电阻。

　　用交流感应法测定变压器绕组极性的电路如图5.19所示。用导线将AX和ax两个绕组中的任一对端点(图中为X和x)连在一起,在其中一个绕组(图中为AX)的两端加一个较低的便于测量的交流电压。用交流电压表分别测量绕组AX、ax两端以及A与a两端的电压值,分别设为U_1、U_2和U_3。如果测量结果为$U_3 = |U_1 - U_2|$,则用导线连接的一对端点X和x是同名端。如果测量结果为$U_3 = |U_1 + U_2|$,则用导线连接的一对端点X与x为异名端。读者可依据同名端概念自行分析测定原理。

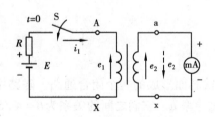

图5.18　变压器绕组极性的测定——直流法

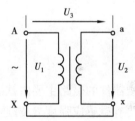

图5.19　变压器绕组极性的测定——交流法

5.5　三相变压器

　　三相电力变压器广泛应用于电力系统输、配电的三相电压变换。此外,三相整流电路、三相电炉设备等也采用三相变压器进行三相电压的变换。

　　三相变压器原理结构如图5.20所示,它有三个铁芯柱,每一相的高、低压绕组同套装在一个铁芯柱上构成一相,三相绕组的结构是相同的,即对称的。为了识别绕组的接线端子,三相高压绕组的首端和末端分别用大写字母A、B、C和X、Y、Z标示;三相低压绕组的首端和末端分别用小写字母a、b、c和x、y、z标示。

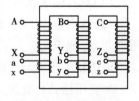

图5.20　三相变压器

　　三相变压器的高压绕组和低压绕组均可以连成星形或三角形,星形接法用符号"Y"表示,三角形接法用符号"△"表示,若星形接法中性点引出中线时,用符号"Y_0"表示。因此,三相变压器可能有Y/Y,Y/△,△/△,△/Y 4种基本接法,符号中的分子表示高压绕组的接法,分母表示低压绕组的接法。当绕组接成星形时,每相绕组的相电流等于线电流,相电压只有线电压的$1/\sqrt{3}$倍,相电压较低有利于降低绕组绝缘强度的要求,因此变压器高压侧多采用"Y"接法。当绕组接成三角形时,每相绕组的相电压等于线电压,但相电流只有线电流的$1/\sqrt{3}$倍。这样,在输送相同的线电流时,绕组导线的截面积可以减小,故"△"接法多用于变压器低压侧(低压侧电流较大)。目前我国生产的三相电力变压器,通常采用 Y/Y_0、$Y/\triangle$ 和 $Y_0/\triangle$ 3 种接法。三相变压器绕组的接法通常标在它的铭牌上。

三相变压器原、副边线电压的比值,不仅与原、副边绕组每相的匝数比有关,而且与原、副边绕组的连接方式有关。

当原、副边三相绕组均为星形连接时

$$\frac{U_{L1}}{U_{L2}} = \frac{\sqrt{3}U_{P1}}{\sqrt{3}U_{P2}} = \frac{U_{P1}}{U_{P2}} = \frac{N_1}{N_2} = K \tag{5.18}$$

当原边三相绕组为星形连接,副边三相绕组为三角形连接时

$$\frac{U_{L1}}{U_{L2}} = \frac{\sqrt{3}U_{P1}}{U_{P2}} = \sqrt{3}\frac{U_{P1}}{U_{P2}} = \sqrt{3}\frac{N_1}{N_2} = \sqrt{3}K \tag{5.19}$$

以上两式中,U_{L1}、U_{L2} 分别为原、副边绕组的线电压,而 U_{P1}、U_{P2} 则分别为原、副边绕组的相电压。

本章小结

1. 电磁器件的磁路主要由铁芯构成,是磁通经过铁芯而形成的一个闭合通路。磁路中的物理量主要有磁感应强度 B、磁通 Φ、磁场强度 H 和磁导率 μ。它们之间的关系为 $B = \Phi/S$ 和 $H = B/\mu$。

2. 稳态下直流电磁器件线圈的电源电压是由线圈电阻压降平衡的,即 $U = IR$。器件正常运行时:

(1)具有恒磁势特性,即 U、R 和 N 一定时,F(或 I)不变,而 Φ(或 B)$\propto 1/R_m$。

(2)只有铜损,没有铁损。铁芯可用整块软钢制成。

稳态下交流电磁器件线圈的电源电压,主要被主磁通在线圈中产生的主磁感应电动势所平衡,即 $U \approx E = 4.44fN\Phi_m = 4.44fNB_mS$。器件不正常运行时:

(1)具有恒磁通特性,即 U、f 和 N 一定时,则 Φ_m(或 B_m)基本不变,而 F_m(或 I)$\propto R_m$。

(2)既有铜损,又有铁损。铁损除与磁性材料性能、电源频率和硅钢片厚度等有关外,还近似与 B_m^2 成正比。为了减小铁损,铁芯常采用硅钢片叠合制成。

电磁铁的吸力与气隙磁场中的 B_0^2(或 B_m^2)成正比。

3. 变压器具有变换交流电压、电流和阻抗的功能。

(1)变换电压:$K = \dfrac{U_1}{U_{20}} = \dfrac{N_1}{N_2} \approx \dfrac{U_1}{U_2}$;

(2)变换电流:在额定负载条件下,$\dfrac{I_{1N}}{I_{2N}} \approx \dfrac{N_2}{N_1} = \dfrac{1}{K}$;

（3）变换阻抗：$\left| Z'_{\mathrm{L}} \right| = \left(\dfrac{N_1}{N_2} \right)^2 \left| Z_{\mathrm{L}} \right| = K^2 \left| Z_{\mathrm{L}} \right|$。

4. 磁动势平衡方程式（$\dot{I}_1 N_1 + \dot{I}_2 N_2 = \dot{I}_0 N_1 \approx 0$）是变压器带负载分析时一个极为重要的方程式。变压器原绕组电流的负载分量 $\dot{I}'_1 = -\dfrac{N_2}{N_1} \dot{I}_2$，$\dot{I}'_1$ 是变压器带负载后为弥补副绕组电流 $\dot{I}_2$ 或磁动势 $\dot{I}_2 N_2$ 对主磁通的祛磁效应，维持主磁通的最大值 $\varPhi_{\mathrm{m}}$ 基本不变，原绕组电流自动增加的电流分量。

5. 变压器的外特性表示其带负载后，副绕组电压下降的程度，可用电压调整率 $\Delta U\%$ 来表示，即

$$\Delta U\% = \frac{U_{20} - U_{2\mathrm{N}}}{U_{20}} \times 100\%$$

变压器的损耗包括铜耗和铁损（磁滞损耗和涡流损耗）。铁损近似与磁感应强度的最大值 B_{m}^2 成正比。为了减小铁损中的涡流损耗，变压器的铁芯一般由硅钢片叠装而成。

变压器的效率为其输出功率与输入功率之比，通常用下式表示：

$$\eta = \frac{P_2}{P_1} \times 100\% = \frac{P_2}{P_1 + \Delta P_{\mathrm{Cu}} + \Delta P_{\mathrm{Fe}}} \times 100\%$$

6. 使用变压器时，必须掌握其铭牌数据，铭牌上标注的额定值主要有额定电压、额定电流、额定容量、额定频率、额定温升等。

三相变压器的额定电压为原、副绕组的线电压，额定电流为原、副绕组的线电流。目前我国生产的三相电力变压器通常采用 Y/Y_0、$Y/\triangle$ 和 $Y_0/\triangle$ 三种接法。电压变比为原、副绕组线电压之比，它不仅与原、副绕组每相的匝数比有关，而且还与原、副绕组的连接方式有关。

当原、副三相绕组均为星形连接时，$\dfrac{U_{\mathrm{L}1}}{U_{\mathrm{L}2}} = \dfrac{\sqrt{3}\,U_{\mathrm{P}1}}{\sqrt{3}\,U_{\mathrm{P}2}} = \dfrac{U_{\mathrm{P}1}}{U_{\mathrm{P}2}} = \dfrac{N_1}{N_2} = K$

当原、副三相绕组分别为 Y 和 $\triangle$ 连接时，$\dfrac{U_{\mathrm{L}1}}{U_{\mathrm{L}2}} = \sqrt{3}\,\dfrac{U_{\mathrm{P}1}}{U_{\mathrm{P}2}} = \sqrt{3}\,\dfrac{N_1}{N_2} = \sqrt{3}\,K$

变压器的额定容量、额定电压和额定电流之间的关系为

单相变压器为 $S_{\mathrm{N}} = U_{2\mathrm{N}} I_{2\mathrm{N}} \approx U_{1\mathrm{N}} I_{1\mathrm{N}}$

三相变压器为 $S_{\mathrm{N}} = \sqrt{3}\,U_{2\mathrm{N}} I_{2\mathrm{N}} \approx \sqrt{3}\,U_{1\mathrm{N}} I_{1\mathrm{N}}$

7. 使用变压器时还必须了解绕组同名端概念和判别方法，以及绕组间正确连接的方法。当两个绕组串联时，它们的异名端应相连；当两个绕组并联时，它们的同名端应相连。同名端的判别方法有直流感应法和交流感应法。

8. 自耦变压器的工作原理、电压变换和电流变换与普通变压器相同，但自耦变压器只适应于变压比不大的场合，且在使用时，应注意原、副绕组的公共端接单相电源的零线，同时原、副绕组不能对调使用。电压互感器和电流互感器用来扩大交流电压和交流电流的测量量程。为防止工作人员触及高压电路，使用互感器时，铁芯和副绕组一端必须可靠接地，且电压互感器的副绕组不得短路，电流互感器的副边不得开路。

习　题

5.1　某单相变压器额定容量为 50 V·A,额定电压为 220 V/36 V,试求原、副绕组的额定电流。

5.2　图 5.21 是一台电源变压器,其原绕组匝数为 550 匝,接 220 V 交流电源。它有两个副绕组,一个电压为 36 V,接有额定值 36 V、36 W 的阻性负载;另一个电压为 12 V,接有额定值 12 V、24 W 的阻性负载。试求:(1)原边电流 I_1;(2)两个副绕组的匝数。分析假设变压器为理想变压器。

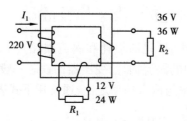

图 5.21　习题 5.2 的图

5.3　某单位拟选用一台 Y/Y_0-12 型三相电力变压器,将 10 kV 交流电压变换为 400 V,供动力和照明用电。已知用电单位三相负载总的额定功率为 256 kW,额定功率因数为 0.8。(1)计算所需三相变压器的额定容量和原、副边的额定电流。(2)如果负载是 220 V、100 W 的白炽灯,这台变压器满载运行时可带多少盏这样的灯?

5.4　电阻为 8 Ω 的扬声器接于输出变压器的副边,输出变压器的原边接电动势 $E = 10$ V,内阻 $R_0 = 200$ Ω 的信号源。设输出变压器为理想变压器,其原、副绕组的匝数比为 500/100,试求:(1)扬声器的等效电阻 R_L' 和获得的功率;(2)扬声器直接信号源所获得的功率;(3)若副边改接电阻为 16 Ω 的扬声器,为使扬声器能获得最大功率,问输出变压器的变比 K 值应是多少?

5.5　有 3 个线圈如图 5.22 所示,试分别用三种符号在图中直接标出线圈 1 和 2、2 和 3、3 和 1 的同名端。

5.6　电路如图 5.23(a)和(b)所示,今用交流电压表测得 $U_1 = 220$ V,$U_2 = 36$ V,则(1)图 (a)所示电路中,U_3 电压为多少? $\dot{U}_3$ 和 $\dot{U}_2$ 的相位关系如何? (2)对图(b)电路重复第(1)问的问题。

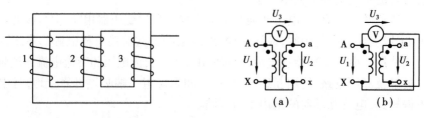

图 5.22　习题 5.5 的图　　　　图 5.23　习题 5.6 的图

5.7　图 5.24 所示变压器有两个相同的额定电压为 110 V 的原绕组,它们的同名端如图所示。副绕组的额定电压为 6.3 V。(1)当电源电压为 220 V 时,原边绕组应当如何连接才能接入这个电源? (2)如果电源电压是 110 V,原边绕组并联使用接入电源,这时两个绕组应当怎样连接? (3)设负载不变,在上述两种情况下副绕组的端电压和电流有无不同? 每个原绕组的电流有无不同? (4)如果两个绕组连接时接错,分别就串联使用和并联使用两种情况,说明将会产生什么后果,并阐述理由。

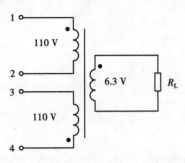

图 5.24　习题 5.7 的图

第**6**章
电 动 机

电动机是将电能转换为机械能的一种能量转换设备,它可以分为直流和交流两种。交流电动机又可分为同步电动机和异步电动机两种。同步电动机转速恒定,功率因数可以调节;异步电动机的转速随负载的增加而稍有降低。直流电动机的动与调速性能好,但结构复杂,价格高,维修复杂。

本章以三相异步电动机为重点,介绍它的工作原理、机械特性和使用;此外,还介绍了直流电动机的工作原理、机械特性、启动与调速方法。

6.1　三相异步电动机的基本结构和工作原理

异步电动机种类很多,按供电电源相数不同,可分为三相异步电动机、两相异步电动机和单相异步电动机。从基本运转原理看,它们是相同的,都是依靠旋转磁场和转子电流之间的相互作用工作的。正常工作时,转子转速与定子电流合成磁场的转速之间总有一定的差异,故统称异步电动机。从使用角度上看,三相异步电动机使用最广泛,多用于金属切削机床、起重运输机械、中小型鼓风机和水泵等各种生产机械设备上;两相异步电动机常用于自动控制系统中作为执行元件;单相异步电动机在家用电器产品中应用较多。

6.1.1　三相异步电动机的结构

三相异步电动机按转子结构形式不同分为鼠笼式和绕线式两种。如图 6.1 所示为一台鼠笼式异步电动机的外形及内部结构图。异步电动机由两个基本部分组成:固定部分——定子,转动部分——转子。定子和转子之间有一很窄的气隙。支承转子的端盖用螺栓固定在定子外面的机壳上。

（1）定子

定子是电动机的静止部分。它由机座(外壳)定子铁芯和定子绕组三部分组成。机座由铸铁或铸钢制成,作为安装定子铁芯的支架。定子铁芯的内圆周上有均匀分布的槽,用以嵌放定子绕组。为了减少磁滞涡流损耗,定子铁芯通常用 0.5 mm 相互绝缘的硅钢片压叠成圆筒状。定子铁芯是磁路的一部分,嵌放在定子铁芯槽中的定子绕组是定子电路部分,它由彼此独

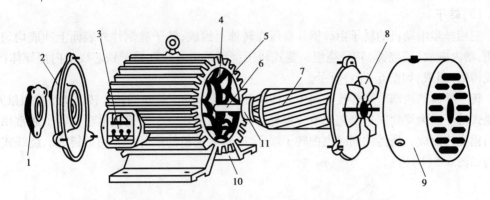

图 6.1 三相鼠笼式异步电动机外形与构造
1—轴承盖;2—端盖;3—接线盒;4—定子铁芯;5—定子绕组;
6—转轴;7—转子;8—风扇;9—罩壳;10—机座;11. 轴承

立的线圈(也称绕组)构成三相绕组,通三相交流电后能产生合成旋转磁场。

图 6.2 绘出了一个只有 12 个槽、最简单的定子平面展开示意图。其中的编号与导线编号相对应。D_1、D_2、D_3 为每相绕组首端,D_4、D_5、D_6 为每相绕组末端(或 A—X,B—Y,C—Z 标记)。通常将它们接在机座的接线盒中。

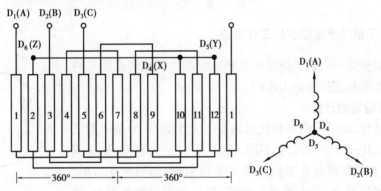

图 6.2 定子绕组平面展开图(图中角度为电角度)

三相定子绕组可以接成星形,也可以接成三角形,需根据供电电压而定。当电网线电压为 380 V,电动机定子各相绕组额定电压是 220 V 时,定子绕组必须接成星形,如图 6.3 所示。若电动机定子各相绕组额定电压是 380 V 时,定子绕组必须接成三角形,如图 6.4 所示。

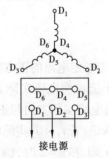

图 6.3 定子绕组星形接法

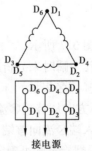

图 6.4 定子绕组三角形接法

（2）转子

三相异步电动机的转子由硅钢片叠压在转轴上组成,转子硅钢片外表面上冲成均匀分布的槽,槽内嵌放(或浇铸)转子绕组。笼式转子绕组是由嵌放在转子铁芯线槽内裸导体(用铜条或铸铝)组成,如图6.5(a)所示。

转子导体的两端分别焊接在两个导体端环上,形成一个短路回路。转子绕组貌似鼠笼,故称笼式转子。为简化制造工艺和节省铜材料,目前大多数中小型笼式电动机转子通常用熔化了的铝浇铸而成。浇铸的同时也把转子端环、冷却电动机的扇叶一起用铝铸成。绕线式转子结构如图6.5(b)所示。

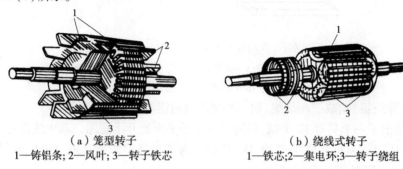

（a）笼型转子
1—铸铝条;2—风叶;3—转子铁芯

（b）绕线式转子
1—铁芯;2—集电环;3—转子绕组

图6.5 鼠笼式电动机的转子

6.1.2 三相异步电动机的工作原理

异步电动机是利用定子绕组中三相电流产生的旋转磁场与转子内的感应电流相互作用而工作的。

（1）旋转磁场的产生

为简化分析,设电动机每相绕组只有一个线圈,三相绕组的三个线圈 A—X、B—Y、C—Z 完全相同,且 A、B、C 定为首端,X、Y、Z 定为末端,三相绕组彼此在空间互差120°电角度,如图6.6所示。三相绕组接成星形,X、Y、Z 接在一起,A、B、C 接到三相电源上,构成对称三相交流电路。三相定子绕组中流过三相对称电流。以 A 相电流为参考量,瞬时值表达式为

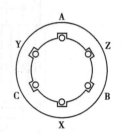

图6.6 定子绕组示意图

$$i_A = I_m \sin \omega t$$
$$i_B = I_m \sin(\omega t - 120°)$$
$$i_C = I_m \sin(\omega t + 120°)$$

波形图如图6.7所示。

现在选择几个瞬时来分析三相电流产生的合成磁场。首先选定电流的正方向是首端指向末端,即首端进(用⊗表示),末端出(用⊙表示)。当电流为正值说明电流实际方向与正方向一致,电流实际方向从首端⊗流向末端⊙。当电流为负值说明电流实际方向与正方向相反,电流实际方向从末端⊗流向首端⊙。如 $i_A > 0$,实际电流 A⊗→X⊙;若 $i_A < 0$,实际电流从 X⊗→A⊙。根据右手螺旋定则可确定合成磁场的磁极。图6.7在 $p = 1$ 和 $p = 2$ 时,(a)(b)(c)(d)分别对应 i_A 为0°,120°,240°,360°时刻的电流流向及形成的磁场方向。发出磁力线的称 N 极,而汇聚磁力线的称 S 极。根据上述条件,参照图6.7分析可知,定子绕组中三相对称电流不断

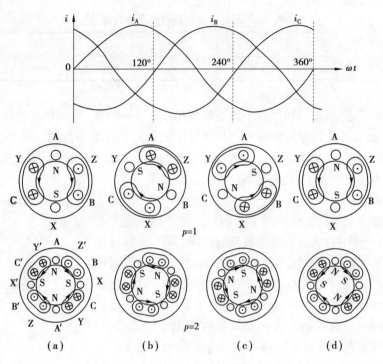

图 6.7 旋转磁场的形成

变化，它所产生合成磁场在空间不断旋转。每相绕组一个线圈，产生两极（磁极对数 $p=1$）旋转磁场。电流变化 $360°$，合成磁场旋转一周。

如果每相绕组是两个线圈串联组成的，定子绕组布置如图 6.8 所示。用上述同样方法分析得出：每相绕组为两个线圈，所产生的合成磁场是一个四极（磁极对数 $p=2$）旋转磁场。电流变化 $360°$，合成磁场转半周，如图 6.7 所示。依此类推，当旋转磁场具有 p 对磁极时，可推导出旋转磁场的转速为

$$n_1 = \frac{60f}{p} \text{ r/min（转／分）} \tag{6.1}$$

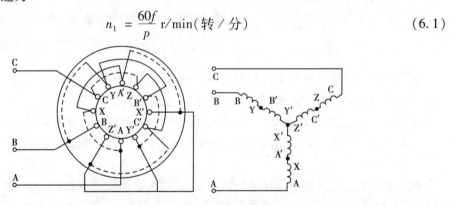

图 6.8 产生四极旋转磁场的定子绕组

旋转磁场的转速 n_1 又称同步转速，它由电源的频率 f 与磁极对数 p 所决定，而磁极对数 p 由三相绕组结构而定。由式 (6.1) 可知三相异步电动机磁极对数越多，旋转磁场转速越慢，但所用线圈及铁芯都要加大，电动机体积和尺寸也要加大，所以 p 有一定的限制。我国工业交流电频率是 50 Hz，对某一个电动机，磁极对数 p 是固定的，因此 n_1 也是不变的。表 6.1 列出了不同磁极对数时的 n_1 值。

表6.1　不同磁极对数时的同步转速

磁极对数 p	1	2	3	4	5	6
$n_1/(\text{r} \cdot \text{min}^{-1})$	3 000	1 500	1 000	750	600	500

从图6.7可看出,通入三相绕组中的电流的相序是 A—B—C,旋转磁场的转向由 A 相→B 相→C 相,旋转磁场的旋转方向和通入三相绕组中的电流相序是一致的。如果要使旋转磁场向相反方向旋转,只需要将电动机三根接电源线中的任意两根对调,重新接在三相电源上,三相定子电流的相序就改变了,旋转磁场的方向也改变了。

（2）工作原理

图6.9是异步电动机工作原理示意图。当定子绕组通上三相对称电流后,产生的合成磁场是两极旋转磁场,并以 n_1 速度按顺时针方向旋转,与静止的转子之间就有相对运动,转子导线因切割磁力线而产生感应电动势。由于旋转磁场是顺时针旋转,相当于转子导线以逆时针切割磁力线,用右手发电机定则确定转子上半部导线中感应电动势方向是从里向外出来的⊙,转子下半部导线中感应电动势方向是从外向里进去的⊗。因为转子

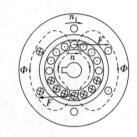

图6.9　异步电动机工作原理

是一个闭合回路,在感应电动势的作用下,转子内有电流。假定转子电流与感应电动势是同相的,转子电流与旋转磁场相互作用产生电磁力,电磁力的方向由左手定则确定。电磁力对转轴形成电磁力矩,在电磁力矩的作用下,电动机顺着旋转磁场方向转起来。

电动机转速 n 总是小于旋转磁场的转速 n_1（即同步转速）。只有这样,定子和转子之间才有相对运动,才能在转子回路中产生感应电动势和感应电流,从而形成电磁转矩。由于 $n \neq n_1$,所以称异步。异步电动机又称感应电动机,因为它的转子电流是由电磁感应产生的。我们所讨论的鼠笼式电动机就是三相异步感应电动机。

转子转速 n 与旋转磁场转速 n_1 的相差程度常用转差率 s 表示,即

$$s = \frac{n_1 - n}{n_1} \times 100\% \tag{6.2}$$

转差率是异步电动机的重要参数之一。通常异步电动机在额定运转时,转差率一般均为 $2\% \sim 6\%$。当电动机启动时 $n = 0$,$s = 1$;转子转速 n 等于同步转速 n_1 时（实际不可能）,$n = n_1$,$s = 0$;转差率变化范围为 $0 < s \leq 1$。电动机同步转速 n_1 和转子转速 n 越接近,转差率 s 越小。

［例6.1］　为什么说三相异步电动机在运行状态下的转速 n 永远小于旋转磁场的转速 n_1。

解　如果电动机转速与旋转磁场转速相等,两者之间就没有相对运动,转子导体就不会切割磁力线,则转子电动势、转子电流及电磁转矩都不存在,转子也就不可能继续以 n 的转速转动。所以转子转速与旋转磁场转速之间必须有差别,即 $n < n_1$。这也是"异步"电动机名称的由来。

［例6.2］　一台三相异步电动机,已知它的转子额定转速为 1 430 r/min,电源频率 $f = 50$ Hz,求:（1）电动机同步转速 n_1;（2）磁极对数 p;（3）额定转差率 s_N 为多少?

解　（1）转子额定转速略低于同步转速,$n = 1 430$ r/min,则 $n_1 = 1 500$ r/min。

（2）根据 $n_1 = \dfrac{60f}{p}$，磁极对数 $p = \dfrac{60f}{n_1} = \dfrac{60 \times 50}{1\,500} = 2$

（3）$s_N = \dfrac{n_1 - n_N}{n_1} = \dfrac{1\,500 - 1\,430}{1\,500} = 4.67\%$

6.2　三相异步电动机的电磁转矩和机械特性

6.2.1　异步电动机与变压器比较分析

异步电动机与变压器有许多相似之处。变压器中原、副绕组是与同一主磁通相交链，异步电动机中定子绕组和转子绕组与同一旋转磁通相交链。因此，异步电动机的定子绕组和转子绕组相当于变压器原、副绕组，异步电动机的旋转磁场相当于变压器的主磁通。变压器中由于主磁通不断变化，使得在原绕组中产生感应电动势，此电动势与原绕组所加电源电压近似认为平衡。异步电动机中，由于旋转磁场在空间不断旋转，在定子绕组中也产生感应电动势，此电动势也近似地和定子绕组所加电源电压平衡。当异步电动机负载增加时，转子电流增大，它所建立的磁场对旋转磁场有影响（祛磁作用）。在电源电压、频率为定值的情况下，旋转磁通（每极磁通）应基本不变。与变压器相似，此时定子电流必须增大，从而抵消转子磁通的祛磁影响，以保持旋转磁场磁通不变。异步电动机定子绕组中电流是随转子电流的增加而增加，异步电动机中能量是以旋转磁通为媒介，通过电磁感应形式，由定子传递到转子。转子从旋转磁场中获得能量，除很少一部分转换为热损耗外，其余均转换为转子输出的机械功。

异步电动机与变压器也有不相同之处。变压器是静止的，而异步电动机是旋转的。变压器中磁路是无气隙的，而异步电动机中定子、转子之间是有不大的空气隙，故变压器的空载电流比异步电动机的空载电流小得多。变压器中原、副绕组的频率是相同的，而异步电动机中定子绕组和转子绕组电流频率往往是不同的，转子电流的频率是随转子转速的改变而改变的。

6.2.2　异步电动机的电磁转矩

根据异步电动机的工作原理可知：旋转磁场与转子电流 I_2 相互作用产生电磁力矩。旋转磁场的大小以每极磁通 Φ（磁通最大值）衡量。电磁转矩 T 正比于 Φ 的大小。由于转子绕组中有电阻、电感，转子电流应滞后感应电动势 φ_2 角（原理分析时认为感应电动势与转子电流同相）。电磁转矩是衡量电动机做功的能力，准确地说，电磁转矩应是旋转磁场磁通 Φ 与转子电流的有功分量 $I_2\cos\varphi_2$ 作用产生的，即电磁转矩 T 正比于 $I_2\cos\varphi_2$。所以电磁转矩表达式如下

$$T = K_T \Phi I_2 \cos\varphi_2 \tag{6.3}$$

式中，K_T 为转矩系数，与电动机结构有关。

（1）定子电路分析

当电动机接上三相电源，在定子绕组中产生旋转磁场时，它以同步转速 n_1 在空间旋转，同时与定子绕组和转子绕组交链。由于定子绕组是静止的，在定子电路产生的感应电动势频率就是电源频率。与变压器原边电路分析相似，感应电动势的有效值为

$$E_1 = K_1 \times 4.44 f_1 N_1 \Phi \tag{6.4}$$

式中，K_1 为定子绕组系数，是考虑定子绕组在空间位置不同而引入的系数；Φ 为旋转磁场的每极磁通；N_1 为定子绕组匝数；f_1 为定子感应电动势频率，也等于电源频率 f。

由于定子绕组阻抗压降 $I_1 |Z_1|$ 比电源电压 U_1 小得多，可忽略不计，则有

$$U_1 \approx E_1 = K_1 \times 4.44 f_1 N_1 \Phi$$

$$\Phi \approx \frac{U_1}{K_1 \times 4.44 f_1 N_1} \tag{6.5}$$

由上式可知，当电源电压、频率不变时，Φ 值是基本不变的。

（2）**转子电路分析**

1）转子静止时

电动机接通电源瞬间 $n = 0$，$s = 1$，旋转磁场以同步转速 $n_1 = 60 f_1 / p$ 切割转子，转子感应电动势（电流）的频率等于电源频率

$$f_{20} = f_1 = \frac{p n_1}{60} \tag{6.6}$$

转子感应电动势

$$E_{20} = K_2 \times 4.44 f_1 N_2 \Phi \tag{6.7}$$

式中，K_2 为转子绕组系数。

转子漏磁感抗

$$X_{20} = 2\pi f_1 L_2 \tag{6.8}$$

式中，L_2 为转子自感系数。

转子电流

$$I_{20} = \frac{E_{20}}{\sqrt{R_2^2 + X_{20}^2}} \tag{6.9}$$

式中，R_2 为转子电路电阻。

转子电路功率因数

$$\cos \varphi_{20} = \frac{R_2}{|Z_2|} = \frac{R_2}{\sqrt{R_2^2 + X_{20}^2}} \tag{6.10}$$

2）转子以转速 n 转动时

旋转磁场此时是以 $\Delta n = n_1 - n$ 的速度切割转子，故转子电路中感应电动势（电流）的频率 f_2 为

$$f_2 = \frac{p(n_1 - n)}{60} = \frac{n_1 - n}{n_1} \cdot \frac{p n_1}{60} = s f_1 \tag{6.11}$$

转子感应电动势

$$E_2 = K_2 \times 4.44 f_2 N_2 \Phi = K_2 \times 4.44 \, s f_1 N_2 \Phi = s E_{20} \tag{6.12}$$

转子漏磁感抗

$$X_2 = 2\pi f_2 L_2 = 2\pi s f_1 L_2 = s X_{20} \tag{6.13}$$

转子电流

$$I_2 = \frac{E_2}{\sqrt{R_2^2 + X_2^2}} = \frac{s E_{20}}{\sqrt{R_2^2 + (s X_{20})^2}} \tag{6.14}$$

转子功率因数

$$\cos \varphi_2 = \frac{R^2}{\sqrt{R_2^2 + (sX_{20})^2}} \tag{6.15}$$

由上述分析可知:异步电动机运行过程中,其物理量参数均是转差率 s 的函数。如图6.10 所示为转子电流 I_2 及功率因数 $\cos \varphi_2$ 与转差率 s 的关系曲线。转子启动时($s=1, n=0$)转子电流很大,转子电路功率因数 $\cos \varphi_2$ 却很低。随着电动机转速升高(s 下降),I_2 变小,$\cos\varphi_2$ 增加很快。当 $s=0, n=n_1$(又称理想空载情况),由于相对转速 $\Delta n=0$,故 $I_2=0$,此时 $\cos \varphi_2=1$。将式(6.5)、式(6.14)、式(6.15)代入式(6.3)中,得

$$T = K'_M \Phi \frac{sE_{20}}{\sqrt{R_2^2 + (sX_{20})^2}} \frac{R_2}{\sqrt{R_2^2 + (sX_{20})^2}}$$

因为 $\Phi \propto U_1$ 式(6.5)及 $E_{20} \propto \Phi$ 式(6.7),则

$$T = K_M \frac{U_1^2 sR_2}{R_2^2 + (sX_{20})^2} = f(s) \tag{6.16}$$

上式更为明确地表达了电动机电磁转矩与电源电压、转差率(或转速)等外部条件及电路参数 R_2、X_{20} 之间的关系。

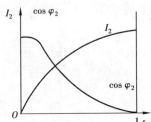

图6.10 转子电流 I_2 及功率因数 $\cos \varphi_2$
与转差率 s 的关系曲线

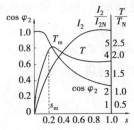

图6.11 异步电动机转矩特性曲线

(3)转矩特性 $T=f(s)$

转矩特性是指电动机电磁转矩与转差率的关系曲线。当电源电压 U_1 和频率 f_1 恒定,R_2、X_{20} 都是常数时,电磁转矩仅是转差率的函数,见式(6.16)。转矩特性如图6.11所示。这条曲线可通过图6.10与式(6.3)求得。从图6.11及式(6.16)可知:在 $0<s<s_m$ 区间,电磁转矩随转差率的增加而增加。这是因为 s 很小时 $sX_{20} \ll R_2$,略去 sX_{20} 不计,可近似地认为 T 与 s 成正比。在 $s_m<s<1$ 区间内,随着 s 增加,sX_{20} 增加,$sX_{20} \gg R_2$,略去 R_2 不计,可近似地认为 T 与 s 成反比。s_m 称临界转差率,对应 s_m 时的电磁转矩最大为 T_m。

(4)最大转矩 T_m、启动转矩 T_{st}、额定转矩 T_N

利用数学中求极值的办法求出最大电磁转矩 T_m。令 $\dfrac{dT}{ds}=0$,则

$$\frac{dT}{ds} = \frac{d}{ds}\Big[K_M \frac{U_1^2 sR_2}{R_2^2 + (sX_{20})^2}\Big] = K_M \frac{[R_2^2 + (sX_{20})^2]U_1^2 R_2 - U_1^2 sR_2(2sX_{20}^2)}{[R_2^2 + (sX_{20})^2]^2} = 0$$

得出临界转差率 s_m

$$s_m = \frac{R_2}{X_{20}}(\text{取正值}) \tag{6.17}$$

将式(6.17)代入式(6.16)得 T_m

$$T_m = K_M \frac{U_1^2}{2X_{20}} \tag{6.18}$$

从式(6.17)和式(6.18)可知:最大转矩 T_m 仅与电压平方成正比,与转子电阻 R_2 无关,而

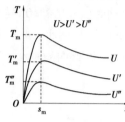

图 6.12　外加电压下降时的 $T=f(s)$ 曲线

临界转差率 s_m 却与 R_2 成正比。当 R_2 增加时,T_m 不变,s_m 增加。可见电源电压波动对电磁转矩影响较大,如图 6.12 所示。由于电磁转矩正比于电源电压平方,例如当电压降低到额定电压的 70% 时,则转矩只有原来的 49% 。过低的电压往往使电动机不能启动。在运行中的电动机,如果电压降得太多,很可能由于最大转矩低于负载转矩而停转,即所谓闷车现象,这时会导致电动机电流增加超过其额定值。如果不及时断开电源,就有可能使电机烧毁。考虑到电动机在运转过程中有一定的过载能力,电动机的额定转矩 T_N 应低于最大转矩 T_m,它们的比值称为过载系数 λ。

$$\lambda = \frac{T_m}{T_N} = 1.8 \sim 2.2 \tag{6.19}$$

λ 是衡量电动机短时过载能力和运行稳定的一个重要数据。λ 值越大,电动机过载能力就越强。电动机允许短期过载运行。

启动转矩 T_{st} 是指电动机在刚接通电源启动时刻 $n=0(s=1)$ 的电磁转矩。将 $s=1$ 代入式(6.16)就可得启动转矩 T_{st}

$$T_{st} = K_M \frac{U_1^2 R_2}{R_2^2 + X_{20}^2}$$

其值一般大于额定转矩 T_N。如果启动转矩小于负载转矩,电动机就不能启动。通常将启动转矩与额定转矩的比值称为异步电动机的启动能力。

$$启动能力 = \frac{T_{st}}{T_N} \tag{6.20}$$

一般鼠笼式电动机启动能力较差,启动能力均在 0.8 与 2 之间,所以有时需要在空载下启动。电动机的额定转矩可以由铭牌上所标的额定功率 P_N 和额定转速 n_N 求得。不计电动机空载时本身机械阻力转矩,可认为额定运行时的电磁转矩和输出机械转矩相平衡。由物理学可知

$$P = T\omega$$

式中,ω 为角速度(弧度/秒)。

额定转矩为

$$T_N = \frac{P_N}{\omega} = \frac{P_N \times 1\,000}{\dfrac{2\pi n_N}{60}} = 9\,550\,\frac{P_N}{n_N} \tag{6.21}$$

式中,P_N 单位为 kW(千瓦),n_N 单位为 r/min(转/分),T_N 单位为 N·m(牛·米)。

6.2.3　异步电动机的机械特性

转矩特性 $T=f(s)$ 只是间接表示了电磁转矩与转速之间的关系,而人们关心的是电动机

的转速与电磁转矩的关系。机械特性可从转矩特性得到。把转矩特性 $T=f(s)$ 的 s 轴变成 n 轴，然后把 T 轴平行移到 $n=0$，$s=1$ 处，将换轴后的坐标轴顺时针旋转90°，就可得到机械特性 $n=f(T)$ 曲线。如图6.13所示，其中 $s=0$，$n=n_1$，即转子转速为理想空载转速，它与同步转速相等；$s=l$，$n=0$，对应启动情况，T_{st} 是启动转矩；$s=s_m$，$n=n_m$，对应是最大电磁转矩 T_m。

我们知道，当电磁转矩等于负载转矩时，电动机将等速运转；当电磁转矩小于负载转矩时，电动机就会减速；当电磁转矩大于负载转矩，电动机将加速。设负载转矩为不随转速而改变的恒转矩负载 T_L，它与机械特性曲线 $n=f(T)$ 有两个交点(b、d)，如图6.13(b)所示。

运行在 b 点：若负载转矩 T_L 因某种原因增大时，电磁转矩因受电机惯性作用，尚未来得及变化，使 $T < T_L$，电动机转速下降，在 b 点转速下降后，电动机电磁转矩增大，可自动适应负载转矩的增大，达到新的平衡，致使电动机稳定在较原来稍低转速下等速运转。上述过程用箭头表示为 $T_L\uparrow \to n\downarrow \to T\uparrow \to T=T_L$，电动机等速运转时 $n < n_b$。同理可分析：当负载减小时，电动机转速升高，电磁转矩减小，以适应负载的减小，达到新的平衡，此时电动机在比原来转速较高的情况下等速运转。其过程用箭头表示为 $T_L\downarrow \to n\uparrow \to T\downarrow \to T=T_L$，电动机等速运转时 $n > n_b$。

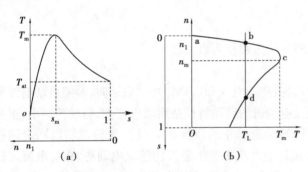

图6.13 异步电动机机械特性

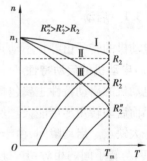

图6.14 机械特性与转子
电阻 R_2 的关系

运行在 d 点：当负载增加时有 $T_L\uparrow \to n\downarrow \to T\downarrow \to n\downarrow\downarrow \to T\downarrow\downarrow \to n\downarrow\downarrow\downarrow \to \cdots n=0$ 停转。当负载减少时有 $T_L\downarrow \to n\uparrow \to T\uparrow \to n\uparrow\uparrow \to T\uparrow\uparrow \to n\uparrow\uparrow\uparrow \cdots$ 最终将绕过 c 点稳定在 ac 区的某一点上。

可见机械特性上，ac 部分是稳定区域，cd 部分是不稳定运行区域。稳定区和不稳定区的分界点 c 称临界点，它所对应的转速称临界转速 n_m，电动机在稳定工作区不需借助其他机械和人为调节，自身具有自动适应负载变化的能力，即它的电磁转矩随负载转矩的增加而自动增加，随负载转矩的减小而自动减小。电动机不可能在低于临界转速下稳定运行，当然负载转矩也不能大于最大转矩。电动机只能在稳定区内工作。

图6.14中机械特性 I 是在转子电路中未串入电阻时得到的，称为自然特性。在稳定工作区该直线段较平直，当电磁转矩从 0 到 T_m，转速变化很小。这种特性称硬特性。笼型电动机的机械特性属硬特性。特性曲线 II、III 是在转子电路中串入电阻得到的，称为人工特性。电动机在稳定区工作，电磁转矩从 0 到 T_m，转速变化较大。这种特性称软特性。绕线式电动机当转子电阻增加后其机械特性变软。某些生产机械如车床、通风机、水泵，当负载变化时，要求转速变化不大，应当采用具有硬特性的鼠笼式电动机。绕线式电动机因转子电阻可调，具有软的机械特性，启动转矩较大，一般在起重运输设备和需调速场合下采用。

[**例** 6.3] 已知两台异步电动机功率都是 10 kW,但转速不同,其中 n_{1N} = 2 930 r/min(转/分),n_{2N} = 1 450 r/min(转/分),如过载系数都是 2.2,试求它们的额定转矩和最大转矩。

解 第一台电动机(二极电动机)

$$T_{1N} = \left(9\ 550 \times \frac{10}{2\ 930}\right) N \cdot m = 32.6\ N \cdot m, T_{1m} = (2.2 \times 32.6) N \cdot m = 71.7\ N \cdot m$$

第二台电动机(四极电动机)

$$T_{2N} = \left(9\ 550 \times \frac{10}{1\ 450}\right) N \cdot m = 65.9\ N \cdot m, T_{2m} = (2.2 \times 65.9) N \cdot m = 145\ N \cdot m$$

上述计算说明,电动机功率相同时,转速低的(极数多的)转矩大,转速高的(极数少的)转矩小。

6.3 三相异步电动机的使用

6.3.1 启动

电动机的转子由静止不动到达稳定转速的过程称为启动。

(1)电动机的启动特性

电动机的启动特性主要包括两部分内容:启动电流和启动转矩。启动时,希望启动电流尽可能小而启动转矩尽可能大。然而鼠笼式电动机的启动特性是启动电流大,启动转矩小,正是它的一大缺点。启动瞬间,由于转子惯性,转子是静止的($n = 0, s = 1$),旋转磁场以同步转速 n_1 旋转,与转子间的相对切削速度最大,在转子电路中产生最大的感应电动势、感应电流。转子电流最大,必然使得定子电流达最大。一般鼠笼式电动机的启动电流(指定子线电流)达到额定电流的 4~7 倍。启动电流过大会造成什么不良后果呢? 对于电动机本身来讲,因启动时间较短,且启动电流随转速的升高下降较快。只要电动机不处于频繁启动中,一般不会引起电动机过热。但启动电流很大时,在电源内阻抗及线路阻抗上要产生较大的阻抗压降,从而使供电线路受端电压显著下降,影响到同一线路上其他设备的正常工作。如供电线路是一个三相四线制的动力与照明混合供电系统,此时白炽灯会突然暗下来,高压水银灯等放电光源会突然熄灭。由于电压波动对电动机电磁转矩影响很大($T \propto U_1^2$),电压的急剧下降有可能使最大电磁转矩 T_m 小于负载转矩 T_L,从而使电动机"堵转"。正在启动的电动机也会因电压的下降而不能启动或启动缓慢,导致线路电压较长时期不能恢复正常。电动机容量越大,这种影响更大。电动机启动时,转子电流频率最高($f_2 = f_1$),所以转子感抗很大,功率因数最低(式 6.15)。此时尽管转子电流很大,可启动转矩不大(式 6.3)。

(2)笼型电动机的启动方法

1)直接启动(全压启动)

启动时直接给电动机加额定电压。一般容量较小、不频繁启动的电动机采用此种方法。因为电动机容量小,启动电流小,不会影响其他设备的正常工作。这种方法简单、可靠且启动迅速,只需一个三相闸刀或三相铁壳开关就能实现,在条件允许的情况下应尽可能采用。究竟多大功率的异步电动机允许直接启动,这和本单位供电变压器容量大小及电动机功率大小有关。通常直接启动时电网的电压降不得超过额定电压的5%～15%。变压器容量越大,同样电流引起的电压降就越小,容许直接启动的异步电动机的功率就越大。一般可参考下列经验公式确定:

$$\frac{直接启动的启动电流}{电动机额定电流} \leq \frac{3}{4} + \frac{电源变压器容量(kV \cdot A)}{4 \times 电动机功率(kW)} \tag{6.22}$$

若能满足以上的规定,则允许采用直接启动,否则应采用降压启动方法启动。

[**例6.4**] 一台20 kW电动机,其启动电流与额定电流之比为6,问在560 kV·A变压器下能否直接启动? 一台40 kW电动机,其启动电流与额定电流之比为5.5,问能否直接启动?

解 根据式(6.22)可知

$$\frac{3}{4} + \frac{560}{4 \times 20} = 7.25 > 6$$

所以允许该机直接启动。

$$\frac{3}{4} + \frac{560}{4 \times 40} = 4.25 < 5.5$$

所以不允许该机直接启动。

随着电力网的发展和控制系统的完善,笼式电动机容许直接启动的功率也在提高。例如有些地区电管局规定:当电动机由单独的变压器作为电源时,在频繁启动的情况下,只要电动机容量不超过变压器容量的20%;而不经常启动时,电动机容量不超过变压器容量的30%,这两种情况都允许电动机直接启动。若电动机与照明负载共用一台变压器时,允许直接启动的电动机最大容量,以电动机启动时电源电压降低不超过额定电压的5%为原则。

2)降压启动

在不允许直接启动的场合,对容量较大的笼型电动机常采用降压启动的方法。即启动时降低加在定子绕组上的电压,以减小启动电流;当启动过程结束后,再加上额定电压全压运行。然而采用降压启动,启动电流是减小了,但由于异步电动机电磁转矩与电压平方成正比,故启动转矩也显著减小,所以这种启动方法只适用于对启动转矩要求不高的生产机械(空载或轻载)。常用的降压启动方法有定子绕组串电抗启动、Y-△启动、自耦变压器降压启动等,下面介绍后两种启动方法。

①星形-三角形(Y-△)转换启动,这种启动方法适用于正常接成三角形运行的电动机,启动时将定子绕组改为Y连接,如图6.15所示。当开关S_2倒向"启动"位置时,电动机定子绕组接成星形,开始降压启动;当电动机转速接近额定值时,将开关S_2倒向"运转"位置,电动机定子绕组接成三角形,进入正常运行。启动时定子绕组电压降低到直接启动时的$1/\sqrt{3}$,启动电流降低到直接启动的$1/3$,但同时启动转矩也是全压启动的$1/3$,即$T_{st(Y)} = \frac{1}{3}T_{st(\triangle)}$。

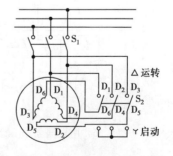

图6.15 用三刀双掷开关实现Y-△启动

为了使笼型电动机在降压启动时仍具有较高的启动转矩,可采用高启动转矩笼型电动机,它的启动转矩 T_{st} 为额定转矩 T_N 的 1.6 ~ 1.8 倍。

[例 6.5] 试证明 Y-△转换启动中,星形启动时的电流是直接启动时(即三角形启动时)的 1/3。$|Z|$ 为定子绕组的等效阻抗。

解 定子绕组星形连接时(降压启动)线电流

$$I_{st(Y)} = \frac{U_L/\sqrt{3}}{|Z|}$$

定子绕组三角形连接时(直接启动)线电流

$$I_{st(\Delta)} = \sqrt{3}I_{\Delta p} = \sqrt{3}\frac{U_L}{|Z|}$$

所以

$$\frac{I_{st(Y)}}{I_{st(\Delta)}} = \frac{\frac{U_L/\sqrt{3}}{|Z|}}{\frac{\sqrt{3}u_L}{|Z|}} = \frac{1}{3}$$

即

$$I_{st(Y)} = \frac{1}{3}I_{st(\Delta)}$$

②自耦变压器降压启动。如图 6.16 所示,自耦降压启动是利用三相自耦变压器降低启动时电动机定子绕组端电压。启动时,将开关 S_2 置于"启动"位置,然后合 S_1 开关接通电源,电动机降压启动;当电动机转速接近额定转速时,将开关 S_2 置于"工作"位置,自耦变压器被切除,电动机全压运转。自耦变压器具有不同的电压抽头(如 80%、60%、40% 的电源电压),这样可以获得不同的启动转矩,供用户选用。由于启动设备比较笨重,常用来启动容量较大或正常运行时为星形连接的鼠笼式电动机。

上述两种降压启动方法虽然限制了启动电流,但启动转矩也减少了很多。为了使电动机能保持一定的启动转矩,电机制造厂生产了转子具有特殊结构的双鼠笼和深槽式异步电动机。这类电动机直接启动时,启动电流较小,启动转矩较大。但由于它们结构复杂,价格较高,只有在特殊要求场合下使用。

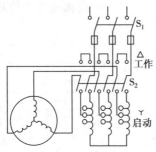

图 6.16 用自耦合变压器启动

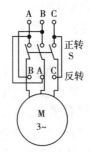

图 6.17 异步电动机的正反转接线图

6.3.2 反转

我们知道电动机的旋转方向与旋转磁场转向一致,而旋转磁场的转向又与电源相序方向一致,因此电动机的反转只要改变电源的相序即可实现。图 6.17 中 S 是一个三相双投开关,当 S 向上合时,接到电动机定子绕组上电源相序是 A—B—C;当 S 向下合时,接到电动机定子绕组上电源相序是 B—A—C。电动机便反转。大容量电动机正、反转是靠具有过载保护的磁力启动器来实现。

6.3.3　调速

用人为的方法在同一负载下使电动机转速改变以满足生产机械需要称调速。有的生产机械在工作过程中就需要调速。例如金属切削机床要按加工金属种类和切削刀具的性质来调节转速。起重运输机械在起吊重物或卸下重物停车前都应降低转速以保证安全。电动机在不同负载下具有不同的转速这种情况称为电动机的转速变化，与调速的概念是不同的，两者不要混淆。

根据式(6.1)和式(6.2)可得转速公式

$$n = n_1(1 - s) = \frac{60f}{p}(1 - s) \qquad (6.23)$$

由上式可知，改变异步电动机转速的三个途径：①改变电源频率 f；②改变电动机定子绕组磁极对数 p；③改变电动机的转差率 s。下面进行具体分析。

(1)改变电源频率调速

改变电源频率可以使异步电动机得到平滑无级调速。电源频率变化大时，调速范围也大，但是变频调速需要配备一套独立的变频电源设备。过去这种设备由于结构复杂，维护不方便，占地面积大，投资大，在实际生产中受到限制。近年来由于可控硅技术的发展，用可控硅可实现交流电的变频，从而使变频调速得到推广。

值得指出的是，在变频调速时，为了保证电动机的电磁转矩不变，就要保证旋转磁场的磁通量不变，由式(6.5)可知，磁通 $\Phi_m \approx U/4.44fN$。因此，为了改变频率 f 而保持磁通 Φ_m 不变，必须同时改变电源电压 U，使 U/f 比值保持不变。

(2)改变磁极对数调速

改变定子每相绕组之间连接方法来达到改变磁极对数 p。下面以图 6.18 来说明如何改变定子绕组连接来改变磁极对数。图 6.18(a)表示一相绕组的两个线圈相互串联与其他两相绕组(图中未画出)共同组成得到四极磁场($p = 2$)。同步转速 $n_1 = 1\,500$ r/min；图 6.18(b)表示一相绕组的两个线圈相并联后与其他两相绕组组成的两极磁场($p = 1$)，同步转速 $n_1 = 3\,000$ r/min，提高了一倍。

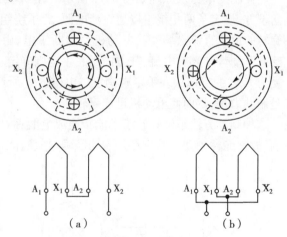

图 6.18　改变磁极对数的调速方法

这种调速方法比较简便经济，在金属切削机床中广泛使用的多速电动机就是这种调速方法的应用。显然它不能实现平滑无级调速。由于鼠笼式转子电流产生旋转磁场的磁极对数随定子旋转磁场磁极对数改变而改变，并且与定子旋转磁场的磁极对数相等，而绕线式异步电动机的转子绕组产生的磁极却是固定不变的，因此绕线式电动机不能用改变磁极对数的方法来达到调速。特别应指出，不是所有的电动机都能采用改变磁极对数来调速，它只限于在多速电动机上使用。

（3）改变转差率调速

只有绕线式电动机才能用改变转差率来调速，对鼠笼式电动机却不能采用。

以上三种调速方法都不十分理想，这是异步电动机的不足之处。但是由于结构简单、生产工艺不复杂以及价格低廉等优点，在调速要求不高的场合仍采用异步电动机。对调速性能要求高的场合只有用直流电动机来取代交流异步电动机。

6.3.4 制动

电动机断开电源后，因转子及拖动系统的惯性作用，电动机总要经过一段时间才能完全停下来。在某些生产机械上要求电动机能准确停位和迅速停车，以提高生产效率，保证工作安全。于是在电动机断开电源后，要采取一定的措施使电动机迅速停下来，这些措施称制动（俗称刹车）。制动的方法有机械制动和电气制动两种。机械制动通常是利用电磁铁制成电磁抱闸来实现的。电动机运转时，电磁抱闸的线圈与电动机同时带电，电磁铁吸合，使抱闸打开。电动机断电，抱闸线圈同时断电，电磁铁释放，在弹簧作用下，抱闸把电动机转子紧紧抱住，迅速使电动机停转。电气制动是利用电气的作用及不同的电器组成的线路，使电动机转子导体内产生一个与转子旋转方向相反的制动力矩，从而使电动机迅速停转。常用的电气制动方法有以下几种。

（1）能耗制动

能耗制动电路及原理如图 6.19 所示。在断开电动机三相电源的同时，把三极双投开关 S 倒向下方，使定子两相绕组接通直流电源，定子绕组中流过直流电流，在电动机内部产生一个不旋转的恒定直流磁场 Φ。电动机虽然断了电，由于惯性还在转，转子导体切割直流磁场产生感应电动势和感应电流，其方向用右手定则确定。转子电流与直流磁场相互作用，使转子导体受力 F，F 的方向用左手定则确定。电磁力 F 所产生的转矩方向与电动机旋转方向相反，所以是制动力矩，从而使电动机迅速停转。

这种制动方法是消耗转子动能转换成电能，而后变成热能消耗在转子电路中来达到制动目的，故称能耗制动。其特点是制动准确、平稳、能量损耗小，但需要配备直流电源。

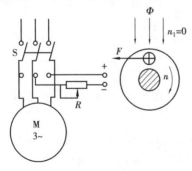
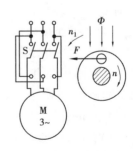

图 6.19　能耗制动　　　　图 6.20　反接制动

（2）反接制动

图 6.20 为反接制动电路原理图。电动机停车时，断开 S，将三极双投开关倒向下方并立即再次断开。它改变电动机三相电源的相序，使定子旋转磁场反向旋转，对转子产生一个与原来转向相反的制动力矩，迅速使转子停转。当转速降至接近零时，应及时断开 S 开关，否则会

导致转子反向旋转。在反接制动时,旋转磁场与转子相对转速 $(n_1 + n)$ 很大,因此电流很大。为了限制电流,对功率较大的电动机进行反接制动时,必须在定子电路中串入限流电阻。反接制动的特点是制动方法简单,制动效果好,但制动电流大,能量损耗大,制动不够平稳,有较大的冲击振动,往往会影响加工精度。因此它常用于不频繁起停、功率较小的电力拖动中。

（3）发电反馈制动

电动机在运转时,当转子转速超过旋转磁场转速时 $(n > n_1)$,这时的电磁转矩也是制动力矩。当然,出现这种情况必须在电动机轴上施加一个外力来帮助电动机加速,当 $n > n_1$ 时,电动机犹如一个感应发电机工作状态。此时旋转磁场方向未变,由于 $n > n_1$,转子切割磁场方向改变了,电动机转子电流方向改变,相对所加外力方向产生制动力,如图 6.21 所示,此时电动机将机械能变成电能反馈送给电网。发电反馈制动是一种比较经济的制动方法,制动节能效果好,但使用范围较窄,只有当电动机转速大于同步转速时才有制动力矩出现,所以常在启动放下重物时,以及多速电机从高速转为低速时采用。

图 6.21　发电反馈制动

[**例 6.6**] 某鼠笼式电动机启动能力为 $T_{st}/T_N = 1.4$,采用 Y-△启动,问电动机在下述情况下能否启动。（1）$T_L = 50\% T_N$ 时；（2）$T_L = 25\% T_N$ 时。

解　（1）采用 Y-△启动时,星形启动时启动转矩是直接启动（三角形启动）时的 1/3。

$$T_{st(Y)} = \frac{1}{3} T_{st} = \frac{1}{3} \times 1.4 T_N = 0.47 T_N$$

$T_L = 50\% T_N = 0.5 T_N$ 时,$T_{st(Y)} < T_L$,电动机不能启动。

（2）$T_{st(Y)} = 0.47 T_N > T_L = 0.25 T_N$ 时,电动机能启动。

由此可见,Y-△转换启动只适用于电动机在空载或轻载下启动。

6.4　绕线式异步电动机

绕线式异步电动机与鼠笼式工作原理相同,在结构上定子也相同,所不同的是转子结构,具体说是转子绕组不同。绕线式转子槽内嵌入转子绕组,而转子绕组采用绝缘导线,与定子绕组绕法相同,三相绕组接成星形,它的三根引出线接到三个彼此独立而绝缘的铜滑环上,所以也称滑环式电动机。三个滑环固定在转轴上,可与转子一道旋转,如图 6.22 所示。

通过电刷和滑环可以将转子绕组与外面的附加电阻 R_2' 接通,附加电阻接成三相星形,其阻值是可调的,即绕线式电动机转子电路电阻 R_2 是可调的,所以它的启动特性和调速性能比鼠笼式电动机要好。图 6.23 是它的启动接线图。启动时,先将转子电路附加电阻 R_2' 调到阻值最大位置,然后定子接通电源,电动机开始转动,随着电动机转速升高,逐步将附加电阻切除,启动完毕将转子绕组短接。

图 6.24 为绕线式电动机转子电阻 R_2 不同时的转矩特性。由图可知,适当增加 R_2,可使转矩特性右移,此时启动转矩 T_{st} 增大,转子电流减小,启动时定子电流随着减小,因而对启动有利。图 6.25 为 R_2 不同时的机械特性,图中表示在恒转矩 T_L 负载时,改变 R_2 从而达到调节转速的情形。从理论上来讲,改变转子电阻 R_2,既可改善启动特性又可达到调速的目的,而在

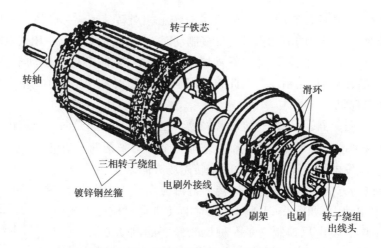

图 6.22 绕线式异步电动机的转子

实际工程中是不能专作启动电阻兼作调速电阻的。因为启动电阻是按短时工作制设计的,而调速电阻应按长期工作制设计的。

绕线式电动机比鼠笼式电动机结构复杂,价格较高,但它的启动性能和调速性能优越。所以在启动频繁、要求重载下启动并有调速要求的场合,应选用绕线式电动机,如起重运输机、提升卷扬机等。

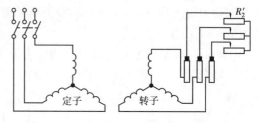

图 6.23 绕线式电动机启动接线图

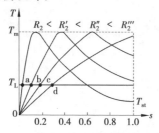

图 6.24 转子电阻 R_2 不同时的 $T = f(s)$ 曲线

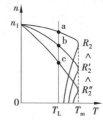

图 6.25 改变转子电路外电阻的调速特性

[例 6.7] 一台绕线式异步电动机,转子每相绕组电阻 $R_2 = 0.022\ \Omega$,漏磁电抗 $X_{20} = 0.043\ \Omega$,$n_N = 1\ 450\ \text{r/min}$。试问:(1)要使启动转矩为最大转矩,在转子绕组的电路中应串入多大的启动电阻?(2)在额定负载转矩下,若使转速降到 1 200 r/min,在转子每相绕组中应串入多大电阻?

解 (1)设要使启动转矩等于最大转矩应在转子绕组电路中串入电阻 R_2',此时转子电路电阻 $R_2 = 0.022 + R_2'$。

因为 $T_{st} = T_m$,所以 $s_{st} = s_m = 1$,当 $R_2 = X_{20}$ 时,$s_m = 1$,则

$$0.022 + R_2' = 0.043 \qquad R_2' = (0.043 - 0.022)\Omega = 0.021\ \Omega$$

$$(2)\ S_N = \frac{n_1 - n_N}{n_1} = \frac{1\ 500 - 1\ 450}{1\ 500} = 0.033$$

转速下降到 1 200 r/min 时转差率

$$s = \frac{n_1 - n}{n_1} = \frac{1\ 500 - 1\ 200}{1\ 500} = 0.2$$

转差率与转子电阻成正比,设转速下降到 1 200 r/min 时需在每相绕组中串入电阻为 R_2'',此时有 $s_N / s = R_2 / (R_2 + R_2'')$,则

$$R_2'' = \frac{R_2 s}{s_N} - R_2 = \left(0.022 \times \frac{300}{50} - 0.022\right)\Omega = 0.11\ \Omega$$

6.5　直流电动机的构造及工作原理

直流电动机与三相异步电动机相比,结构复杂,价格昂贵,使用和维护要求高,但在启动和调速性能方面却有其独特的优越性,所以在需要较大启动转矩的生产机械上(如电车、电气机车、起重机等)和要求调速性能较高的生产机械(如龙门刨床、轧钢机等)上仍然获得广泛应用。

6.5.1　直流电动机的结构

与其他电机一样,直流电动机也由静止不动的定子和旋转的转子两个基本部分组成。图6.26 是直流电动机的外形和结构。

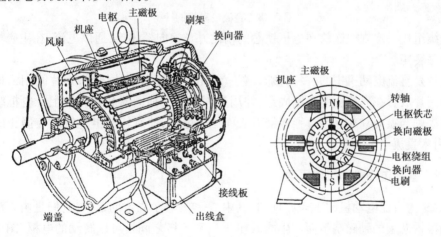

图 6.26　直流电动机的结构图

直流电动机的定子由主磁极、换向磁极、机座和电刷装置等主要部件组成。主磁极由用薄钢片叠成的磁极铁芯和套在铁芯上的励磁绕组构成,固定在机座上。主磁极可以有一对、两对或更多对。励磁绕组通以励磁电流产生主磁场。

换向磁极由换向磁极铁芯和绕组组成,位于两主磁极之间,是比较小的磁极。换向磁极绕组与电枢绕组相串联,通以电枢电流,产生附加磁场,以改善换向条件,减小换向器上的火花,小功率的直流电动机可以不装换向极。

机座由铸钢或厚钢板制成,用来安装主磁极和换向磁极,它是电动机的外壳,也是电动机磁路的一部分。机座两端有端盖,两端装有轴承用于支承转子。端盖上还有电刷架,用以安装

电刷,并利用弹簧把电刷压在转子的换向器上。图 6.27 为直流电动机的定子构造。

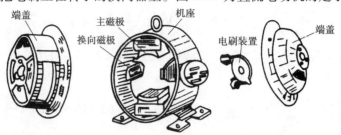

图 6.27　直流电动机的定子

　　直流电动机的转子由电枢铁芯、电枢绕组、换向器、转轴和风扇等组成,如图 6.28 所示。电枢铁芯由硅钢片叠压而成,其表面有许多均匀分布的槽,用来嵌放电枢绕组,电枢铁芯也是直流电动机磁路的一部分。

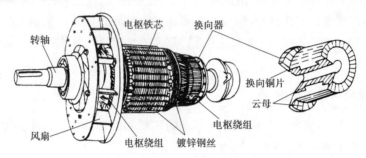

图 6.28　直流电动机的转子

　　电枢绕组按一定规律嵌放在电枢铁芯的槽内并与换向器相连,通以电流,在主磁场的作用下产生电磁转矩。

　　换向器是直流电动机中的一种特殊装置。它由许多楔形铜片组成,铜片间用云母垫片绝缘。换向铜片放置在套筒上用压圈固定,并用螺帽紧固。换向器装在转轴上。电枢绕组的导线按一定规则与换向片相连接。换向器的表面压着电刷,使旋转的电枢绕组与静止的外电路相通,以引入直流电。

6.5.2　直流电动机的工作原理

　　图 6.29 为直流电动机的工作原理图,其中 N 和 S 表示固定的磁极,它们是由直流电通过绕在主磁极铁芯上的励磁绕组而产生的。在 N 极和 S 极之间是可以转动的电枢,图中只画出了电枢绕组的一个线圈 abcd,线圈两端分别与两块换向片相连。紧紧压在换向片上的是电刷 A、B,它的位置是固定不动的。

　　图 6.29 所示的外加直流电源与电刷 A、B 接通时,电流按 A—a—b—c—d—B 的方向流入线圈。载流导体 ab 和 cd 在磁场中受力方向如图所示,这一对电磁力形成了作用于电枢的电磁转矩。该转矩是逆时针方向,于是电枢就按逆时针方向旋转。线圈经过半周之后,ab 边转到 S 极范围内,cd 边转到 N 极范围内,但由于电刷的位置不变,经电刷和换向片引入的电流按 A—d—c—b—a—B 的方向流入线圈。但每一磁极下导体的受力方向仍然不变,线圈仍按逆时针方向转动。当线圈转过一周之后,电流方向又回到原来的 A—a—b—c—d—B。在线圈的转动过程中,线圈电流方向不断交变,而电枢的旋转方向却始终不变。由此可知,换向器和电

刷的作用就是及时改变电流在电枢绕组中的流向,从而保证作用于电枢的电磁转矩的方向始终一致,电动机转向就不变。

6.5.3 直流电动机的电磁转矩和电枢电势

如图6.30所示为直流电动机的转矩和电动势。当直流电动机工作时,电枢绕组经电刷接在直流电源上,线圈中的电流在磁场中受到电磁力作用而形成电磁转矩,其方向由左手定则确定,其大小为

$$T = C_T \Phi I_a \tag{6.24}$$

式中,C_T是取决于电动机结构的常数;Φ 是每个极下

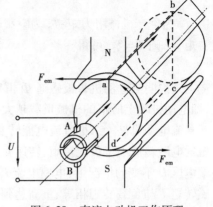

图6.29 直流电动机工作原理

的总磁通,单位为韦[伯](Wb);I_a是电枢电流,单位为安培(A);T的单位为牛·米(N·m)。

当电枢转动时,电枢绕组中的导体不断切割磁力线,在电枢导体中间产生感应电动势 E,其方向由右手定则确定。电枢电势 E 与电枢电流 I_a 方向相反,故称反电动势,其大小为

$$E = C_E \Phi n \tag{6.25}$$

式中,C_E是取决于电动机结构的常数;Φ 是每个磁极下的总磁通,单位为韦[伯](Wb);n 是电枢转速,单位为转/分(r/min);E 的单位为伏(V)。

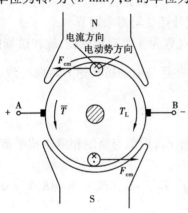

图6.30 直流电动机的转矩和电动势

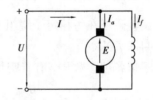

图6.31 直流电动机的工作原理图

图6.31为直流电动机工作原理图。根据克希荷夫电压定律,电枢电路的电压平衡方程式为

$$U = E + I_a R_a \tag{6.26}$$

式中,R_a为电枢电路电阻。

将式(6.26)两边乘以 I_a 得到

$$UI_a = EI_a + I_a^2 R_a \tag{6.27}$$

或

$$P_1 = P_T + P_a \tag{6.28}$$

式中,P_1为电动机从电网吸取的功率;P_T 为电动机的电磁功率;P_a 为电枢电路电阻的损耗功率。式(6.28)为直流电动机功率平衡方程式。

直流电动机的电磁转矩 T 是驱动转矩,当电动机带动负载以转速 n 稳定运行时,则有

$$T = T_2 + T_0 \tag{6.29}$$

式中，T_2 为生产机械阻力矩，T_0 为空载转矩（电动机的空载摩擦产生的制动转矩）。若忽略空载转矩 T_0，则 $T = T_2$，可得

$$I_a \approx T_2/C_T\Phi \tag{6.30}$$

上式说明当电动机每极磁通 Φ 恒定时（励磁电流不变），电枢电流 I_a 与负载转矩 T_2 成正比，即电动机轴上所带的机械负载越大，则电动机电枢电流越大。

直流电动机是一个把直流电能转变成机械能的装置。如果电动机负载转矩增大，此时电动机的电磁转矩小于负载转矩，转速 n 下降，由式(6.25)可知，反电动势 E 减小，由式(6.26)，在端电压 U 不变的情况下，电枢电流 I_a 将增大，电动机电磁转矩 T 也随之增大，直到电动机的电磁转矩 T 与负载转矩相等、重新达到转矩平衡时为止，电动机的转速才不再下降，电动机以较低的转速重新稳定运行。这时电枢电流增大，说明了电源输入功率增加了。

本章小结

1. 三相异步电动机由定子和转子两部分组成。定子铁芯中放置三相定子绕组，通电后建立旋转磁场。转子有鼠笼式和绕线式两大类。绕线式转子绕组接成星形，通过 3 个彼此独立的滑环与电刷和外电路相连，它的转子电阻可以通过外接变阻器来调节。

2. 三相定子绕组通入三相交流电后会产生磁极对数为 p 的旋转磁场，旋转磁场的转速即同步转速为 $n_1 = \dfrac{60f}{p}$ r/min，其转向与电源相序一致，并且与电动机转速 n 转向一致（$n < n_1$）。转子和旋转磁场之间存在转速差，其转差率 $s = \dfrac{n_1 - n}{n_1} \times 100\%$。

3. 旋转磁场在每相定子绕组中产生的感应电动势 E_1，近似与绕组相电压相平衡，即 $U_1 \approx E_1 = 4.44 K_1 f_1 N_1 \Phi_m$。

转子里各项参数与 s 有着密切的关系。如 $f_2 = sf_1$，$E_2 = sE_{20}$（$E_{20} = 4.44K_2N_2f_1\Phi_m$），$X_2 = sX_{20}$（$X_{20} = 2\pi f_1 L_2$），$I_2 = \dfrac{sE_{20}}{\sqrt{R_2^2 + s^2 X_{20}^2}}$，$\cos\varphi_2 = \dfrac{R_2}{\sqrt{R_2^2 + s^2 X_{20}^2}}$。

4. 转矩特性 $T = K_M U_1^2 \dfrac{sR_2}{R_2^2 + s^2 X_{20}^2} = f(s)$。由于 T 与定子绕组的外加电压 U_1 的平方成正比。因此，电源电压对异步电动机的电磁转矩的影响是十分显著的。

最大转矩 $T_m = K_M U_1^2 \dfrac{1}{2X_{20}}$，对应于 T_m 时的临界转差率 $s_m = \dfrac{R_2}{X_{20}}$，说明 T_m 与 U_1 的平方成正比而与 R_2 无关，但 s_m 与 R_2 成正比。

5. 要使电动机反转，只要改变电源的相序，即对调 3 根火线中的任意两根火线即可。

因为 $n = (1-s)\dfrac{60f_1}{p}$，所以，三相异步电动机的调速方法有下列 3 种：

(1)变极调速：调速时只需改变定子绕组的接法，属于有级调速，只适用于鼠笼式多速异步电动机。

（2）变转差率调速：调速时只需改变转子电路的外接调速电阻，无级调速，只适用于绕线式异步电动机。

（3）变频调速：改变电源的频率可使电动机得到平滑的无级调速，且频率变化较大时，调速范围也大。但在变频调速的同时要改变所加的电压以维旋转磁场的大小不变，且变频调速需要配备一套独立的变频电源设备。

三相异步电动机的制动方法有 3 种：反接制动、能耗制动和发电反馈制动。

6. 绕线式异步电动机的启动电阻不能兼作调速电阻使用，因为启动电阻是按短时工作设计的，而调速电阻是按长期工作设计的。调速时，它的转差率与调速电阻成正比。

7. 直流电动机由定子和转子两部分组成。定子上装有励磁绕组，通直流电产生恒定不变的磁场，转子上装有电枢绕组和换向器。输入电枢绕组的直流电通过换向器换向，N 极下的所有导体是一个方向，S 极下的所有导体是另一个方向，从而产生一致的电磁转矩，使电动机有效地运转，把电能转换成机械能，带动生产机械转动。

习　题

6.1　已知某台三相异步电动机在额定状态下运行，转速为 1 430 r/min，电源频率为 50 Hz，求：（1）磁极个数 N；（2）额定转差率 s_N；（3）额定运行时转子电动势的频率 f_2；（4）额定运行时定子旋转磁场对转子的转速差。

6.2　已知一台三相异步电动机的转速 $n_N = 960$ r/min，电源频率 $f = 50$ Hz，转子电阻 $R_2 = 0.03$ Ω，感抗 $X_{20} = 0.16$ Ω，$E_{20} = 25$ V，试求额定转速下转子电路的 E_2、I_2 及 $\cos \varphi_2$。

6.3　一台三相异步电动机铭牌数据为 2.2 kW，220 V/380 V，△/Y，1 430 r/min，$\cos \varphi = 0.81$。若额定负载时电网输入的电功率为 2.75 kW，过载系数 $\lambda = 2.2$，试求：（1）两种接法时相电流和线电流的额定值及额定效率；（2）额定转矩和最大转矩。

6.4　已知一台三相异步电动机，其额定功率 $P_N = 7.5$ kW，额定转速 $n_N = 1 450$ r/min，启动能力 $T_{st}/T_N = 1.4$，过载能力 $T_m/T_N = 2$，试求该电动机的额定转矩、启动转矩和最大转矩。

6.5　已知一台三相异步电动机，部分额定数据如下：$P_N = 10$ kW，$n_N = 1 450$ r/min，电压 380 V，$\cos \varphi_N = 0.87$，$\eta_N = 87.5\%$，$I_{st}/I_N = 7$，$T_{st}/T_N = 1.4$，$T_m/T_N = 2$，试求：（1）额定转差率 s_N；（2）额定电流 I_N 和启动电流 I_{st}；（3）额定输入电功率 P_1；（4）额定转矩 T_N 最大转矩 T_m 和启动转矩 T_{st}；（5）Y-△启动时的启动电流 I_{stY} 和启动转矩 T_{stY}；（6）负载转矩分别为额定转矩 T_N 的 65% 和 40% 时，电动机能否启动？

6.6　有一台三相异步电动机，其输出功率 $P_2 = 30$ kW，$I_{st}/I_N = 7$。如果供电变压器的容量为 500 kV·A，问可否直接启动？

6.7　三相八极绕线式异步电动机，转子每相绕组电阻为 0.017 4 Ω。当它和频率为 50 Hz 的电源接通时，在额定负载的情况下转速为 705 r/min。现在要使电动机在负载不变的情况下，将转速调至 600 r/min，试问转子每相绕组应串入多大电阻值的电阻？

6.8　有一台 Y225M-4 型三相异步电动机，其额定数据如下：$P_N = 46$ kW，$U_N = 380$ V，$I_N = 84.2$ A，$n_N = 1 480$ r/min，$I_{st} = 7.0 I_N$，$T_{st} = 1.9 T_N$。今采用自耦变压器降压启动，设启动时，电动机的端电压降到电源电压的 60%，试求：（1）电动机的启动电流和线路上的启动电流；

(2)电动机的启动转矩;(3)若负载转矩 T_L 为 250 N·m,电动机能否启动? 欲使电动机启动,自耦变压器的抽头应作如何改变?

6.9　有一并励直流电动机,已知 $R_a = 0.2\ \Omega$,$R_f = 220\ \Omega$,$U = 220\ \text{V}$。如果输入功率为 12.1 kW,求电动势和所产生的全部电功率。

6.10　一台并励电动机,已知其工作电压 $U_N = 220\ \text{V}$,输入电流 $I_N = 122\ \text{A}$,电枢电路电阻 $R_a = 0.15\ \Omega$,励磁电路电阻 $R_f = 110\ \Omega$,转速 $n_N = 960\ \text{r/min}$。求:(1)当负载减小,而转速上升到 1 000 r/min 时的输入电流;(2)当负载转矩降低到 $75\% T_N$ 时的转速为多少? (假定磁通 Φ 不变)

6.11　Z2-32 型并励直流电动机,额定功率 $P_N = 2.2\ \text{kW}$,额定电压 $U_N = 220\ \text{V}$,额定电流 $I_N = 12.5\ \text{A}$,额定转速 $n_N = 1\ 500\ \text{r/min}$,电枢电阻 $R_a = 1.5\ \Omega$,试问:(1)若直接启动,启动电流是额定电流的多少倍? (2)若要启动电流不超过额定电流的 2 倍,电枢电路中应串联多大的启动电阻?

第7章

晶体二极管与直流稳压电源

本章将以"管""路"结合的方式讲述二极管的特性以及整流、滤波及稳压二极管组成的并联稳压电路。

7.1 概 述

人们在长期的实践中发现,有些物质如硅、锗、硒及大多数金属氧化物和硫化物等,其导电能力介于导体和绝缘体之间。这些物质统称为半导体。硅和锗是近代电子学中用得最多的半导体材料。

半导体是导电能力介于导体和绝缘体之间的物质。它的导电能力在外界某种因素作用下会发生显著的变化。

(1)热敏特性

若温度升高,某些半导体的导电能力会明显增强,这种特点称为热敏效应。以此可制成半导体热敏元件。同时,半导体器件受热后,其热稳定性变差。

(2)光敏特性

若受光照,某些半导体的导电能力则大为增强,这种特点称为光敏效应。以此可制成半导体光敏元件,如光电二极管、光电耦合器、光电池等。

(3)掺杂特性

半导体最突出的特性在于,在纯净的半导体中掺入微量杂质,其导电能力可提高几十万倍乃至几百万倍。就是利用这种可贵的特点,才得以制成各种半导体器件。

7.1.1 本征半导体

由单一元素组成并具有晶体结构的半导体就是本征半导体。如图7.1所示为硅和锗的原子结构。将其提纯并使其原子在三维空间按一定规则整齐排列,就是半导体的晶体结构,如图7.2所示。因此半导体又称晶体。

由图7.1可知,硅和锗原子的最外层都是4个电子,属四价元素,最外层电子受原子核束缚力最小,称为价电子。半导体的导电性能与价电子密切相关。

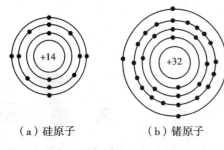

（a）硅原子　　　（b）锗原子

图 7.1　硅和锗的原子结构

原子在其最外层具有 8 个电子时,就处于较为稳定的状态。硅和锗最外层只有 4 个电子,若要相对稳定,则每个原子的价电子必与相邻原子的价电子组成 1 个电子对,这个电子对为相邻原子所共有,这种结构称为共价键结构。

共价键中的价电子受原子核的束缚并不很紧密,获得一定的能量便激发成自由电子。电子激发后,共价键中留下了一个空位,称为空穴。空穴是半导体的一个重要特点。显然,存在空穴的原子带正电。

如果半导体两端加上电场,带有空穴的原子便会吸引相邻原子中的价电子来填补空穴,相邻原子又出现了一个空穴,它再吸引另一相邻原子的价电子来填补,如此继续不断地填补,则带正电的空穴朝着与自由电子运动的反向运动,形成空穴电流。

综上所述,可以得出两点结论:一是本征半导体中的原子获得能量后,价电子激发成自由电子,同时在原子中留下一个空穴。自由电子与空穴是成对出现的,如图 7.3 所示。二是在半导体两端加外电场时,半导体出现定向运动的电子电流和价电子依次填补空穴形成的空穴电流。

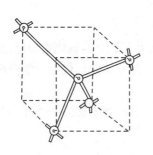

图 7.2　晶体中原子排列方式

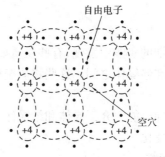

图 7.3　自由电子和空穴的形成

同时存在自由电子导电和空穴导电是半导体不同于金属导电的显著特点和本质区别。自由电子和空穴都参与导电,故二者统称为载流子。

本征半导体热激发产生的自由电子,如果能释放激发时吸收的能量,又会填充空穴,谓之复合。一定温度下,产生和复合总是处在动态平衡状态,载流子的数量也维持在一定的值。温度升高,动态平衡被破坏,载流子数量增多,半导体的导电能力也就增强,这就是温度对半导体导电性能有很大影响的根本原因。综上所述,本征半导体有如下特点:

①温度越高,电子空穴对越多。

②电子空穴对的热运动是无序、成对出现的,就本征半导体而言,对外不显电性。只有在外电场作用下,电子、空穴都移动才具有方向性。

7.1.2　PN 结及其单向导电性

（1）N 型半导体

在单晶硅或单晶锗中掺入少量磷,磷原子在硅或锗的晶体点阵中的某些位置上取代硅原子或锗原子。磷原子的外层有 5 个价电子,其中的 4 个价电子与 4 个相邻的硅原子组成共价键,还多余1个价电子。这个价电子只受磷原子核束缚,比共价键中的价电子受到的束缚力小得多,只要获得很小的能量,就能激发成为自由电子,且不在原子中产生空位。当磷原子的多余电子激发后,磷原子本身因失去1个电子而成为不能移动的正离子。这种半导体中,自由电子与正离子总是成对出现的。掺入的磷元素越多,则自由电子越多。我们把掺入5价元素的半导体称为N型半导体。在N型半导体中,自由电子的浓度远大于空穴的浓度,这时称自由电子为多数载流子(简称多子),空穴为少数载流子(简称少子)。如图7.4所示,在掺杂半导体中,同本征半导体一样,由于热运动产生自由电子-空穴对,但它所产生的载流子浓度远小于掺杂而产生的自由电子数。

（2）P型半导体

在单晶硅或单晶锗中掺入少量硼,硼原子外层只有3个价电子,在与周围4个硅原子组成共价键时,因缺少1个价电子而形成空位。当相邻共价键中的价电子获得热振动等能量后,就可能填补这个空位,于是相邻硅原子因缺少1个价电子而产生空穴,硼原子却因得到了1个价电子而成为不能移动的负离子。这种半导体中,空穴和负离子也是成对出现的。掺入的硼元素越多,空穴数目就越多。我们把掺入3价元素的半导体称为P型半导体。在P型半导体中,空穴的浓度远大于自由电子的浓度,这时称空穴为多数载流子(简称多子),自由电子为少数载流子(简称少子),如图7.5所示。

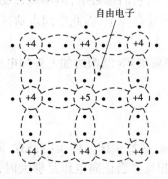

图7.4　在硅晶体中掺磷产生自由电子

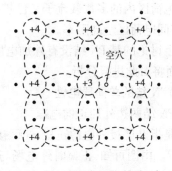

图7.5　硅晶体中掺硼产生空穴

注意:由于自由电子和空穴都是成对出现的,故不论N型半导体还是P型半导体都呈电中性,对外不显电性。

（3）PN结的形成

图7.6中的P型半导体和N型半导体通常称为P区和N区,由于P区存在大量空穴而N区存在大量自由电子,因此出现载流子浓度上的差别,于是产生扩散运动。扩散运动首先在交界面处进行,P区空穴向N区扩散,P区一边靠近交界面处留下不可移动的、带负电的硼离子,形成负空间电荷区(如图7.7所示,图中⊖表示得到1个电子的硼离子)。同时N区中的自由电子向P区扩散,在N区一边靠近交界面处留下不可移动的带正电的磷离子,形成正空间电荷区(图7.7中,⊕表示失去1个电子的磷离子)。这样在P区和N区的交界面两边便形成了一个空间电荷区,这个空间电荷区就是PN结。空间电荷区内两种不同带电性质的离子建立起空间电荷区内的内电场,显然,内电场的方向是由带正电的N区指向带负电的P区。

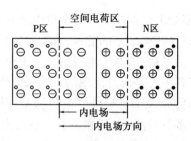

图 7.6　多数载流子的扩散运动　　　　图 7.7　平衡状态下的 PN 结

随着扩散运动的进行,内电场不断加强,扩散运动又随着内电场的加强而削弱,因为内电场阻挡着多数载流子的扩散。与此相反的是,内电场对少数载流子的运动却起推动作用,使其分别进入对方区。少数载流子受内电场作用而有规则的运动称为漂移运动。

扩散运动与漂移运动方向相反,随着扩散运动的削弱与漂移运动的加强,最后必然达到动态平衡状态,于是,空间电荷区的宽度也就固定下来。

流过空间电荷区的电流有两种,即多数载流子扩散运动形成的扩散电流(又称正向电流)及少数载流子漂移运动形成的漂移电流(又称反向电流)。瞬间流过空间电荷区截面的净电流则为正向电流和反向电流的代数和,当扩散与漂移达到动态平衡时,净电流为零。

形成空间电荷区的正负离子也称空间电荷。虽然它们都带电,但不能移动,不参与导电,而空间电荷区内的多数载流子又已扩散到对方区并复合掉了,因此空间电荷区内载流子非常少,故空间电荷区呈高阻率。

以上讨论的是 PN 结没有外加电压的情况。如果在 PN 结两边加上外加电压,情况又如何呢? 下面将对此进行分析。

(4)PN 结的单向导电性

1)PN 结两边外加正向电压

这是指 P 区接外电源正极,N 区接外电源负极。这种接法又称正向偏置,简称正偏,如图7.8 所示。由图可知,正偏时外电场与内电场方向相反。当正向电压足够大时,外电场驱使 P区和 N 区的多数载流子进入空间电荷区,分别中和空间电荷区内的负空间电荷和正空间电荷,使空间电荷区变窄,即内电场被削弱,这就有利于扩散运动的加强,于是多数载流子顺利通过 PN 结,形成较大的正向电流。正向电流包括空穴电流和电子电流两部分,二者载流子极性不同,运动方向相反,电流方向一致。在一定范围内,所加正向电压越高,正向电流越大。正向电流达到一定值时,PN 结呈低阻状态,这种情况称为导通。

2)PN 结两边外加反向电压

这是指 P 区接外电源负极,N 区接外电源正极。这种接法又称反向偏置,简称反偏,如图7.9 所示。由图可知,反偏时外电场与内电场方向一致,外电场将空间电荷区两边的 P 区和 N区中的空穴和自由电子拉走,空间电荷区变宽,内电场增强,这使多数载流子的扩散运动更加难以进行。另一方面。增强的内电场又使少数载流子的漂移运动得到加强,N 区和 P 区的少数载流子通过 PN 结形成了反向电流。由于少数载流子数量很少,因此反向电流很小,PN 结呈高阻状态,这种情况称为截止。由于少数载流子的激发与温度有关,故温度对反向电流影响很大。

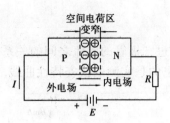

图 7.8　PN 结加正向电压

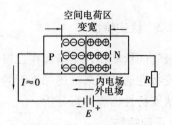

图 7.9　PN 结加反向电压

综上所述,PN 结加正向电压时导通,加反向电压时截止,这种特性就是 PN 结的单向导电性。

7.2　半导体二极管

7.2.1　基本结构

如图 7.10 所示为半导体二极管(以下简称二极管)的外形及符号。二极管根据结构的不同分为点接触型和面接触型两类。点接触型二极管(一般为锗管)是由一根很细的金属丝和一块 N 型锗片的表面接触,正方向通以大的瞬时电流,使触须和半导体牢固地熔接而构成 PN 结,如图 7.11(a)所示。这样做出的 PN 结面积很小,只能通过较小电流和承受较低的反向电压,但高频特性好,因此点接触型二极管主要用于高频和小功率工作以及作为数字电路中的开关元件。

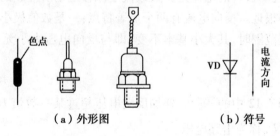

（a）外形图　　　　　　（b）符号

图 7.10　半导体二极管的外形及符号

面接触型二极管的 PN 结采用合金法或扩散法制造,如图 7.11(b)所示。由于 PN 结的面积较大,能通过较大电流,但工作频率低,故面接触型二极管主要用作整流元件。

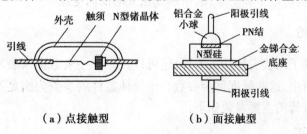

（a）点接触型　　　　　　（b）面接触型

图 7.11　二极管结构示意图

129

7.2.2　伏安特性

二极管的伏安特性是指加在二极管两端的电压和流过二极管的电流之间的关系曲线,二极管伏安特性通常用来描述二极管的性能。图 7.12 给出的是实测的伏安特性曲线。下面对二极管伏安特性曲线进行分析。

（1）**正向特性**

外加正向电压时的伏安特性称为正向特性。它对应于图 7.12 中的①段。正向特性的起始部分,正向电流几乎为零,特性曲线与横轴几乎重合。这是因为起始时,外加正向电压很小,外电场尚不足以克服 PN 结内电场的影响,多数载流子的扩散运动仍受内电场的阻挡,因而正向电流很小,二极管呈现很高的电阻。这段区域称为死区。随着外加正向电压的升高,外电场增强到足以克服内电场的影响时,正向电流开始上升,

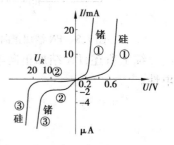

图 7.12　二极管伏安特性

二极管开始导通。对应于二极管开始导通时的外加正向电压称为死区电压。锗管的死区电压约为 0.1 V,硅管的死区电压约为 0.5 V。

外加正向电压超过死区电压后,内电场被大大削弱,正向电流增长很快。此时,二极管导通。二极管导通后,其正向导通电压变化很小,近似分析时可视为常数。锗管的正向导通压降为 0.2 ~ 0.3 V,硅管的正向导通压降为 0.6 ~ 0.7 V。

（2）**反向特性**

外加反向电压时的伏安特性称为反向特性。它对应于图 7.12 中的②段。外加反向电压不超过一定范围时,通过二极管的电流是少数载流子漂移运动所形成的很小的反向电流,故反向特性曲线与横轴靠得很近。反向电流有两个显著特点:一是数值极小但受温度影响很大;二是反向电压不超过一定范围时,其大小基本不变,即与反向电压大小无关。因此,反向电流又称为反向饱和漏电流。

（3）**击穿特性**

击穿特性对应于图 7.12 中的③段。外加反向电压超过某一数值 U_R 后,反向电流突然增大,这种现象称为击穿,U_R 称为击穿电压。

发生击穿的过程很复杂,一般认为,外加反向电压过高时,强大的外电场将共价键中的价电子拉出,使少数载流子数量剧增;强电场使得通过空间电荷区的电子获得很大能量撞击晶体中的原子,产生新的自由电子和空穴,从而形成很大的反向电流。

7.2.3　主要参数

二极管的性能除了用伏安特性表示外,还可以用一些主要数据来表示。这些数据事先测定并归类汇集在手册中,这些数据称为参数。半导体器件的参数为满足不同应用范围选择器件提供了方便。二极管的主要参数如下:

（1）**最大整流电流**

最大整流电流 I_{OM} 是指二极管长期工作时,允许通过的最大正向平均电流。电流超过允许值时,PN 结将因过热而烧坏。PN 结的面积越大,最大整流电流也越大。

（2）最大反向电压

最大反向电压 U_{RM} 是保证二极管不被击穿而给出的最高反向工作电压。有关手册上给出的最大反向电压约为击穿电压的一半，以确保二极管安全工作。点接触型二极管的最大反向电压约为数十伏，面接触型的可达数百伏。

（3）最大反向电流

最大反向电流 I_{RM} 是指二极管加上最大反向电压时的反向电流。反向电流越大，说明二极管的单向导电性越差，且受温度影响也越大。硅管的反向电流较小，一般在几微安以下。锗管的反向电流较大，一般在几十微安至几百微安之间。

（4）最高工作频率

最高工作频率 f_M 主要由 PN 结的电容决定。使用时，如果信号频率超过该频率，二极管的单向导电性将变差，甚至会失去。

二极管在电子电路中应用甚广，其依据都在于它的单向导电性。它可以在电路中用来整流、检波，进行元件保护；对信号波形进行整形（将某些波形修整）、限幅（将某些波形限制在一定的输出幅度上），对电路中的电位产生隔离（将电路中两点的电位隔离开）、箝位（将电路中某点的电位箝制在一定的数值上）作用。此外还可作为数字电路的开关元件等。

[**例 7.1**]　由二极管构成的限幅与整形电路如图 7.13（a）所示。当输入电压为图 7.13（b）所示时，试求输出电压 u_o 的波形，设二极管为理想二极管，即正向导通电压和反向饱和漏电流皆忽略不计，其值视为 0 的二极管。

解　由图 7.13（a）可知，当输入信号电压 u_i 大于 5 V，二极管处于正向偏置时，即可导通。二极管一旦导通，若二极管的正向压降即管压降可忽略不计，则输出端输出电压与输入端电压波形相同；如果输入信号电压小于 5 V，二极管反偏，处于截止状态，相当于开路，输出电压即为直流电压 5 V。由此可得输出电压波形如图 7.13（c）所示。

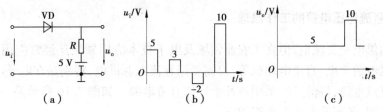

图 7.13　例 7.1 的图

7.2.4　特殊二极管

除了前面所介绍的一般二极管外，还有一些具有专门用途的特殊二极管。本节将介绍几种主要类型的二极管。

（1）光电二极管

前面已经讲过，半导体材料的导电特性之一，是受到光照时，其导电性能增加。二极管的某个区（如 N 区）在被光照时，也有同样现象。光照时，某个区可以成对地大量产生电子与空穴，从而提高了少子的浓度。这些少子在反相偏置下可以产生漂移电流，而使反向电流增加，这时外电路中的电流就可以随光照度的强弱而改变。根据这一原理制成了光电二极管，又称光敏二极管，其符号如图 7.14（a）所示，特性曲线如图 7.14（b）所示。

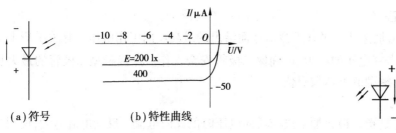

（a）符号　　　　（b）特性曲线

图 7.14　光电二极管　　　　　　　　图 7.15　发光二极管符号

（2）发光二极管

发光二极管的制造依据与光电二极管恰恰相反。电子-空穴对的产生是由于热激发施加了能量，而当电子-空穴对复合时，则可以光的形式放出能量。

制造发光二极管的材料不再是硅与锗，通常采用元素周期表中的Ⅲ、Ⅴ族元素的化合物，如砷化镓、磷化镓等。这是因为在硅与锗中，当电子-空穴对复合时，其能量都被晶体的缺陷处所吸收，而不能再发光。

砷化镓的光在红外范围内，人眼不能看见。如果加入一些磷，得到磷砷化镓，即可发出红色可见光，磷化镓可发绿光。

发光二极管常作为显示器件，简称 LED；可单个使用，也可做成 7 段式或矩阵式，工作时加正向电压，并接入相应的限流电阻。工作电流一般为几毫安到几十毫安，正向导通时的管压降为 1.8～2.2 V。发光二极管的符号如图 7.15 所示。

7.3　整流电路

7.3.1　直流稳压电源的工作原理

虽然电网供电是交流电，但在工农业领域及电子技术应用领域还经常应用直流电。如电解、电镀、蓄电池的充电、直流电动机等，都需要用直流电源供电，特别是在电子设备中，还需要非常稳定的直流电源，目前广泛采用各种半导体直流电源。如图 7.16 所示是一种直流稳压电源的原理方框图，各环节的主要功能如下：

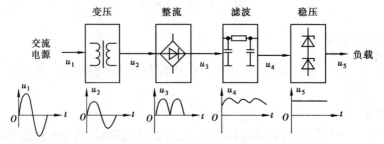

图 7.16　直流稳压电源的原理方框图

整流变压器：将电网的交流电源电压变换为符合整流需要的电压。

整流电路：利用二极管的单向导电性将交流电压变换成单向脉动电压。

滤波电路：减小整流电压的脉动程度，得到脉动较小的直流电压。

稳压电路：维持直流输出电压不受电网电压波动、负载和温度变化的影响。

7.3.2 桥式整流电路

在小功率(200 W 以下)整流电路中,常见的电路形式有单相半波、全波、桥式和倍压等。

(1)半波整流

利用二极管的单向导电性,可以把交流电转化为单向脉动直流电。如图 7.17 所示为半波整流电路及其波形。

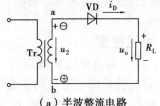

(a)半波整流电路

1)工作原理

图 7.17 中的变压器接在交流电源上,次级绕组感应的交流电压 u_2 是一个随时间变化的正弦波电压,即

$$u_2 = U_{2M}\sin \omega t = \sqrt{2}U_2 \sin \omega t$$

$(U_2$ 为变压器次级电压的有效值)

交流电的正半波时,u_2 为上正下负的电压,二极管 VD 导通。把二极管看为理想二极管(正向压降为 0),则 $u_o = u_2$,此时电流由 VD 流向 R_L。交流电的负半波时,u_2 为上负下正的电压,二极管 VD 因承受反向电压而截止,二极管为理想二极管(反向电流为 0),则 $u_o = 0$。

在上述分析中可以看出,这种电路只有交流电源的半个周期中有电流流过负载,其导通角为 π,故称为半波整流电路。

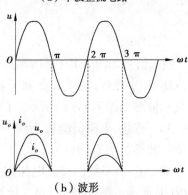

(b)波形

图 7.17 半波整流电路及其波形

2)主要参数

①整流输出电压的平均值 $U_{O(AV)}$:定义为整流输出电压 u_o 在一个周期内的平均值,即

$$U_{O(AV)} = \frac{1}{2\pi}\int_0^{2\pi} u_o \mathrm{d}(\omega t)$$

半波整流

$$u_o = \begin{cases} \sqrt{2}U_2\sin \omega t & 0 \leqslant \omega t \leqslant \pi \\ 0 & \pi \leqslant \omega t \leqslant 2\pi \end{cases}$$

得

$$U_{O(AV)} = \frac{\sqrt{2}}{\pi}U_2 \approx 0.45U_2$$

②流过负载的平均电流 $I_{O(AV)}$:

$$I_{O(AV)} = \frac{U_{O(AV)}}{R_L} = \frac{0.45U_2}{R_L}$$

③二极管承受的最大反向电压:

$$U_{DRM} = \sqrt{2}U_2$$

④脉动系数 S:指用输出电压中最低次谐波分量与直流分量之比来表示负载电压或电流的波动程度。

$$S = \frac{U_{O1M}}{U_{O(AV)}} = \frac{\frac{\sqrt{2}}{2}U_2}{\frac{\sqrt{2}}{\pi}U_2} = \frac{\pi}{2} = 1.57$$

根据上述 S 的结果可以看出,半波整流电路输出的 u_o 脉动很大,其基波峰值比平均峰值约大 57%。

(2)桥式整流

为了克服半波整流的缺点,常用 4 个二极管接成电桥的形式,将交流电的上下半周变成同一方向脉动直流,给负载全周期供电。电路结构如 7.18 所示,波形如图 7.19 所示。

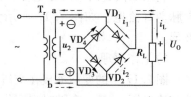

图 7.18　桥式整流电路

1)工作原理

输入信号如图 7.19(a)所示。信号的正半波时,其极性为上正下负,二极管 VD_1、VD_3 导通,VD_2、VD_4 截止,电流从上到下流过负载。电流 i_1 的通路为 a(正)$\rightarrow VD_1 \rightarrow R_L \rightarrow VD_3 \rightarrow$ b(负)。波形如图 7.19(b)所示。信号的负半波时,其极性为下正上负,二极管 VD_2、VD_4 导通,VD_1、VD_3 截止,电流仍能从上到下流过负载。电流 i_2 的通路为 b(正)$\rightarrow VD_2 \rightarrow R_L \rightarrow VD_4 \rightarrow$ a(负)。波形如图 7.19(c)所示。

可见正、负半波的交流电加在负载 R_L 上的方向一致,得到一个脉动的直流电波形,如图 7.19(d)所示。图 7.19(e)是二极管经整流后管压降的波形。

2)主要参数

从图 7.19 R_L 上所示的 U_0 的完整波形可以看出,整流后的脉动直流周期为 π,故其参数如下:

整流输出电压的平均值 $U_{O(AV)}$

$$U_{O(AV)} = 2 \times \frac{1}{2\pi}\int_0^\pi \sqrt{2}U_2\sin \omega t d(\omega t) = \frac{2\sqrt{2}}{\pi}U_2 \approx 0.9U_2$$

负载上的平均电流 $I_{O(AV)}$

$$I_{O(AV)} = U_{O(AV)}/R_L = 0.9U_2/R_L$$

流过二极管的平均电流 $I_{D(AV)}$,由于 VD_1、VD_3 和 VD_2、VD_4 两组整流管各导通半个周期,因此流过每只二极管的平均电流只有负载平均电流的一半。

$$I_{D(AV)} = \frac{1}{2}I_{O(AV)} = \frac{1}{2}U_{O(AV)}/R_L$$

整流二极管上所承受的最大反向电压 U_{DRM}

$$U_{DRM} = \sqrt{2}U_2$$

脉动系数 S

$$S = U_{O1N}/U_{O(AV)} = \frac{2}{3} \approx 0.67$$

不难看出全波整流的脉动系数要比半波整流小得多,其波形更平滑。

[例 7.2] 已知一直流用电负载,额定电压为 24 V,阻值为 50 Ω,今采用单相桥式整流电路供电,交流电源电压为 220 V,试求:(1)应选用什么型号的二极管? (2)计算变压器的变比

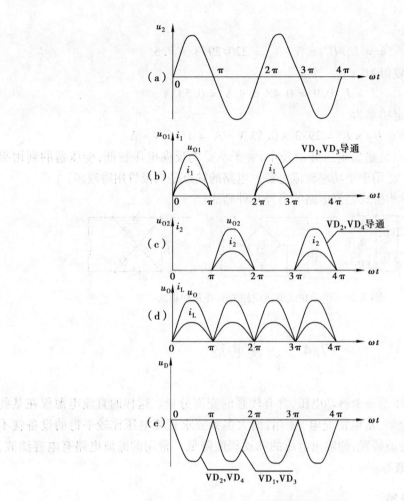

图 7.19　桥式整流电路波形图

及容量。

解　(1)负载的直流电流为

$$I_O = U_O/R_L = (24/50)\text{A} = 0.48\ \text{A}$$

流过每只二极管的平均电流应为负载的平均电流的一半

$$I_D = \frac{1}{2}I_O = (0.5 \times 0.48)\text{A} = 0.24\ \text{A}$$

变压器的二次侧电压有效值为

$$U_2 = U_O/0.9 = (24/0.9)\text{V} = 26.67\ \text{V}$$

考虑到变压器二次侧绕组及管压降,变压器二次侧电压应比计算值高 10%,取

$$U_2 = 1.1 \times 26.67\ \text{V} = 29.3\ \text{V}$$

故每个管子的反向电压

$$U_{\text{DRM}} = \sqrt{2} \times 29.3\ \text{V} = 42\ \text{V}$$

从上面所求参数可以查找晶体二极管手册,可选用 1N4001 或 2CZ11K 等二极管(最高反向工作电压为 50 V,最大额定电流为 1 A)。

（2）变压器的变比 k

$$k = U_1/U_2 = N_1/N_2 = 220/29.3 = 7.5$$

则变压器副边电流的有效值为

$$I = I_0/0.9 = 0.48/0.9 \text{ A} = 0.53 \text{ A}$$

变压器的容量即额定功率为

$$S = U_2 \times I_2 = 29.3 \times 0.53 \text{ V} \cdot \text{A} = 15.6 \text{ V} \cdot \text{A}$$

桥式整流电路的优点是输出电压脉动较小，管子承受的反向电压较低，变压器的利用率高。因此，这种电路被广泛用于小功率整流电源。电路的缺点是二极管用得较多。

如图7.20所示是单相桥式整流电路的另外几种画法。

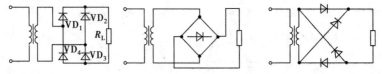

图7.20　单相桥式整流电路的另外几种画法

7.4　滤波电路

整流电路输出的电压是一个脉动电压，含有较强的交流分量。这样的直流电源仅在某些要求不高的设备中（如电解、蓄电池充电）使用，而大多数要求直流电压比较平稳的设备就不能使用。因此，要加接滤波装置，使输出电压的脉动程度降低。常用的滤波电路有电容滤波、电感滤波、电感-电容滤波等。

7.4.1　电容滤波电路

电容滤波电路是在整流电路的输出端与负载并联一个电解电容器构成的，图7.21所示是具有电容滤波的单相半波整流电路。电容滤波电路是依据电容两端电压不能突变的特性而工作的。（注：电解电容器的极性不允许接错）

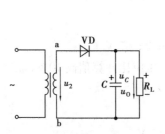

图7.21　接有电容滤波的
半波整流电路

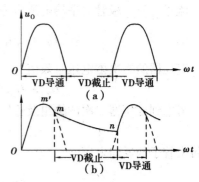

图7.22　半波整流滤波的波形

图7.21中，负载 R_L 两端没有并联滤波电容 C 时的电压波形如图7.22（a）所示。当负载

电阻 R_L 两端并联电容 C 后,输出电压波形如图 7.22(b)所示,在二极管导通时,一方面供电给负载,同时给电容器 C 充电。在忽略二极管正向压降的情况下,充电电压 u_C 与上升的正弦电压 u_2 一致,如图 7.22(b)中的 om' 波形所示。当电源电压 u_2 在 m' 达到最大值时,u_C 也达到最大值。而后,u_2 和 u_C 都开始下降,u_2 按正弦规律下降,当 $u_2 < u_C$ 时,二极管承受反向电压而截止,电容器对负载 R_L 放电,负载仍有电流,而 u_C 按放电曲线 mn 下降。在 u_2 的下一个正半周内,当 $u_2 > u_C$ 时,二极管再次导通,电容器再被充电。

通过上述分析,可知带电容器滤波的整流电路具有如下特点:

①输出的直流电压脉动减小,电压平均值提高。输出电压的脉动程度与电容器的放电时间常数 $R_L C$ 有关。$R_L C$ 越大,脉动就越小,负载电压平均值就越大。为了得到比较平稳的输出电压,一般要求

$$R_L C \geq (3 \sim 5) \frac{T}{2} \tag{7.1}$$

式中,T 是电源交流电压的周期。通常取

$$U_0 = U_2(半波) \qquad U_0 = 1.2U_2(全波) \tag{7.2}$$

②二极管导通时间缩短,导通角小于 $180°$,流过二极管的电流幅值增加而形成较大的冲击电流。

由于在一个周期内电容器的充电电荷等于放电电荷,即通过电容器的电流平均值为零,可见在二极管导通期间其电流 i_D 的平均值近似等于负载电流的平均值 I_L,i_D 的峰值必然较大,产生电流冲击,容易使管子损坏。因此,在选用二极管时,一般取额定正向平均电流为实际流过的平均电流的 2 倍左右。单相桥式整流电路带电容滤波后,二极管承受的最高反向电压 U_{DRM} 仍为 $\sqrt{2} U_2$。

③输出的直流电压平均值受负载的影响较大。

负载直流电压 U_0 与负载电流 I_L 的变化关系曲线称为外特性曲线。图 7.23 所示是整流滤波电路的外特性曲线。在空载($R_L = \infty$)和忽略二极管正向压降的情况下,$U_0 = \sqrt{2} U_2 = 1.4U_2$,随着负载的增加($I_L$ 增大,R_L 减小),一方面放电加快,另一方面整流电路内阻压降增加,它们均使 U_0 下降。与无电容滤波时相比,外特性曲线变化较大,即外特性较差,当 I_L 增大时 U_0 下降较大,也即电路带负载能力较差。因此,电容滤波器一般用于要求输出电压较高、负载电流较小(数十毫安)并且变化也较小的场合。

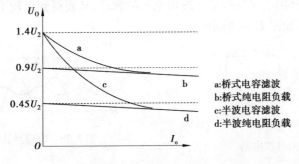

图 7.23　整流滤波的外特性

[**例 7.3**]　有一单相桥式整流电容滤波电路如图 7.24 所示,现要求输出 50 V 的直流电压,负载电阻为 $R_L = 110 \ \Omega$。试选择整流二极管和滤波电容器(电源频率为 50 Hz)。

解 （1）选择整流二极管流过二极管的平均电流

$$I_D = \frac{1}{2}I_L = \left(\frac{1}{2} \times \frac{50}{110}\right)A = 0.45\ A$$

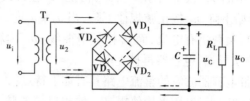

图 7.24　单相桥式整流电容滤波电路

二极管承受的最大反向电压

$$U_{DRM} = \sqrt{2}U_2 = \sqrt{2}\frac{U_O}{1.2} = (\sqrt{2} \times 41.7)V = 60\ V$$

考虑到电流冲击，可选 2CZ11A 二极管，其最大整流电流为 1 A，最高反向工作电压为 100 V。

（2）选择滤波电容器

根据公式（7.1），取 $R_L C = 5 \times (T/2)$

$$C = \frac{5T}{2R_L} = \left(\frac{5 \times 0.02}{2 \times 110}\right)\mu F = 454\ \mu F$$

电容器两端承受的最大电压为

$$\sqrt{2}U_2 = (\sqrt{2} \times 60)V = 85\ V$$

选择 $C = 1\ 000\ \mu F$、耐压为 110 V 的电解电容器。

7.4.2　电感滤波电路

在整流电路的输出端与负载电阻之间串联一个电感元件构成电感滤波电路，如图 7.25 所示。

由于通过电感线圈的电流发生变化时，线圈中会产生自感电动势，阻碍电流的变化。当流过电感中的电流增加时，自感电动势会抑制电流的增加，同时将一部分能量储存在磁场中，使电流缓慢增加；当电流减小时，自感电动势又会阻止电流减小，电感放出储存的能量，使电流减小的过程变慢。因此，利用电感可以减小输出电压的脉动，从而得到比较平滑的直流。加电感滤波后输出电压的波形如图 7.26 所示。

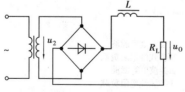

图 7.25　电感滤波电路

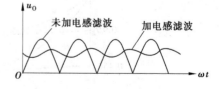

图 7.26　电感滤波电路波形图

电感滤波的特点如下：

①电感线圈对整流电流的交流分量具有感抗 $X_L = 2\pi fL$，谐波频率越高，感抗越大，负载电阻上的交流成分就越小，即电感滤波效果就越好。

②由于电感线圈直流电阻相对于负载电阻 R_L 来说小得多，因此整流输出的直流电压几乎全部落在负载电阻 R_L 上，即 $U_o \approx 0.9 U_2$。

③整流二极管导通时间大于半个周期，峰值电流很小，电流对管子无冲击。

④采用电感滤波，由于铁芯的存在，笨重、体积大，易引起电磁干扰。所以此法一般只适用于低电压、大电流的场合。

7.5 硅稳压管稳压电路

7.5.1 稳压管

稳压二极管是利用二极管反向击穿的特性制成的，专门作为稳定电压用的面接触型硅二极管。它的外形与内部结构也和普通二极管相似，对外具有两个电极。如图 7.27 所示即为稳压管的符号。

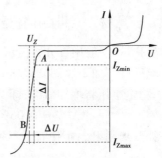

图 7.27　稳压管符号　　　　图 7.28　稳压管的伏安特性

（1）稳压管的稳压作用

稳压二极管的伏安特性如图 7.28 所示。从中可见，它也与普通二极管相似，略有差异的是它的反向特性。显然，它的反向特性比普通二极管更加陡直，这正是用它来稳压的依据所在。

对普通二极管来说，它的反向电流随着反向电压的增加而增加，一旦达到击穿电压，二极管被击穿，若无限流电阻，管子将因电流过大而烧毁。

而由稳压管的伏安特性可见，当反向电压小于击穿电压时，反向电流很小；当反向电压增加到击穿电压 U_Z 后，反向电流急剧增加。反向电压只要略有增加，反向电流就有大幅增加，也就是说，当反向电流在很大范围内变化时，反向电压变化不大。稳压管正是利用这一点来稳压的。图 7.28 中曲线的 AB 段是稳压管的反向击穿区，电压 U_Z 称为稳定电压。

如果稳压管只工作在电击穿情况下，结构不被破坏，则击穿是可逆的，当除去外加电压后，其击穿即可恢复。但是，如果反向电流太大，超过了电流允许值，或者管子的功率损耗过大超过了允许值，便会造成不可逆热击穿而使管子损坏。因此，在使用稳压管时，必须在电路中串联一个限流电阻。显然，稳压管在工作时应当工作在反向击穿区。

（2）主要参数

①稳定电压 U_Z：稳压管的反向电流为规定的稳定电流值时，稳压管两端的稳定电压值。

但是,必须说明一点,由于工艺上的原因,以及管子的稳定电压受电流与温度变化的影响,即使同一型号的管子,其稳压值也具有一定的分散性。如 2 CW1 型稳压管的稳压范围为3.2 ~ 4.5 V。

②稳定电流 I_Z:稳压管正常工作时的工作电流,如 2CW11 稳压管的工作电流为 10 mA。此值一般是指最小稳定电流 I_{Zmin},如果稳压管的工作电流小于此值,稳压效果会变差。

③最大稳定电流 I_{Zmax}:指管子可以正常稳压的最大允许工作电流,如果电流超过此值,管子不再稳压。由图 7.28 可知,电流大于 I_{Zmax} 时,曲线拐弯。一般稳压管此值约为 30 ~ 40 mA,个别型号可达 100 mA 以上。

④动态电阻 r_Z:指在稳压管的稳压范围内,稳压管两端的电压变化量与电流变化量之比,即

$$r_Z = \frac{\Delta U_Z}{\Delta I_Z} \tag{7.3}$$

由图 7.28 可见,这个动态电阻 r_Z 的数值与 AB 段的斜率有关。显然,AB 段越陡,电阻 r_Z 就越小,稳压的效果也就越好。该阻值一般很小,大约在十几欧姆与几十欧姆之间。

⑤温度系数 $\alpha = \frac{\Delta U_Z}{\Delta I_Z}\%/℃$:指稳压管受温度影响的变化系数,其数值为温度每升高 1 ℃时稳压值的相对变化量,一般用百分数表示。它也是稳压管的质量指标之一,表示了温度变化对特定电压的影响程度。如 2CW21D 稳压管的温度系数是 $0.06\%/℃$。若 U_Z 为 7 V,则环境温度升高 1 ℃时,稳定电压将增加 ΔU_Z,即

$$\Delta U_Z = 0.06\% \times 7\ mV = 4.2\ mV$$

⑥最大允许耗散功率 P_{Zm}:指使管子不致热击穿的最大功率损耗,显然,这里有

$$P_{Zm} = U_Z I_{Zmax}$$

如果已知 P_{Zm},则可求出 I_{Zmax}

$$I_{Zmax} = P_{Zm}/U_Z \tag{7.4}$$

例如,2CW21C 的最大功率损耗为 1 W,最大工作电流为 130 mA。此外,还应注意一点,随着环境温度的升高,极限参数 P_{Zm} 和 I_{Zmax} 将下降。

7.5.2 并联稳压电路

当电网电压或负载的阻值发生变化时,我们需要稳定的电压输出。常用的稳压电路很多,此处只介绍由硅稳压管组成的并联稳压电路。

如图 7.29 所示,硅稳压管稳压电路由稳压管 VD_Z、限流电阻 R 及负载 R_L 组成。流过限流电阻的电流称为 I_R,流过稳压管的电流称为 I_Z,流过负载的电流称为 I_L。

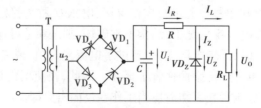

图 7.29　硅稳压管稳压电路

下面分析在电网电压波动或 R_L 变化时,是如何实现稳压的。

①设 R_L 不变,电网电压升高时,根据 $U_O = U_i - I_R R$,有

$$U_i \uparrow \rightarrow U_O \uparrow \rightarrow I_Z \uparrow\uparrow \rightarrow I_R \uparrow \rightarrow U_R \uparrow = (I_R R) \longrightarrow$$
$$U_O \downarrow \longleftarrow$$

②设电网电压不变,R_L 变化,如 R_L 减小时引起 I_L 增大,有

$$I_L \downarrow - I_R \downarrow - U_R \downarrow - U_O \downarrow - I_Z \downarrow \downarrow - I_R \downarrow - U_R \downarrow = (I_R R) \longrightarrow$$
$$U_O \downarrow \longleftarrow$$

总之,无论是电网波动还是负载变化,负载两端电压通过稳压管及限流电阻自动调整,保持输出电压基本稳定,而且上述两种稳压都是同时进行的。

必须说明的是,稳压管稳压只有应用于负载变化较小及输入电压变化不大时,才能保证输出电压的基本稳定。

本章小结

1. 半导体中参与导电的载流子有自由电子和空穴,其产生方法主要有掺杂和本征激发两种。自由电子导电和空穴导电是半导体独特的导电方式。

N 型半导体中的多子是自由电子,少子是空穴。P 型半导体的多子是空穴,少子是自由电子。当温度升高时,它们的多子和少子数量都增加,进而影响半导体器件的导电性能,这是半导体器件温度稳定性较差的主要原因。

2. PN 结是半导体器件的核心结构。以一个 PN 结为基础的二极管具有单向导电性(来源于 PN 结的单向导电性):外加正向电压(PN 正偏)时,二极管(PN 结)导通,其由多子扩散运动形成的正向电流较大;外加反向电压(PN 结反偏)时,二极管(PN 结)截止,其由少子漂移运动形成的反向电流极小。

3. 二极管的外部伏安特性是构成其各种应用的基础。硅管死区电压为 0.5 V,锗管死区电压为 0.1 ~ 0.2 V。当二极管导通后,硅管正向压降为 0.6 ~ 0.7 V,锗管正向压降为 0.2 ~ 0.3 V。理想二极管(正向电阻为零,反向电阻为无穷大)有正向箝位和反向隔离的作用。

经特殊工艺加工可制成各种特殊二极管,如发光二极管加适当的正向电压,可发光;而光电二极管工作于反向电压状态下,受光照产生反向电流。

4. 整流电路有单相半波、单相全波和单相桥式及三相半波和三相桥式等多种形式。在设计和分析电路时,根据二极管在整流电路中承受的最高反向电压 U_{DRM} 和流过的平均电流 I_D,可选择合适的整流二极管。

单相半波整流的脉动程度大,其脉动系数 $S = 1.57$;单相桥式整流的脉动程度小,其脉动系数 $S = 0.67$。

5. 要获得脉动程度小及比较平滑的直流电,整流后需加滤波电路。滤波电路中,常用电容 C 和电感 L 构成各种滤波器,常见的滤波电路有电容滤波、电感滤波和复式滤波(LC 滤波和 Π 型 RC 滤波)。

6. 在电源电压波动或负载变化不大时,要得到稳定的直流电压,可接入简单的并联稳压电

路,利用限流电阻来调整其两端电压的变化和流过稳压管的电流,使稳压管两端电压保持不变。

习　题

7.1　试判断图 7.30 中二极管是导通还是截止,并求出 U_{AO}。

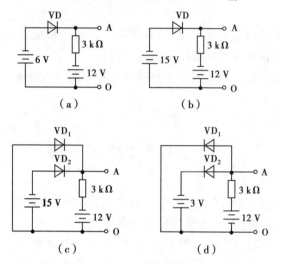

图 7.30　习题 7.1 的图

7.2　试判断图 7.31 中二极管是导通还是截止。

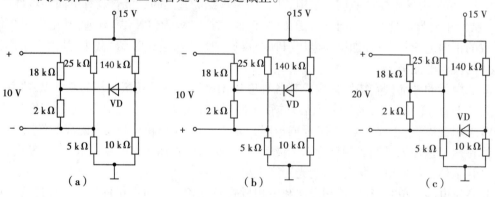

图 7.31　习题 7.2 的图

7.3　图 7.32 中,当 $U_i = 3$ V 时,哪些二极管导通? 当 $U_i = 0$ 时,哪些二极管导通? 设二极管正向压降为 0.7 V。

7.4　在图 7.33 中,$U = 5$ V,$u_1 = 10 \sin \omega t$ V,二极管的正向压降可忽略,试画出输出电压 u_o 的波形。

7.5　如图 7.34 所示是一个多组输出的整流电路,试求:

(1)负载电阻 R_{L1} 和 R_{L2} 的整流电压平均值 U_{O1} 和 U_{O2},并标上极性。

(2)二极管 VD_1、VD_2 和 VD_3 中的平均电流 I_{VD1}、I_{VD2} 和 I_{VD3},以及各管所承受的最高反向

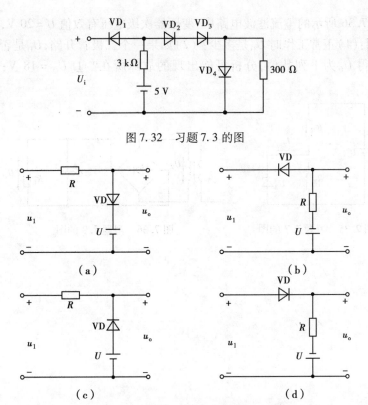

图 7.32   习题 7.3 的图

(a)

(b)

(c)

(d)

图 7.33   习题 7.4 的图

电压 U_{DRM1}、U_{DRM2} 和 U_{DRM3}。

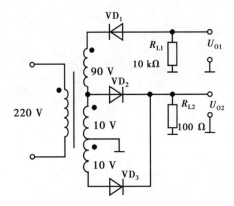

图 7.34   习题 7.5 的图

7.6   两个硅稳压管，$U_{Z1} = 6.2$ V，$U_{Z2} = 1.8$ V，两管的正向导通压降均为 0.6 V。若将这两管适当连接，可得到哪几组电压？画出各种接法的电路图。

7.7   已知一直流用电负载，其电阻值为 $R_L = 80$ Ω，要求直流电压 $U_o = 110$ V。采用桥式整流，电网电压为 380 V，试求：(1)二极管的主要参数；(2)变压器的变比及容量。

7.8   如图 7.35 所示，已知 $U = 20$ V，$R_1 = 900$ Ω，$R_2 = 1~100$ Ω。稳压管 VD_Z 的稳定电压 $U_Z = 10$ V，最大稳定电流 $I_{Zmax} = 8$ mA，试问稳压管中通过的电流 I_Z 是否超过 I_{Zmax}，若超过应怎样解决？

7.9　如图7.36所示的整流滤波电路中,变压器次级电压有效值 $U = 20$ V, $R_L = 40$ Ω, $C = 1\,000$ μF。试问:(1)正常工作时 U_0 是多少?(2)如果一个二极管开路, U_0 是否为正常值的一半?(3)如果测得 U_0 为下列数值,分析可能出现的故障所在? ① $U_0 = 18$ V;② $U_0 = 28$ V;③ $U_0 = 9$ V。

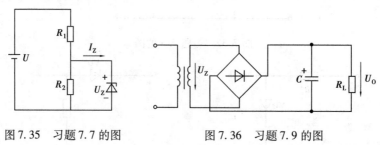

图 7.35　习题 7.7 的图　　　　图 7.36　习题 7.9 的图

第 8 章
晶体三极管与基本放大电路

本章讨论的是各种基本低频交流放大电路,包括三极管的结构与特点,各种基本低频交流放大电路的结构、工作原理、分析方法以及特点和应用。

8.1 晶体三极管

8.1.1 三极管的结构

三极管按它的组成,可分为 PNP 型和 NPN 型两类,其结构示意图和表示符号如图 8.1(a)和(b)所示。目前国内生产的硅三极管多为 NPN 型(3D 系列),锗三极管多为 PNP 型(3A 系列)。三极管按它的结构,可分为平面型和合金型两类,如图 8.2(a)和(b)所示。硅管主要是平面型,锗管主要是合金型。

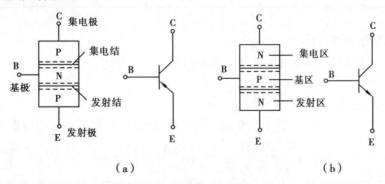

（a） （b）

图 8.1 三极管结构示意图和表示符号

每一类三极管都由基区、发射区和集电区 3 个区域组成,在 3 个区域上引出的 3 根引线分别叫基极、发射极和集电极,并用 B、E 和 C 表示,可见三极管有两个 PN 结(基区和发射区之间的 PN 结叫发射结,基区和集电区之间的 PN 结叫集电结),它的外形如图 8.3 所示。

NPN 型和 PNP 型三极管的工作原理是一样的,仅电源极性和流经各电极的电流方向不同(刚好相反),使用时请注意。下面以 NPN 型三极管为例来分析和讨论它的电流放大作用。

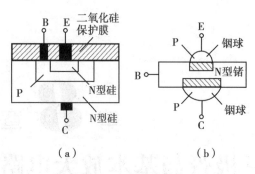

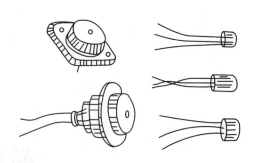

图 8.2　三极管的结构

图 8.3　三极管的外形

8.1.2　三极管的放大作用

三极管的主要作用是放大作用和开关作用,本章主要介绍放大作用。为了方便了解三极管的放大原理和其中的电流分配,我们把三极管接成基极电路和集电极电路,即发射结加正向电压(正向偏置),集电结加反向电压(反向偏置),这是三极管具有电流放大作用的外部条件,如图 8.4 所示。由于发射极是公共端,所以这种电路叫作三极管的共发射极电路。

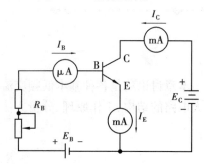

图 8.4　三极管电流放大的实验电路

改变可变电阻 R_B,则基极电流 I_B、集电极电流 I_C 和发射极电流 I_E 都将发生变化。电流方向如图 8.4 所示,测量结果如表 8.1 所示。

表 8.1　三极管电流测量数据

I_B/mA	0	0.01	0.02	0.03	0.04	0.05
I_C/mA	0.01	0.56	1.14	1.74	2.33	2.91
I_E/mA	0.01	0.57	1.16	1.77	2.37	2.96

由以上测量结果可得出如下结论:

①由每一列数据可得发射极电流等于集电极电流和基极电流之和,即

$$I_E = I_B + I_C \tag{8.1}$$

此结果符合基尔霍夫定律。

②I_E 和 I_C 比 I_B 大得多。从第 2 列和第 3 列的数据可知,I_C 与 I_B 的比值分别为

$$\frac{I_C}{I_B} = \frac{0.56}{0.01} = 56 \qquad \frac{I_C}{I_B} = \frac{1.14}{0.02} = 57$$

这就是三极管的电流放大作用。电流放大作用还体现在基极电流的少量变化 ΔI_B 可以引起集电极电流较大的变化 ΔI_C。这从比较第 2 列和第 3 列的数据之差可知

$$\frac{\Delta I_C}{\Delta I_B} = \frac{1.14 - 0.56}{0.02 - 0.01} = \frac{0.58}{0.01} = 58$$

8.1.3　三极管的特性曲线

三极管的特性曲线是指三极管各极的电压和电流之间的关系曲线。它分为输入特性曲线

和输出特性曲线,三极管的特性曲线可用晶体管特性图示仪直观地显示出来,也可通过如图 8.5 所示的实测电路得出。下面以 NPN 管共发射极放大电路为例来说明三极管输入和输出特性曲线的特点。

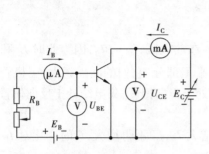

图 8.5　三极管特性曲线实验电路

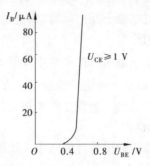

图 8.6　三极管的输入特性曲线

(1)输入特性曲线

输入特性曲线就是指当集电极与发射极之间的电压(简称集-射极电压)U_{CE} 为常数时,输入回路中基极电流 I_B 和基极与发射极之间的电压(简称基-射极电压)U_{BE} 之间的关系曲线,$I_B = f(U_{BE})|_{U_{CE}=常数}$,输入特性曲线图如图 8.6 所示。

如图 8.6 所示的特性曲线图可看出,对硅管而言,当 $U_{CE} \geq 1$ V 时,集电结处于反向偏置,并且内电场已足够大,而且基区又很薄,可以把从发射区扩散到基区的电子中的绝大部分拉入集电区。只要 U_{BE} 保持不变,这时从发射区发射到基区的电子数目就一定,此时再增大 U_{CE},I_B 也就不再明显变化。所以 $U_{CE} \geq 1$ V 后的输入特性曲线基本上是重合的。通常我们只画出 $U_{CE} \geq 1$ V 的一条输入特性曲线。

如图 8.6 所示的特性曲线图还可看出,和二极管的正向伏安特性一样,三极管的输入特性曲线也有一段死区。只有在发射结外加电压大于死区电压时,三极管才会有 I_B。硅管的死区电压一般约为 0.5 V,锗管的死区电压约为 0.1 V,在正常情况下,NPN 型硅管的发射结电压 $U_{BE} = 0.6 \sim 0.7$ V,PNP 型锗管的 $U_{BE} = -0.2 \sim -0.3$ V。

(2)输出特性曲线

输出特性曲线就是指当基极电流 I_B 为常数时,输出回路中集电极电流 I_C 与 U_{CE} 之间的关系曲线,即 $I_C = f(U_{BE})|_{I_B=常数}$,在不同的 I_B 下,有不同的特性曲线,所以三极管的输出特性曲线是一组曲线,如图 8.7 所示。当 I_B 一定时,从发射区扩散到基区的电子数目也一定,在 $U_{CE} \geq 1$ V 时,这些电子的绝大部分被拉入集电区而形成 I_C,所以,当 U_{CE} 继续增大时,I_C 不会再有明显的增加,故称它具有恒流特性。当 I_B 增大时,相应的 I_C 也增大,曲线向上移动,而且 I_C 比 I_B 明显增加很多,即三极管具有电流放大作用。

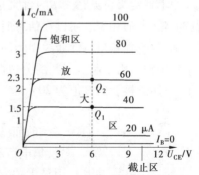

图 8.7　三极管的输出特性曲线

8.1.4　三极管的工作状态

根据图 8.7 所示的输出特性曲线,可以把三极管的工作状态分为 3 个工作区。

（1）截止区

截止区位于输出特性曲线中 $I_B=0$ 的曲线以下的区域。此时 $I_C=I_{CEO}$，一般情况下，对于 NPN 型硅管而言，当 $U_{BE}<0.5\ \text{V}$ 时，三极管就已截止，但是为了达到可靠截止，常使 $U_{BE}\leqslant0$。此时不但发射结处于反向偏置，集电结也处于反向偏置。

（2）放大区

放大区位于输出特性曲线中间的近似水平部分。在放大区，$I_C=\overline{\beta}I_B$，因为此时 I_C 和 I_B 成正比关系，所以放大区也叫线性区。在输出特性曲线平坦部分，它们的间隔越大，三极管的放大能力就越强。当三极管工作于放大状态时，发射结处于正向偏置，集电结处于反向偏置。

（3）饱和区

饱和区位于输出特性曲线中左边的区域。此时增大 I_B，I_C 不再增大，I_B 的变化对 I_C 的影响很小，两者不成正比，发射结和集电结均处于正向偏置。

8.1.5　三极管的主要参数

三极管的特性除了用特性曲线表示外，还可用一些参数来说明。三极管的参数也是设计电路、选用三极管的依据。根据三极管参数的性质不同，可分为性能参数和极限参数。

（1）性能参数

1）电流放大系数 β 和 $\overline{\beta}$

当三极管接成共发射极电路时，在静态（无输入信号）时，集电极电流 I_C（输出电流）与基极电流 I_B（输入电流）的比值称为三极管共发射极静态电流放大系数，即 $\overline{\beta}=I_C/I_B$，也叫直流放大系数。

当三极管工作在动态（有输入信号）时，若基极电流的变化量为 ΔI_B，则集电极电流也有变化量 ΔI_C，ΔI_C 与 ΔI_B 的比值称为三极管共发射极动态电流放大系数，也叫交流放大系数，即

$$\beta=\frac{\Delta I_C}{\Delta I_B}\tag{8.2}$$

由上述定义可见，β 和 $\overline{\beta}$ 的含义是不同的，但在输出特性曲线近似平行等距并且 I_{CEO} 较小时，两者才近似相等。所以在估算时，我们可认为 $\beta=\overline{\beta}$。又由于三极管的输出特性曲线是非线性的，只有在输出特性曲线中间的近似水平部分，I_C 才随 I_B 成正比地变化，β 值才可认为是基本恒定的。由于制造工艺的分散性，即使同一型号的三极管，β 值也有很大的差别。一般情况下，常用三极管的 β 值为 20～100。

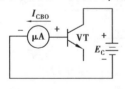

图 8.8　测量 I_{CBO} 的电路

2）集-基极反向截止电流 I_{CBO}

前面已经提过，I_{CBO} 是当发射极开路时，由于集电结处于反向偏置，集电区和基区中的少数载流子的漂移运动而形成的电流，它与发射结无关。在室温下，小功率锗管的 I_{CBO} 约为几微安到几十微安，小功率硅管的 I_{CBO} 约在 1 μA 以下。I_{CBO} 越小，表示三极管热稳定性越好。当温度升高时，不论是硅管还是锗管，它们的 I_{CBO} 都会增大，在热稳定性方面，硅管要比锗管好。测量 I_{CBO} 的电路如图 8.8 所示。

3）集-射极反向截止电流 I_{CEO}

前面已提过，I_{CEO} 是当基极开路，集电结处于反向偏置和发射结处于正向偏置时的集电极

电流,又叫穿透电流,如图8.9所示。当集电结反向偏置时,集电区的空穴漂移到基区而形成电流I_{CBO}。而此时发射结处于正向偏置,发射区的电子扩散到基区后,其中绝大部分被拉入集电区,只有少部分在基区与空穴复合,并不断从电源得到补充,形成电流I_{CEO}。由于基极开路,$I_B = 0$,所以,在基极参与复合的电子与从集电区漂移过来的空穴数量应相等。再根据三极管电流分配原则,从发射区扩散到集电区的电子数应为在基区与空穴复合的电子数的$\bar{\beta}$倍,即

$$I_{CEO} = \bar{\beta}I_{CBO} + I_{CBO} = (1 + \bar{\beta})I_{CBO} \tag{8.3}$$

此时集电极电流I_C则为

$$I_C = \bar{\beta}I_B + I_{CEO} \tag{8.4}$$

当温度上升时,I_{CBO}增加很快,I_{CEO}增加得更快,相应地I_C也将增大,所以三极管的温度稳定性很差。因此,在选三极管时,要选I_{CBO}尽可能小些,而β以不超过100为宜。

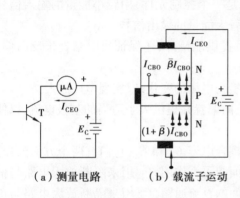

（a）测量电路　　（b）载流子运动

图8.9 测量I_{CEO}的电路

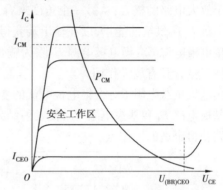

图8.10 三极管的安全工作区

（2）极限参数

1）集电极最大允许电流I_{CM}

由于集电极电流I_C超过一定值时,三极管的β值将会下降。所以规定集电极最大允许电流I_{CM}为当β值下降到正常值的2/3时的I_C值。在使用三极管时,I_C超过I_{CM}不多时,三极管不会损坏,但β值会下降较多,三极管的性能会变坏。

2）集-射极反向击穿电压$U_{(BR)CEO}$

$U_{(BR)CEO}$是指当基极开路时,加在集电极和发射极之间的最大允许电压。当三极管的集-射极电压U_{CE}大于$U_{(BR)CEO}$时,I_{CEO}会突然大幅度上升,说明此时三极管已被击穿,因此,在使用时应特别注意。

3）集电极最大允许耗散功率P_{CM}

由于集电极电流在流经集电结时将产生热量,使结温升高,从而引起三极管参数的变化,严重时,过高的结温将会烧坏三极管。为了确保安全,我们规定集电极最大允许耗散功率P_{CM}为当三极管因热而引起的参数变化不超过允许值时,集电极所消耗的最大功率。P_{CM}主要受结温T_j的限制,一般情况下,锗管的允许结温为$70 \sim 90 \, ℃$,硅管的为$150 \, ℃$。根据三极管的$P_{CM} = I_C U_{CE}$,我们可在三极管的输出特性曲线上作出产P_{CM}的曲线,它为一条双曲线,如图8.10所示。

8.2 基本放大电路

8.2.1 基本放大电路的组成

如图 8.11 所示为共发射极接法的基本放大电路,有一个输入端和一个输出端。输入端接交流信号源(包括电动势 e_S 和内阻 R_S),输入电压为 u_i;输出端接负载电阻 R_L,输出电压为 u_o。电路中各组成元件的作用分别如下:

三极管 T:放大电路的放大元件,利用它的电流放大作用在集电极电路获得较大的电流,是整个放大电路的核心;从另一个角度来看,它也是一个控制元件,用较小能量的输入信号去控制电源 E_C 所供给的能量,以在输出端获得一个较大能量的输出信号。

集电极电源 E_C:集电极电源 E_C 除为输出信号提供能量外,还保证集电结处于反向偏置,以便使三极管具有放大作用。

集电极负载电阻 R_C:将集电极电流的变化变换为电压的变化,以实现电压放大。

基极电源 E_B 和基极电阻 R_B:使发射结处于正向偏置并提供大小适当的基极电流,以使放大电路获得合适的工作点。

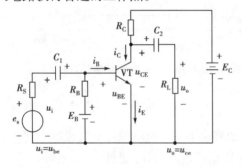

图 8.11 共发射极基本放大电路

耦合电容 C_1 和 C_2:它们有两个方面的作用,一方面起隔直作用,C_1 用来隔断放大电路与信号源之间的直流通路,C_2 用来隔断放大电路与负载之间的直流通路,使三者在直流通路上互不影响;另一方面又起交流耦合作用,保证交流信号畅通无阻地经过放大电路,沟通信号源、放大电路和负载三者之间的交流通路。C_1 和 C_2 的电容值一般为几微法到几十微法,通常用电解电容,使用时要注意其极性。

如图 8.11 所示,电路用了两类电源,称为双电源电路。为了减少电源的种类,我们可以适当地改变 R_B 的接法,再去掉 E_B,变成如图 8.12(a)所示电路,我们称之为单电源电路。在放大电路中,通常把公共端接"地",并设其电位为零(共发射极电路的公共端为发射极),作为电路中其他各点电位的参考点。同时,为了简化电路的画法,习惯上常不画电源 E_C 的符号,而只在连接其正极的一端标出它对"地"的电压 U_{CC} 和极性(+ 或 −),如图 8.12(b)所示电路。

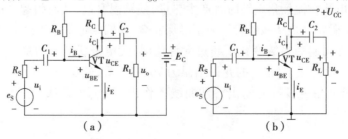

(a) (b)

图 8.12 单电源共发射极基本放大电路

8.2.2 放大电路的静态分析

放大电路的分析法有静态分析和动态分析。所谓静态,就是指当放大电路没有输入信号时的工作状态。放大电路的质量与其静态值有很大关系,静态分析要解决的问题是确定放大电路的静态值,也就是直流值(I_B、I_C、U_{BE} 和 U_{CE}),即静态工作点 Q。

(1)用放大电路的直流通路确定静态值

直流通路就是直流电流过的电路,画直流通路时,耦合电容 C_1 和 C_2 可看成断路。如图 8.12(b)所示电路的直流通路为图 8.13 所示电路。

由图 8.13 所示,电路可得基极电流

$$I_B = \frac{U_{CC} - U_{BE}}{R_B} \approx \frac{U_{CC}}{R_B} \tag{8.5}$$

式中,U_{BE} 由于很小,且比 U_{CC} 小得多,故可忽略不计。

由 I_B 可得出静态时的集电极电流 I_C 为

$$I_C = \bar{\beta} I_B + I_{CEO} \approx \bar{\beta} I_B \approx \beta I_B \tag{8.6}$$

并可得静态时的集-射极电压为

$$U_{CE} = U_{CC} - R_C I_C \tag{8.7}$$

[**例 8.1**] 在图 8.12(b)所示电路中,已知 $U_{CC} = 12$ V,$R_C = 4$ kΩ,$R_B = 300$ kΩ,$R_L = 4$ kΩ,$\beta = 37.5$,试求放大电路的静态值。

解 根据图 8.13 所示电路的直流通路可得

$$I_B = \frac{U_{CC} - U_{BE}}{R_B} = \frac{12 - 0.7}{300 \times 10^3} A \approx 0.04 \times 10^{-3} A = 40 \ \mu A$$

$$I_C \approx \beta I_B = 37.5 \times 40 \ mA = 1.5 \ mA$$

$$U_{CE} = U_{CC} - R_C I_C = (12 - 4 \times 10^3 \times 1.5 \times 10^{-3}) V = 6 \ V$$

(2)用图解法确定放大电路的静态值

用图解法不但可以确定放大电路的静态值,而且能直观地分析和了解静态值的变化对放大电路工作的影响。

前面已经讲过,在图 8.13 所示电路的直流通路中,三极管与集电极负载电阻 R_C 串联后接在电源 U_{CC} 上,而且还列出关系式:$U_{CE} = U_{CC} - R_C I_C$,把此式变换为

$$I_C = -\frac{1}{R_C} U_{CE} + \frac{U_{CC}}{R_C} \tag{8.8}$$

这是一条直线方程,其斜率为 $\tan \alpha = -1/U_C$,在输出特性(此时 I_C 和 U_{CE} 之间的关系不是直线关系,而是曲线关系,即为输出特性曲线)横轴上的截距为 U_{CC},在输出特性纵轴上的截距为 U_{CC}/U_C,这条直线叫作直流负载线。而直流负载线与输出特性曲线(I_B 确定后)的交点 Q,叫作静态工作点。再由它来确定三极管放大电路的电流和电压的静态值,这就是用图解法确定放大电路的静态值的方法,若采用例 8.1 中的参数,如图 8.14 所示。

由图 8.14 所示可得,基极电流 I_B 的大小不同,静态工作点在负载线上的位置也就不同。所以,可以改变 I_B 的大小来获得不同的静态工作点,即找到一个适应三极管不同工作状态要求的合适的静态工作点。I_B 很重要,我们把它称为偏置电流,产生 I_B 的电路称为偏置电路,R_B 称为偏置电阻,改变 R_B 的阻值可调整 I_B 的大小。

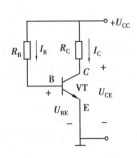

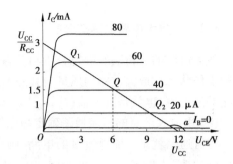

图 8.13　交流放大电路的直流通路　　　　图 8.14　用图解法确定放大电路的静态工作点

由以上分析可得,用图解法确定放大电路的静态值的步骤为:

①给出三极管的输出特性曲线组。

②作出直流负载线。

③根据直流通路求出偏置电流 I_B,并找出静态工作点 Q。

④再根据 Q 点在坐标轴上的投影得出静态值。

8.2.3　放大电路的动态分析

动态就是有输入信号时的工作状态,此时三极管的各个电流和电压不但含有直流分量,而且还有交流分量。动态分析是在静态值确定后分析信号的传输情况,考虑的是电压和电流的交流分量,以及放大电路的电压放大系数 $\dot{A}_u$、输入电阻 r_i 和输出电阻 r_o 等。最常用的两种基本方法是微变等效电路法和图解法。

(1)微变等效电路法

微变等效电路法,就是当三极管放大电路的输入信号很小时,在工作点附近的小范围内用直线段来近似代替三极管的特性曲线,即把非线性元件三极管等效为一个线性元件,也就是把三极管放大电路等效为一个线性电路。

1)三极管的微变等效电路

如何把三极管线性化,可从三极管共发射极电路的输入和输出特性两方面来讨论。如图 8.15(a)所示为三极管的输入特性曲线,它是非线性的。但是,当输入信号很小时,在静态工作点 Q 附近的曲线可认为是直线。当 U_{CE} 为常数时,ΔU_{BE} 与 ΔI_B 之比可认为是常数,用 r_{be} 表示,称它为三极管的输入电阻,这里需要说明的是在线性化条件下,小信号的微变量可以用电压和电流的交流分量来代替,即 $\Delta U_{BE} = u_{be}$,$\Delta I_B = i_b$,$\Delta U_{CE} = u_{ce}$,$\Delta I_C = i_c$,即

$$r_{be} = \left. \frac{\Delta U_{BE}}{\Delta I_B} \right|_{U_{CE}=\text{常数}} = \left. \frac{u_{be}}{i_b} \right|_{U_{CE}=\text{常数}} \tag{8.9}$$

在小信号情况下,若为低频小功率三极管,式中 r_{be} 可用下式来估算

$$r_{be} \approx 300 + (1+\beta) \frac{26(\text{mV})}{I_E(\text{mA})} \tag{8.10}$$

式中 I_E 为发射极电流的静态值,r_{be} 是一个对交流而言的动态电阻。因此,三极管的输入电路可用 r_{be} 来等效,如图 8.15 所示。

图 8.15(b)所示为三极管的输出特性曲线,在放大区用一组近似等距离的平行直线来表示。当 U_{CE} 为常数时,我们可认为 ΔI_C 与 ΔI_B 之比(也就是三极管的电流放大系数 β)也为常数,

可由它确定 i_c 受 i_b 控制关系,即

$$\beta = \frac{\Delta I_C}{\Delta I_B}\bigg|_{U_{CE}=常数} = \frac{i_c}{i_b}\bigg|_{U_{CE}=常数} \tag{8.11}$$

从上式可看出,i_c 相当于一个受控恒流源。

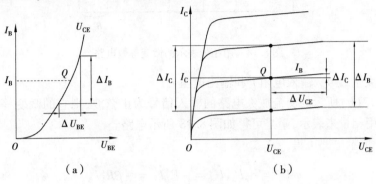

（a）　　　　　　　　　　（b）

图 8.15　从三极管的特性曲线求 r_{be}、β 和 r_{ce}

另一方面,从图 8.15(b) 中可看出,三极管的输出特性曲线不完全与横轴平行,当 I_B 为常数时,我们把 ΔU_{CE} 与 ΔI_C 之比称三极管的输出电阻,用 r_{ce} 表示,即

$$r_{ce} = \frac{\Delta U_{CE}}{\Delta I_C}\bigg|_{I_B=常数} = \frac{u_{ce}}{i_c}\bigg|_{I_B=常数} \tag{8.12}$$

在小信号的条件下,r_{ce} 也是一个常数。它相当于受控恒流源 i_c 的内阻,由于它的阻值很大,所以在以后的微变等效电路中可把它忽略不计。从上面分析可知,三极管的输出电路可用一个恒流源 i_c 来近似等效。如图 8.16 所示为三极管的微变等效电路。

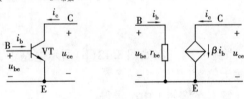

图 8.16　三极管的等效电路

2)放大电路的微变等效电路

交流通路就是交流分量流过的电路。画交流通路时应注意两个问题:一个是耦合电容 C_1 和 C_2 可看成短路;再一个就是由于直流电源的内阻很小,可以忽略不计,所以直流电源可不画出,并可看成短路。图 8.17(a) 所示电路就是图 8.12(b) 所示电路的交流通路。再把交流通路中的三极管用它的等效电路代替就是微变等效电路,如图 8.17(b) 所示。这里要注意的问题是,微变等效电路中的电压和电流都是交流分量,标出的方向也都是参考方向。

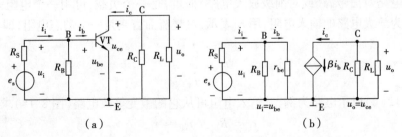

（a）　　　　　　　　　　　　（b）

图 8.17　交流通路及其微变等效电路

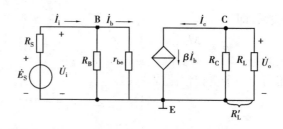

图 8.18　用相量表示的微变等效电路

3）电压放大倍数 $\dot{A}_u$、输入电阻 r_i 和输出电阻 r_o。

①若图 8.17（b）所示的交流放大电路的输入信号为正弦波，则它的微变等效电路中的电压和电流都可用相量来表示，于是可得如图 8.18 所示电路。

从图 8.18 所示电路可得

$$\dot{U}_i = r_{be}\dot{I}_b, \dot{U}_o = -R'_L\dot{I}_c = -\beta R'_L\dot{I}_b$$

式中，$R'_L = R_C // R_L$，所以，放大电路的电压放大倍数为

$$\dot{A}_u = \frac{\dot{U}_o}{\dot{U}_i} = -\beta\frac{R'_L}{r_{be}} \tag{8.13}$$

式中负号表示输出电压 $\dot{U}_o$ 与输入电压 $\dot{U}_i$ 的相位反相。当放大电路没接负载 R_L 时，有

$$\dot{A}_u = -\beta\frac{R_C}{r_{be}} \tag{8.14}$$

［例 8.2］　在如图 8.12（b）所示电路中，参数与例 8.1 中的参数相同，试求放大电路的电压放大倍数。

解　在例 8.1 中已求得

$$I_C \approx I_E = 1.5 \text{ mA}$$

所以

$$r_{be} \approx \left[300 + (1 + 37.5) \times \frac{26}{1.5}\right]k\Omega = 0.967 \text{ k}\Omega$$

$$\dot{A}_u = -\beta\frac{R'_L}{r_{be}} = -50 \times 2 \div 0.967 = -103.4$$

式中　$R'_L = R_C // R_L = 2 \text{ k}\Omega$

②放大电路对信号源（或对前级放大电路）而言，是一个负载，可用一个电阻来等效代替，这个电阻称为放大电路的输入电阻，用 r_i 表示，对交流而言它是一个动态电阻，即

$$r_i = \frac{\dot{U}_i}{\dot{I}_i} \tag{8.15}$$

以图 8.12（b）所示电路为例，其输入电阻可从它的微变等效电路（图 8.18）求出，即

$$r_i = R_B // r_{be} \approx r_{be} \tag{8.16}$$

在实际电路中，通常希望放大电路的 r_i 越大越好。

③放大电路对负载（或对后级放大电路）而言，相当于一个信号源，其内阻即为放大电路的输出电阻，用 r_o 表示，图 8.12（b）所示放大电路的输出电阻可在其信号源短路和输出端开路

的情况下求得。从它的微变等效电路(图 8.18)中可看出

$$r_o = R_C \tag{8.17}$$

(2)**图解法**

所谓图解法,就是利用三极管的特性曲线在静态分析的基础上,用作图的方法来分析各个电压和电流交流分量之间的传输情况和相互关系。

1)交流负载线的画法

前面已提过,直流负载线的斜率为 $\tan \alpha = -1/R_C$ (此时 R_L 可不加考虑),它反映了静态电流 I_C 与电压 U_{CE} 之间的变化关系。而交流负载线反映的是动态时电流 i_C 和电压 u_{CE} 之间的变化关系,由于耦合电容对交流信号可看成短路,此时 R_L 与 R_C 应并联,所以它的斜率为 $\tan \alpha' = -1/R_L'$,因为 $R_C > R_L'$,所以直流负载线比交流负载线要平坦些;又当输入信号为零时,放大电路应工作在静态工作点 Q 上。所以,交流负载线应为经过静态工作点 Q,且斜率为 $\tan \alpha' = -1/R_L'$ 的一条直线,如图 8.19 所示。

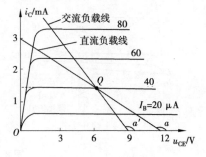

图 8.19　直流负载线和交流负载线

2)图解分析的步骤

如图 8.20 所示为放大电路图解分析方法示意图,从图中可得出几个结论。

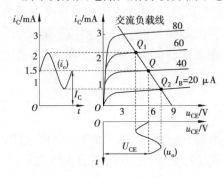
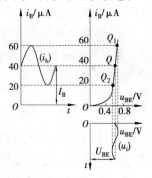

图 8.20　放大电路动态时的图解分析法

①交流信号的传输顺序:

$$u_i(u_{be}) \rightarrow i_b \rightarrow i_c \rightarrow u_o(u_{CE})$$

②电压和电流的成分(既有交流,又有直流,是一个交直流共存的电路):

$$u_{BE} = U_{BE} + u_{be} \qquad i_B = I_B + i_b \qquad i_C = I_C + i_c$$

$$u_{CE} = U_{CE} + u_{ce} \qquad u_o = u_{ce}(只有交流分量)$$

③输入信号 u_i 和输出信号 u_o 的相位关系:相位差为 $180°$,相位反相,即变化相反。

④计算电压放大倍数:电压放大倍数等于输出正弦电压的幅值与输入正弦电压的幅值之比,R_L 阻值越小,交流负载线越陡,输出正弦电压的幅值就越小,电压放大倍数就越小。

3)非线性失真

失真是指输出信号的波形和输入信号的波形不一样。引起失真的原因很多,最基本的有两个,即静态工作点不合适和输入信号太大。放大电路的工作范围超出了三极管特性曲线的线性范围所产生的失真叫非线性失真。非线性失真通常分为截止失真和饱和失真两类。

①截止失真:如图 8.21(a) 所示,由于静态工作点 Q 的位置太低(靠近截止区),若输入信号为正弦波,在它的负半波,三极管进入了截止区。此时,i_B、u_{CE} 和 i_C 都产生了严重失真,i_B 的负半波和 u_{CE} 的正半波都被削去了一部分。由于这种失真是因为工作在三极管的截止区而引起的,所以称为截止失真。

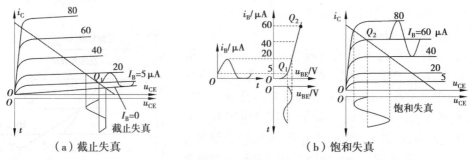

（a）截止失真　　　　　　　　　　（b）饱和失真

图 8.21　放大电路的非线性失真

②饱和失真:如图 8.21(b) 所示,由于静态工作点 Q 的位置太高(靠近饱和区),若输入信号为正弦波,在它的正半周,三极管进入了饱和区。此时,u_{CE} 和 i_C 都产生了严重的失真,i_C 的正半波和 u_{CE} 的负半波都被削去了一部分。由于这种失真是因为工作在三极管的饱和区而引起的,所以称为饱和失真。

从上述分析可知,要使电路不产生非线性失真,必须使放大电路有一个合适的静态工作点 Q,即 Q 点应尽可能选在交流负载线的中点;再就是输入信号 u_i 的幅值不能太大,否则放大电路的工作范围会超过特性曲线的线性范围。图解法的优点是直观、形象,但不适应电路的定量计算,而且作图比较麻烦,误差较大。

8.2.4　静态工作点稳定电路

对于如图 8.12(b) 所示的固定偏置电路来说,当外部因素(如温度变化、晶体管老化和电源电压波动等)发生变化时,将引起静态工作点的变动,严重时还会使放大电路不能正常工作,产生失真。其中影响最大的是温度变化。

如图 8.22(a) 所示的分压式偏置电路,当温度变化时,能使 I_C 近似维持不变以使工作点稳定。图 8.22(b) 所示电路为它的直流通路。

（1）工作点稳定的原理和条件

从图 8.22(b) 所示的电路可得

$$I_1 = I_2 + I_B \tag{8.18}$$

因为 I_B 很小,它对于 I_1 和 I_2 来说可忽略不计,即

$$I_2 \gg I_B \tag{8.19}$$

所以

$$I_1 \approx I_2 \approx \frac{U_{CC}}{R_{B1} + R_{B2}} \tag{8.20}$$

其基极电位

$$V_B \approx \frac{R_{B2}}{R_{B1} + R_{B2}} U_{CC} \tag{8.21}$$

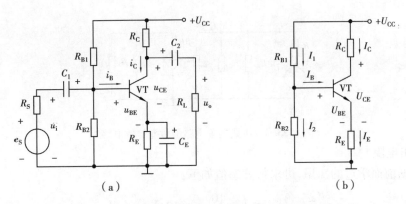

图 8.22　分压式偏置电路及其直流通路

因此 V_B 与三极管的参数无关,不受温度变化的影响。从图 8.22(b)所示电路可得

$$U_{BE} = V_B - V_E = V_B - R_E I_E \qquad (8.22)$$

因为 U_{BE} 很小,它对于 V_B 来说可忽略不计,即

$$V_B \gg U_{BE} \qquad (8.23)$$

所以

$$I_C \approx I_E = \frac{V_B - U_{BE}}{R_E} \approx \frac{V_B}{R_E} \qquad (8.24)$$

因此,I_C 和 V_B 一样,与三极管的参数无关,不受温度变化的影响。

所以,只要满足式(8.19)和式(8.23)两个条件,I_E 或 I_C 和 V_B 一样,与三极管的参数无关,不受温度变化的影响,从而使静态工作点基本稳定。一般情况下,对硅管而言,在估算时可取 $I_2 = (5 \sim 10) I_B$、$V_B = (5 \sim 10) U_{BE}$。

分压式偏置电路工作点稳定的过程如下(仅考虑温度变化情况):

$$温度升高 \rightarrow I_C(I_E) \uparrow \rightarrow V_E \uparrow \rightarrow U_{BE} \downarrow \rightarrow I_B \downarrow$$
$$I_C(I_E) 不变 \leftarrow I_C(I_E) \downarrow$$

图 8.22(a)所示的分压式偏置电路中电容 C_E 称为发射极电阻 R_E 的交流旁路电容。对直流而言,它不起作用,电路通过 R_E 的作用能使静态工作点稳定;对交流而言,它因与 R_E 并联且可看成短路,所以 R_E 不起作用,保持电路的电压放大倍数不会下降。C_E 的容量一般为几十微法到几百微法。

(2)静态工作点 Q、电压放大倍数 $\dot{A}_u$、输入电阻 r_i 和输出电阻 r_o 的估算

从图 8.22(b)所示的直流通路可得,静态工作点 Q 的估算如下:

基极电位(V_B)和集电极电流(I_C)分别由式(8.21)和式(8.24)计算可得

$$I_B = \frac{I_C}{\beta} \qquad (8.25)$$

$$U_{CE} \approx U_{CC} - (R_C + R_E) I_C \qquad (8.26)$$

如图 8.23 所示电路为图 8.12(a)所示电路的微变等效电路。从图 8.23 中可看出,电压放大倍数 $\dot{A}_u$、输入电阻 r_i 与输出电阻 r_o 和前面讲过的固定式偏置电路基本相同。

[**例 8.3**]　在图 8.22(a)所示电路中,已知 $U_{CC} = 12$ V,$R_C = 2$ kΩ,$R_{B1} = 20$ kΩ,$R_{B2} = 10$ kΩ,$\beta = 50$,$R_L = 2$ kΩ,$R_E = 2$ kΩ,$U_{BE} = 0$,试求放大电路的静态值、电压放大倍数 $\dot{A}_u$、输入

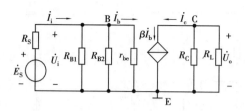

图 8.23 分压式偏置电路的微变等效电路

电阻 r_i 和输出电阻 r_o。

解 根据前面学过的知识,可求得静态值如下:

$$V_B \approx \frac{R_{B2}}{R_{B1} + R_{B2}} U_{CC} = \left(\frac{10}{20 + 10} \times 12\right)V = 4 \ V$$

$$I_C \approx I_E = \frac{V_B - U_{BE}}{R_E} \approx \frac{V_B}{R_E} = \frac{4}{2} \ mA = 2 \ mA$$

$$I_B = \frac{I_C}{\beta} = \frac{2}{50} \ \mu A = 40 \ \mu A$$

$$U_{CE} \approx U_{CC} - (R_C + R_E)I_C = [12 - (2 + 2) \times 2]V = 4 \ V$$

从它的微变等效电路图 8.23 所示电路可得

$$r_{be} \approx 300 + (1 + \beta)\frac{26(mV)}{I_E(mA)} = \left(300 + 51 \times \frac{26}{2}\right)k\Omega = 0.963 \ k\Omega$$

$$\dot{A}_u = -\beta \frac{R'_L}{r_{be}} = -50 \times 1 \div 0.963 = -52$$

式中 $R'_L = U_C /\!/ R_L = 1 \ k\Omega$

$$r_i = R_{B2} /\!/ R_{B1} /\!/ r_{be} \approx r_{be} \approx 963 \ \Omega$$

$$r_o \approx R_C = 2 \ k\Omega$$

8.2.5 射极输出器

射极输出器的公共端为集电极,所以又称共集电极放大电路,如图 8.24 所示为射极输出器。

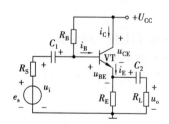

图 8.24 射极输出器

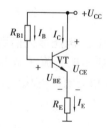

图 8.25 射极输出器的直流通路

(1)静态分析

如图 8.26 所示为射极输出器的直流通路,它是图 8.24 所示的射极输出器的直流通路。由它的直流通路,可得

$$I_B = \frac{U_{CC} - U_{BE}}{R_B + (1 + \beta)R_E} \approx \frac{U_{CC}}{R_B + (1 + \beta)R_E} \tag{8.27}$$

$$I_E = I_B + I_C = (1 + \beta)I_B \tag{8.28}$$

$$U_{CE} = U_{CC} - R_E I_E \tag{8.29}$$

（2）动态分析

如图 8.26 所示为电路为射极输出器的微变等效电路，它是图 8.24 所示射极输出器的微变等效电路图。由它的微变等效电路图可得：

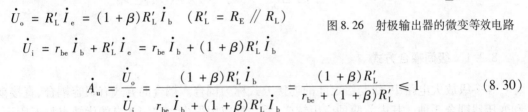

图 8.26 射极输出器的微变等效电路

1）电压放大倍数

$$\dot{U}_o = R'_L \dot{I}_e = (1 + \beta)R'_L \dot{I}_b \quad (R'_L = R_E /\!/ R_L)$$

$$\dot{U}_i = r_{be} \dot{I}_b + R'_L \dot{I}_e = r_{be} \dot{I}_b + (1 + \beta)R'_L \dot{I}_b$$

$$\dot{A}_u = \frac{\dot{U}_o}{\dot{U}_i} = \frac{(1 + \beta)R'_L \dot{I}_b}{r_{be} \dot{I}_b + (1 + \beta)R'_L \dot{I}_b} = \frac{(1 + \beta)R'_L}{r_{be} + (1 + \beta)R'_L} \leqslant 1 \tag{8.30}$$

由上式可知，电压放大倍数略小于等于 1，且输入电压和输出电压同相，具有跟随作用，所以射极输出器又称为射极跟随器。

2）输入电阻

从图 8.26 所示电路可知

$$r_i = R_B /\!/ [r_{be} + (1 + \beta)R'_L] \tag{8.31}$$

由上式可知，输入电阻 r_i 很高。

3）输出电阻

$$r_o \approx \frac{r_{be} + R'_S}{\beta} \tag{8.32}$$

式中，$R'_S = R_S /\!/ R_B$

由式（8.32）可知，由于 r_{be} 不大，R_S 又很小，所以 r_o 很小。

[例 8.4] 在图 8.24 所示的电路中，若已知 $U_{CC} = 12 \text{ V}$，$R_B = 200 \text{ k}\Omega$，$\beta = 50$，$R_L = 2 \text{ k}\Omega$，$R_E = 2 \text{ k}\Omega$，$U_{BE} \approx 0$，$R_S = 100 \text{ }\Omega$，试求放大电路的静态值、电压放大倍数 $\dot{A}_u$、输入电阻 r_i 和输出电阻 r_o。

解 根据图 8.25 所示的射极输出器的直流通路，可求得静态值如下

$$I_B = \frac{U_{CC} - U_{BE}}{R_B + (1 + \beta)R_E} \approx \frac{U_{CC}}{R_B + (1 + \beta)R_E} = \frac{12}{200 + (1 + 50) \times 2} \text{ mA} = 40 \text{ μA}$$

$$I_E = I_B + I_C = (1 + \beta)I_B \approx 2 \text{ mA}$$

$$U_{CE} = U_{CC} - R_E I_E = (12 - 2 \times 10^3 \times 2 \times 10^{-3}) \text{V} = 8 \text{ V}$$

根据图 8.26 所示的射极输出器的微变等效电路图，可求得

$$r_{be} \approx 300 + (1 + \beta)\frac{26(\text{mV})}{I_E(\text{mV})} = \left(300 + 51 \times \frac{26}{2}\right)\text{k}\Omega = 0.963 \text{ k}\Omega$$

$$\dot{A}_u = \frac{(1 + \beta)R'_L}{r_{be} + (1 + \beta)R'_L} = \frac{(1 + 50) \times 1}{0.963 + (1 + 50) \times 1} = 0.98$$

$$r_i = R_B /\!/ [r_{be} + (1 + \beta)R'_L] = 200 /\!/ [0.963 + (1 + 50) \times 1]\text{k}\Omega \approx 40 \text{ k}\Omega$$

$$R'_S = R_S /\!/ R_B = 0.1 /\!/ 200 \text{ k}\Omega \approx 0.1 \text{ k}\Omega$$

$$r_o \approx \frac{r_{be} + R'_S}{\beta} \approx \left(\frac{963 + 100}{50}\right) \Omega \approx 21.26\ \Omega$$

射极输出器的主要应用有:它的输入电阻高,所以常作为多级放大器的输入级;它的输出电阻低,所以常作为多级放大器的输出级;它的电压放大倍数略等于1、输入电阻高和输出电阻低,所以常作为多级放大器的中间级,在电路中起阻抗变换的作用。

8.3 级间耦合方式与多级放大电路

8.3.1 级间耦合方式

在多级放大电路中,级与级之间的连接方式称为耦合。耦合的方式有阻容耦合、直接耦合和变压器耦合3种。其中前两种应用较广,后一种应用很少。它们各自的优缺点如下所示:

(1)阻容耦合

其前后级之间是通过耦合电容连接的,特点是前后级的静态值互不影响,静态工作点可单独调整;但它只能放大交流信号,不适宜传送缓慢变化的信号和直流信号,在分立元件中应用较多,如图8.27所示为阻容耦合多级放大电路。

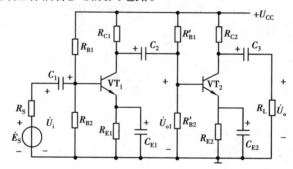

图8.27 阻容耦合多级放大电路

(2)直接耦合

其前后级之间是通过导线连接的,特点是不但能放大交流信号,还能传送缓慢变化的信号和直流信号;但前后级的静态值会互相影响,静态工作点不可单独调整,主要应用在集成电路中,如图8.28所示为直接耦合多级放大电路。

(3)变压器耦合

如图8.29所示为变压器耦合多级放大电路,其前后级之间是通过变压器连接的,特点是前后级的静态值互不影响,静态工作点可单独调整,还能进行阻抗匹配和电流、电压变换;但它只能放大交流信号,不适宜传送缓慢变化的信号和直流信号,再就是体积大、质量大、价格高,所以应用较少。

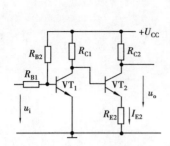

图 8.28　直接耦合多级放大电路

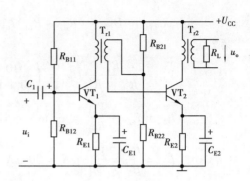

图 8.29　变压器耦合多级放大电路

8.3.2　放大电路的主要性能指标

(1) 电压放大倍数 $\dot{A}_{\mathrm{u}}$ 的计算

对于 n 级电压放大电路,不论它为何种耦合方式和何种组合电路,其前级的输出信号 $\dot{U}_{\mathrm{o}(n-1)}$ 即为后级的输入信号 $\dot{U}_{\mathrm{in}}$;而后级的输入电阻 r_{in} 即为前级的负载电阻 $R_{\mathrm{L}(n-1)}$;前级的输出电阻 $r_{\mathrm{o}(n-1)}$ 为后一级的信号源内阻 R_{sn},所以有下列关系,即

$$\dot{U}_{\mathrm{o}(n-1)} = \dot{U}_{\mathrm{in}} \qquad r_{\mathrm{in}} = R_{\mathrm{L}(n-1)} \qquad r_{\mathrm{o}(n-1)} = R_{\mathrm{sn}}$$

总电压放大倍数

$$\dot{A}_{\mathrm{u}} = \frac{\dot{U}_{\mathrm{o}}}{\dot{U}_{\mathrm{i}}} = \frac{\dot{U}_{\mathrm{o1}}}{\dot{U}_{\mathrm{i1}}} \times \frac{\dot{U}_{\mathrm{o2}}}{\dot{U}_{\mathrm{i2}}} \times \cdots \times \frac{\dot{U}_{\mathrm{o}}}{\dot{U}_{\mathrm{in}}} = \dot{A}_{\mathrm{u1}} \times \dot{A}_{\mathrm{u2}} \times \cdots \times \dot{A}_{\mathrm{um}} \qquad (8.33)$$

(2) 总输入电阻 r_{i} 的计算

多级放大电路的输入电阻等于第一级放大电路的输入电阻,即 $r_{\mathrm{i}} = r_{\mathrm{i1}}$。

(3) 总输出电阻 r_{o} 的计算

多级放大电路的输出电阻等于最后一级放大电路的输出电阻,即 $r_{\mathrm{o}} = r_{\mathrm{on}}$。

[**例 8.5**]　在图 8.27 所示阻容耦合多级放大电路中,已知 $U_{\mathrm{CC}} = 12 \text{ V}$,$R_{\mathrm{C1}} = 2 \text{ k}\Omega$,$R_{\mathrm{C2}} = 2 \text{ k}\Omega$,$R_{\mathrm{B1}} = 30 \text{ k}\Omega$,$R_{\mathrm{B2}} = 15 \text{ k}\Omega$,$R'_{\mathrm{B1}} = 30 \text{ k}\Omega$,$R'_{\mathrm{B2}} = 10 \text{ k}\Omega$,$\beta_1 = \beta_2 = 50$,$R_{\mathrm{L}} = 2 \text{ k}\Omega$,$R_{\mathrm{E1}} = 2 \text{ k}\Omega$,$R_{\mathrm{E2}} = 2 \text{ k}\Omega$,$U_{\mathrm{BE}} \approx 0$,试求各级放大电路的静态值、电压放大倍数 $\dot{A}_{\mathrm{u}}$、输入电阻 r_{i} 和输出电阻 r_{o}。

解　根据前面学过的知识,可求得结果如下。

(1) 各级静态值

第 1 级:

$$V_{\mathrm{B1}} \approx \frac{R_{\mathrm{B2}}}{R_{\mathrm{B1}} + R_{\mathrm{B2}}} U_{\mathrm{CC}} = \left[\frac{15}{30 + 15} \times 12 \right] \mathrm{V} = 4 \text{ V}$$

$$I_{\mathrm{C1}} \approx I_{\mathrm{E1}} \approx \frac{V_{\mathrm{B1}}}{R_{\mathrm{E1}}} = \frac{4}{2} \text{ mA} = 2 \text{ mA}$$

$$I_{\mathrm{B1}} = \frac{I_{\mathrm{C1}}}{\beta_1} = \frac{2}{50} \text{ μA} = 40 \text{ μA}$$

$$U_{CE1} \approx U_{CC} - (R_{C1} + R_{E1})I_{C1} = [12 - (2 + 2) \times 2]V = 4 \ V$$

第 2 级:

$$V_{B2} \approx \frac{R'_{B2}}{R'_{B1} + R'_{B2}}U_{CC} = \left(\frac{10}{30 + 10} \times 12\right)V = 3 \ V$$

$$I_{C2} \approx I_{E2} \approx \frac{V_{B2}}{R_{E2}} = \frac{3}{2} \ mA = 1.5 \ mA$$

$$I_{B2} = \frac{I_{C2}}{\beta_2} = \frac{1.5}{50} \ \mu A = 30 \ \mu A$$

$$U_{CE2} \approx U_{CC} - (R_{C2} + R_{E2})I_{C2} = [12 - (2 + 2) \times 1.5] \ V = 6 \ V$$

(2)电压放大倍数 $\dot{A}_u$

多级放大电路的微变等效电路图相当于各级放大电路的微变等效电路图的合成,如图 8.30所示。

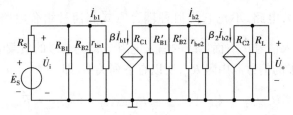

图 8.30　多级放大电路的微变等效电路图

三极管 T_1 的输入电阻为

$$r_{be1} = 300 + (1 + \beta_1)\frac{26}{I_{E1}} = \left[300 + (1 + 50) \times \frac{26}{2}\right]k\Omega = 0.963 \ k\Omega$$

三极管 T_2 的输入电阻为

$$r_{be2} = 300 + (1 + \beta_2)\frac{26}{I_{E2}} = \left[300 + (1 + 50) \times \frac{26}{1.5}\right]k\Omega = 1.182 \ k\Omega$$

第 2 级的输入电阻为

$$r_{i2} = R'_{B1} \ // \ R'_{B2} \ // \ r_{be2} \approx 1 \ k\Omega$$

第 1 级负载电阻为

$$R'_{L1} = R_{C1} \ // \ r_{i2} \approx 0.667 \ k\Omega$$

第 2 级负载电阻为

$$R'_{L2} = R_{C2} \ // \ R_L = 1 \ k\Omega$$

第 1 级电压放大倍数为

$$\dot{A}_{u1} = -\beta_1 \frac{R'_{L1}}{r_{be1}} \approx -34.6$$

第 2 级电压放大倍数为

$$\dot{A}_{u2} = -\beta_2 \frac{R'_{L2}}{r_{be2}} \approx -42.3$$

所以,总的电压放大倍数为

$$\dot{A}_u = \dot{A}_{u1} \cdot \dot{A}_{u2} = (-34.6) \times (-42.3) \approx 1 \ 463.6$$

$\dot{A}_{u}$ 为一个正实数,这说明输入电压 $\dot{U}_i$ 经过两级放大后,输出电压 $\dot{U}_o$ 和它同相。

(3)输入电阻 r_i 和输出电阻 r_o。

$$r_i = r_{i1} = R_{B1} \mathbin{/\mkern-5mu/} R_{B2} \mathbin{/\mkern-5mu/} r_{be2} \approx 0.87 \text{ k}\Omega$$

$$r_o = r_{on} = R_{C2} = 2 \text{ k}\Omega$$

8.4　负反馈放大器

8.4.1　负反馈的基本概念

反馈,就是在放大电路中,将放大电路输出信号(电压或电流)的一部分或全部通过某种电路返送到输入端。反向传输信号的电路称为反馈电路或反馈网络,它是把输入回路和输出回路联系起来的环节。带有反馈网络的放大电路称为反馈放大电路。根据反馈的定义,我们可以作出反馈放大电路的方框图,如图 8.31 所示。

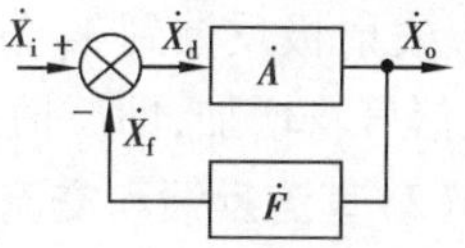

图 8.31　反馈电路的方框图

其中,$\dot{A}$ 表示基本放大电路的开环放大倍数,可以由单级放大电路构成,也可以由多级或集成电路(关于集成电路后面会详细讲)构成;$\dot{F}$ 表示反馈电路的反馈系数;$\dot{X}$ 表示信号(可以是电压或电流);$\dot{X}_i$ 表示输入信号;$\dot{X}_o$ 表示输出信号;$\dot{X}_f$ 表示反馈信号;$\dot{X}_d$ 表示基本放大电路的净输入信号;⊗ 表示反馈信号 $\dot{X}_f$ 与输入信号 $\dot{X}_i$ 的比较环节。

8.4.2　反馈类型和极性的判定

根据反馈的性质不同,反馈可分为以下几种类型。

(1)正反馈和负反馈

1)正反馈

反馈信号使净输入信号增加,从而使电路的输出信号增加的反馈叫正反馈。

2)负反馈

反馈信号使净输入信号减小,从而使电路的输出信号减小的反馈叫负反馈。

3)正、负反馈的判别

我们通常采用"瞬时极性法",即先假定输入信号处于某一瞬时极性(在电路中用符号⊕、⊖来表示瞬时极性的正、负,分别代表该点的瞬时信号的变化为升高和下降),然后逐级推出电路其他各有关点的瞬时极性,最后判断反馈到输入端信号的瞬时极性是增强还是削弱了原来的信号。若是增强了原来的信号,则为正反馈;若是削弱了原来的信号,则为负反馈。

[例 8.6]　如图 8.32 所示电路中的反馈,试判断其为正反馈还是负反馈。

解　对如图 8.32(a)所示电路来说,假设在 T_1 的基极有一个瞬时极性对地为正的信号,则可得 T_2 的基极有一个瞬时极性对地为负的信号,所以,T_2 发射极电压瞬时极性为负,使通

过反馈元件 R_f 的反馈电流增大,流入 T_1 基极的电流将减小,即反馈信号削弱了 T_1 原来的输入信号,所以为负反馈。

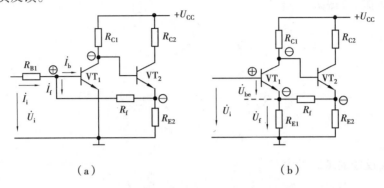

（a）　　　　　　　　（b）

图 8.32　瞬时极性法判断正、负反馈的实例图

对如图 8.32(b)所示电路来说,假设在 T_1 的基极有一个瞬时极性对地为正的信号,则可得 T_2 发射极反馈到 T_1 发射极的电压瞬时极性为负, T_1 发射极的电位将下降, T_1 发射结的净输入信号将增加,即反馈信号增强了 T_1 原来的输入信号,所以为正反馈。

（2）直流反馈和交流反馈

1）直流反馈

如果反馈信号中只有直流分量,没有交流分量,则为直流反馈。

2）交流反馈

如果反馈信号中只有交流分量,没有直流分量,则为交流反馈。

（3）电压反馈和电流反馈

1）电压反馈

如果反馈信号是取自输出电压,则为电压反馈。电路方框图如图 8.33(a)所示。

2）电流反馈

如果反馈信号是取自输出电流,则为电流反馈。电路方框图如图 8.33(b)所示。

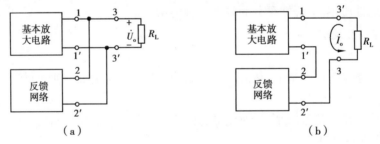

（a）　　　　　　　　（b）

图 8.33　电压反馈和电流反馈的方框图

判别的方法:假设把输出端短路,若反馈信号消失,则属于电压反馈;若反馈信号还存在,则属于电流反馈。

（4）串联反馈和并联反馈

1）串联反馈

如果放大器的净输入信号 $\dot{X}_d$ 是由输入信号 $\dot{X}_i$ 和反馈信号 $\dot{X}_f$ 串联而成,则为串联反馈,此时反馈信号总是以电压的形式出现在输入回路。电路方框图如图8.34(a)所示。此时,$\dot{U}_{d} = \dot{U}_{i} - \dot{U}_{f}$。

2)并联反馈

如果放大器的净输入信号$\dot{X}_{d}$是由输入信号$\dot{X}_{i}$和反馈信号$\dot{X}_{f}$并联而成,则为并联反馈,此时反馈信号总是以电流的形式出现在输入回路。电路方框图如图8.34(b)所示。此时,$\dot{I}_{d} = \dot{I}_{i} - \dot{I}_{f}$。

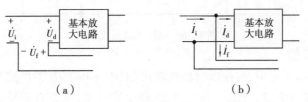

(a)   (b)

图8.34 串联反馈和并联反馈的方框图

(5)**负反馈放大器的4种基本类型及判断**

由上述讨论可知,根据反馈信号和输入信号及输出信号之间的关系,可把负反馈电路分成4种基本类型,即电压串联负反馈、电压并联负反馈、电流串联负反馈、电流并联负反馈。它们的电路方框图如图8.35所示。下面分别举例说明。

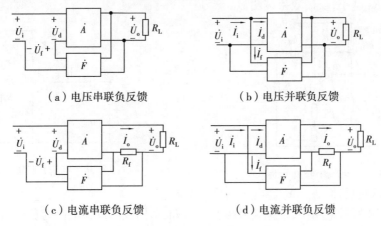

(a)电压串联负反馈   (b)电压并联负反馈

(c)电流串联负反馈   (d)电流并联负反馈

图8.35 负反馈放大器4种基本类型的方框图

1)电压串联负反馈

在图8.35所示电路中,根据瞬时极性法判断可知,R_{f}和R_{E1}构成的反馈电路为负反馈;从R_{f}和R_{E1}所构成的反馈电路信号本身的交、直流性质可知,既有交流反馈,又有直流反馈;从输入回路可知,$\dot{U}_{be} = \dot{U}_{i} - \dot{U}_{f}$为电压叠加的形式,故为串联反馈;再从反馈对象来看,当第1级发射极电流在R_{E1}上的压降忽略不计时,$\dot{U}_{f} \approx \dfrac{R_{E1}}{R_{E1} + R_{f}}\dot{U}_{o}$,可得$\dot{U}_{f}$与$\dot{U}_{o}$成正比,所以为电压反馈,或令$\dot{U}_{o} = 0$则反馈信号$\dot{U}_{f} = 0$,也是电压反馈。

综上所述可得,R_{f}和R_{E1}构成的反馈为电压串联负反馈。电压负反馈具有稳定输出电压$\dot{U}_{o}$的作用,相当于恒压源,其输出电阻很小。

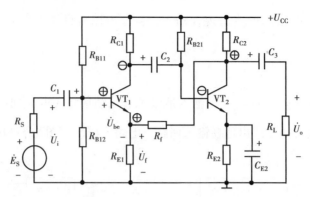

图 8.36　电压串联负反馈

2）电流串联负反馈

在如图 8.37 所示电路中，根据瞬时极性法可知，R''_E 构成的反馈电路为负反馈；从 R''_E 所构成的反馈电路信号本身的交、直流性质可知，既有交流反馈，又有直流反馈（R'_E 上只有直流反馈）；从输入回路可看出，$\dot{U}_{be} = \dot{U}_i - \dot{U}_f$，所以为串联反馈；又因为 $\dot{U}_f = \dot{I}_e R''_E \approx K\dot{I}_o R''_E$，反馈信号与输出电流成正比，故为电流反馈。

综上所述可得，R''_E 构成的反馈为电流串联负反馈。电流负反馈具有稳定输出电流的作用，相当于恒流源，其输出电阻很大。采用串联负反馈时，能提高放大电路的输入电阻。此时，信号源的内阻 R_S 越小，反馈效果越明显。

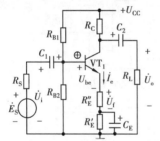

图 8.37　电流串联负反馈

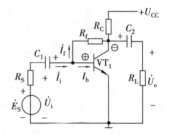

图 8.38　电压并联负反馈

3）电压并联负反馈

在如图 8.38 所示电路中，根据瞬时极性法可知，R_f 构成的反馈电路为负反馈；从 R_f 所构成的反馈电路信号本身的交、直流性质可知，既有交流反馈，又有直流反馈；从输入回路可得，

$\dot{I}_b = \dot{I}_i - \dot{I}_f$，即为并联反馈；又因为 $\dot{I}_f = \dfrac{\dot{U}_{be} - \dot{U}_o}{R_f} \approx -\dfrac{\dot{U}_o}{R_f}$，即 $\dot{I}_f$ 与 $\dot{U}_o$ 成正比，故为电压反馈。

综上所述可得，R_f 构成的反馈为电压并联负反馈。

4）电流并联负反馈

在如图 8.39 所示电路中，根据瞬时极性法可知，R_f 构成的反馈电路为负反馈；从 R_f 所构成的反馈电路信号本身的交、直流性质可知，既有交流反馈，又有直流反馈；从输入回路可得，

$\dot{I}_b = \dot{I}_i - \dot{I}_f$，即为并联反馈；又因为由图可得 $\dot{I}_f = \dfrac{\dot{V}_b - \dot{V}_e}{R_f} \approx \dfrac{\dot{V}_e}{R_f} \approx -\dot{I}_e \dfrac{R_{E2}}{R_f} \approx -K\dot{I}_o \dfrac{R_{E2}}{R_f}$，即

$\dot{I}_f$ 与 $\dot{I}_o$ 成正比，反馈信号取自输出电流，故为电流反馈。

综上所述，R_f 构成的反馈为电流并联负反馈。

采用并联负反馈时，能减小放大电路的输入电阻。此时，信号源的内阻 R_S 不能为零，且信号源的内阻越大，反馈效果越明显。

8.4.3 负反馈对放大器性能的影响

①降低放大电路的放大倍数，提高放大倍数的稳定性。

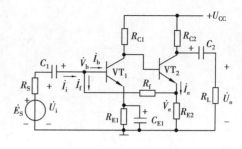

图 8.39 电流并联负反馈

②减小非线性失真。

③展宽放大电路的通频带。

④减小放大电路的内部噪声和外部干扰。

8.5 功率放大电路

在多级放大电路中，一般末级或末前级都是功率放大电路，以将前置电压放大级送来的低频信号进行功率放大，去推动负载工作。电压放大电路和功率放大电路都是利用三极管的放大作用将信号放大，但不同的是，电压放大电路的输入信号较小，目的是在不失真的前提下输出足够大的电压，讨论的主要问题是放大倍数、输入电阻和输出电阻等问题；功率放大电路的输入信号较大，目的是在不失真或少量失真的前提下输出足够大的功率，讨论的主要问题是失真、效率和输出功率等问题。

8.5.1 功率放大电路的概述

(1)功率放大电路的基本要求

对功率放大电路的基本要求有下面两点：

①在不失真或少量失真的前提下输出尽可能大的功率。为了获得较大的输出功率，往往让功率管工作在极限状态，这时要考虑到功率管的极限参数 P_{CM}、I_{CM}、$U_{(BR)CEO}$ 和散热问题。同时，由于输入信号较大，功率放大电路工作的动态范围也大，所以也要考虑失真问题。

②尽可能提高放大电路的效率。所谓效率，就是指负载得到的交流信号的功率与电源供给的直流功率之比值。

(2)放大电路的三种工作状态

放大电路的三种工作状态是甲类、甲乙类和乙类，如图 8.40 所示为放大电路的三种工作状态。

在图 8.40(a)中，静态工作点 Q 大致落在交流负载线的中点，这种情况叫做甲类工作状态。此时，不论有无输入信号，电源供给的功率 $P_E = U_{CC}I_C$ 总是不变的。当无输入信号时，电源功率全部消耗在功率管和电阻上，且以功率管的集电极损耗为主；当有输入信号时，电源功率的一部分转换为有用的输出功率 P_o，输出信号越大，输出功率也越大。在理想情况下，甲类功率放大电路的最高效率也只能达到 50%。

若要提高效率，则需从两方面着手：一是增大放大电路的动态范围来增加输出功率；二是

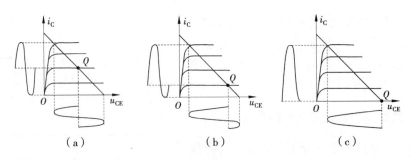

图 8.40　放大电路的 3 种工作状态

减小电路静态时所消耗的功率。前者对功率管的要求更高,成本也增加,一般不采用。而后者要在 U_{CC} 一定的条件下使静态电流 I_C 减小,即静态工作点 Q 沿负载线下移,如图 8.40(b)所示,这种状态称为甲乙类工作状态。

若将静态工作点 Q 下移到 $I_C \approx 0$ 处,则功率管的管耗更小,如图 8.40(c)所示,这时的工作状态称为乙类工作状态。在甲乙类和乙类状态下工作时,电源供给的功率为 $P_E = U_{CC} I_{C(AV)}$,式中 $I_{C(AV)}$ 为集电极电流 I_C 的平均值,而在甲类状态下工作时,集电极电流的静态值即为它的平均值,所以减小了电路静态时所消耗的功率,提高了效率,但此时将产生严重的失真。为了解决上述问题,下面介绍工作于甲乙类或乙类状态的互补对称放大电路,此电路既能提高效率,又能减小信号波形的失真。

8.5.2　互补对称功率放大电路

(1)无输出变压器(OTL)的单电源互补对称放大电路

1)无输出变压器(OTL)的互补对称功率放大电路

如图 8.41(a)所示为无输出变压器(OTL)的单电源互补对称放大电路的原理图,T_1 和 T_2 是两个不同类型的三极管,它们的特性基本上相同。

在静态时,A 点的电位为 $U_{CC}/2$,输出耦合电容 C_L 上的电压为 A 点和"地"之间的电位差,也等于 $U_{CC}/2$。此时输入端的直流电位也调至 $U_{CC}/2$,所以 T_1 和 T_2 均工作于乙类,处于截止状态。

当有信号输入时,对交流信号而言,输出耦合电容 C_L 的容抗及电源内阻均很小,可忽略不计,它的交流通路如图 8.41(b)所示。在输入信号 u_i 的正半周,T_1 和 T_2 的基极电位均大于 $U_{CC}/2$,T_1 的发射结处于正向偏置,T_2 的发射结处于反向偏置,故 T_1 导通,T_2 截止,流过负载 R_L 的电流等于 T_1 集电极电流 i_{c1},如图 8.41(b)中实线所示。同理,在输入信号 u_i 的负半周,T_1 截止,T_2 导通,流过负载 R_L 的电流等于 T_2 集电极电流 i_{c2},如图 8.41(b)中虚线所示。

在输入信号一个周期内,T_1 和 T_2 交替导通,它们互相补足,故称为互补对称放大电路,电流 i_{c1} 和 i_{c2} 以正反不同的方向交替流过负载电阻 R_L,所以在 R_L 上合成而得到一个交变的输出电压信号 u_o。并由图 8.41(a)可看出,互补对称放大电路实际上是由两个射极输出器组成,所以,它还具有输入电阻高和输出电阻低的特点。此外,当输出端短路或 R_L 过小时,将引起发射极电流增加,这时电阻 R_{E1} 和 R_{E2} 将起限流保护作用。为了不使 C_L 放电过程中(T_1 截止,T_2 导通时)电压下降过多,所以,C_L 的电容量必须足够大,且连接时应注意它的极性。

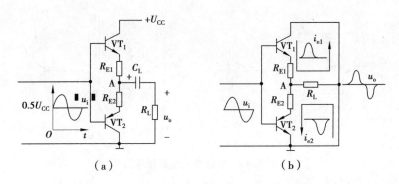

图 8.41 OTL 互补对称放大电路及其交流通路

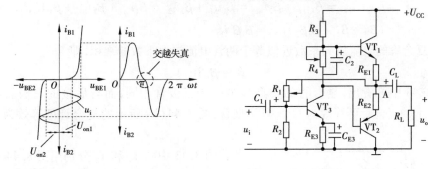

图 8.42 基极电流的交越失真波形   图 8.43 具有推动互补的 OTL 电路

从图 8.41(a)可看出,该放大电路工作于乙类状态,因为三极管的输入特性曲线上有一段死区电压,当输入电压尚小,不足以克服死区电压时,三极管就截止,所以在死区电压这段区域内(即输入信号过零时)输出电压为零,将产生失真,这种失真叫交越失真,如图 8.42 所示为基极电流 i_b 的交越失真波形。为了避免交越失真,可使静态工作点稍高于截止点,即避开死区段,也就是使放大电路工作在甲乙类状态。

为了使互补对称放大电路尽可能地输出最大功率,一般要加推动级,以保证有足够的功率输出。图 8.43 所示电路为一种具有推动级的互补对称放大电路。下面介绍该电路各元件的作用。T_3 为工作于甲类状态的推动管,R_1 和 R_2 为它的分压式偏置电路。R_3 和 R_4 既是 T_3 的集电极电阻,又是 T_1 和 T_2 的偏置电阻。调节 R_4 的大小,还可使 T_3 的静态集电极电流 I_{C3} 在 R_4 上产生的压降恰好等于两管的死区电压,使 T_1 和 T_2 工作于甲乙类,避免产生交越失真。在电阻 R_4 上并联旁路电容 C_2,可使动态时 T_1 和 T_2 的基极交流电位相等,否则将会造成输出波形正、负半周不对称的现象。T_3 的偏置电阻 R_1 不接到电源 U_{CC} 的正端而是接到 A 点上,是为了取得电压负反馈,以保证静态时 A 点的电位稳定在 $U_{CC}/2$。反馈原理如下:

$$温度升高 \rightarrow I_{C3} \uparrow \rightarrow R_3 I_{C3} \uparrow \rightarrow V_A \downarrow \rightarrow V_{B3} \downarrow \rightarrow I_{C3} \downarrow$$
$$V_A \uparrow$$

当有输入信号 u_i 时,C_1 和 C_{E3} 均可看成短路,故 u_1 直接加到 T_3 的发射结,经 T_3 放大后,从 T_3 的集电极输出信号,即为 T_1 和 T_2 的输入信号,以后工作情况与图 8.41 所示电路完全一样。

2)由复合管组成的互补对称功率放大电路

互补对称功率放大电路图 8.41(a)中的 T_1 和 T_2 要求为类型不同但特性一致的功率管,这在实际中很难实现。所以,我们常用复合管来解决这一问题。如图 8.44 所示为两种类型的复合管,复合管的连接原则是 T_1 与 T_2 的电流前后流向一致。

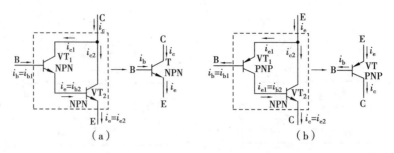

图 8.44　复合管的组成原理图

由图 8.44(a)中可得

$$i_c = i_{c1} + i_{c2} = \beta_1 i_{b1} + \beta_2 i_{b2} = \beta_1 i_{b1} + \beta_2 i_{e2} = \beta_1 i_{b1} + \beta_2(1 + \beta_1)i_{b1}$$

$$= (\beta_1 + \beta_2 + \beta_1\beta_2)i_{b1} \approx \beta_1\beta_2 i_{b1}$$

所以,复合管的电流放大系数近似等于两管电流放大系数的乘积,即

$$\beta \approx \beta_1\beta_2 \tag{8.34}$$

从图 8.44 中可看出,复合管的类型与第一个三极管相同,而与后接的三极管无关。图 8.44(a)所示的复合管可等效为一个 NPN 型管,图 8.44(b)所示的复合管可等效为一个 PNP 型管。

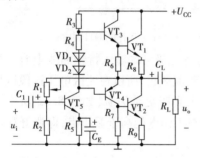

图 8.45　由复合管组成的 OTL 电路

若将图 8.43 中的 T_1 和 T_2 分别用图 8.44 中的复合管代替,便可得如图 8.45 所示的电路。图 8.45 中 R_6 和 R_7 的作用是将复合管第一管的穿透电流 I_{CEO} 分流,以减小总的穿透电流,提高复合管的热稳定性。R_8 和 R_9 用来得到电流负反馈,提高电路的稳定性,R_4 和二极管 D_1、D_2 的串联电路是避免产生交越失真的另一种电路。

至于无输出变压器(OTL)的单电源互补对称放大电路的功率,先假设电路工作在乙类和极限状态,且 $U_{om} = U_{cem} = U_{CC}/2$,则最大输出功率为

$$P_{om} = \frac{U_{om}}{\sqrt{2}} \times \frac{I_{om}}{\sqrt{2}} = \frac{U_{om}}{\sqrt{2}} \times \frac{U_{om}}{\sqrt{2}R_L} = \frac{U_{om}^2}{2R_L} = \frac{U_{CC}^2}{8R_L} \tag{8.35}$$

式中

$$I_{om} = \frac{U_{om}}{R_L} = \frac{U_{CC}}{2R_L}$$

电源供给的功率为

$$P_E = U_{CC}I_{C(AV)} = \frac{U_{CC}^2}{2\pi R_L} \tag{8.36}$$

式中

$$I_{C(AV)} = \frac{1}{2\pi}\int_0^\pi I_{om}\sin\omega t\,d(\omega t) = \frac{1}{2\pi}\int_0^\pi \frac{U_{CC}}{2R_L}\sin\omega t\,d(\omega t) = \frac{U_{CC}}{2\pi R_L}$$

所以,理想情况下,OTL 互补对称放大电路的效率为

$$\eta = \frac{P_{om}}{P_E}100\% = \frac{\pi}{4} \times 100\% = 78.5\% \tag{8.37}$$

实际效率要低于此值。

（2）无输出电容（OCL）的双电源互补对称放大电路

OTL 互补对称放大电路，采用大容量电容器 C_L 与负载耦合，所以影响了放大电路的低频性能，且难以实现集成化。为了解决这一问题，可把 C_L 除去而采用正负两个电源，如图 8.46 所示电路。由于这种电路没有输出电容，所以把它叫作无输出电容（OCL）的双电源互补对称放大电路。

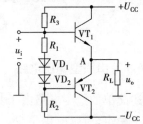

图 8.46　OCL 互补对称功率放大电路

从图 8.46 所示电路可看出，R_1、D_1 和 D_2 能使电路工作于甲乙类状态，以免产生交越失真。由于电路对称，静态时两功率管 T_1 和 T_2 的电流相等，所以负载电阻 R_L 中无电流通过，两管的发射极电位 $V_A = 0$。它的工作原理与无输出变压器（OTL）的单电源互补对称放大电路相似。在理想情况下，可以证明，无输出电容（OCL）的双电源互补对称放大电路的效率也等于 78.5%。

8.6　晶体管串联型稳压电路

8.6.1　基本串联稳压电路

从三极管输出特性可以看出，因集-射极之间的等效直流电阻 $R_{CE} = \dfrac{U_{CE}}{I_C} = \dfrac{U_{CE}}{\beta I_B}$，所以改变基极电流就可改变集-射极之间的电阻，即三极管可看成受基极电流控制的可变电阻。若将它串入并联型稳压电路，就可利用其电阻的变化来实现稳压。这种用于调整输出电压并使其稳定的三极管，称为调整管。

图 8.47（a）所示为最简单的串联稳压电路，其中三极管 T 为调整管，起可变电阻的作用；稳压管 D_Z 起稳定调整管基极电压的作用。从图中可看出：

$$U_{BE} + U_o = U_Z \tag{8.38}$$

即

$$U_{BE} = U_Z - U_o \tag{8.39}$$

假设 U_Z 稳定，U_o 升高，其稳压过程可表示为

$$U_o \uparrow \rightarrow U_{BE} \downarrow \rightarrow I_B \downarrow \rightarrow$$
$$U_o \downarrow \leftarrow U_{CE} \uparrow \leftarrow R_{CE} \uparrow \leftarrow$$

假设 U_Z 稳定，U_o 下降，其变化过程与上述情况相反。

若将图 8.47（a）改画成图 8.47（b）的形式，则 U_o 与 U_Z 就满足"跟随关系"，即一旦 U_Z 稳定，在输入电压 U_i 和负载电流 I_L 的变化范围内，U_o 也基本稳定。加入射极跟随器后，稳压管接在三极管的基极，而负载电流流过三极管，所以稳压电路带负载能力得到提高。

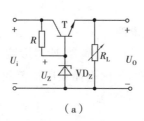 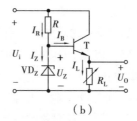

（a） （b）

图 8.47　最简单的串联型稳压电路

8.6.2　串联型稳压电路

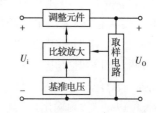

图 8.48　具有放大环节的串联型稳压电路方框图

上述简单的稳压电路由于其输出电压不可调，且稳压性能不稳定，所以应用很少。具有放大环节的串联型稳压电路不但其输出电压在一定范围内可调，而且稳压性能较好，所以应用较广。

（1）电路组成

具有放大环节的串联型稳压电路主要由四大部分组成：取样电路、基准电压、比较放大和调整元件，如图 8.48 所示。

（2）工作原理

图 8.49 所示为其电路原理图。其稳压原理如下：

设负载 R_L 不变，输入电压 U_i 升高时，其稳压过程如下：

$$U_i \uparrow \rightarrow U_o \uparrow \rightarrow V_{B2} \uparrow \rightarrow U_{BE2} \uparrow \rightarrow I_{B2} \uparrow \rightarrow I_{C2} \uparrow \rightarrow V_{C2}(V_{B1}) \downarrow \rightarrow$$
$$U_o \downarrow \leftarrow U_{CE1} \uparrow \leftarrow R_{CE1} \uparrow \leftarrow I_{B1} \downarrow \leftarrow U_{BE1} \downarrow \leftarrow$$

同理，设 R_L 不变，U_i 降低时，其稳压过程与上述过程相反。

设 U_i 不变，R_L 减小，即 I_L 增加时，其稳压过程如下：

$$I_L \uparrow \rightarrow U_o \downarrow \rightarrow V_{B2} \downarrow \rightarrow U_{BE2} \downarrow \rightarrow I_{B2} \downarrow \rightarrow I_{C2} \downarrow \rightarrow V_{C2}(V_{B1}) \uparrow \rightarrow$$
$$U_o \uparrow \leftarrow U_{CE1} \downarrow \leftarrow R_{CE1} \downarrow \leftarrow I_{B1} \uparrow \leftarrow U_{BE1} \uparrow \leftarrow$$

同埋，U_i 不变，R_L 增大，即 I_L 减小时，其稳压过程与上述过程相反。

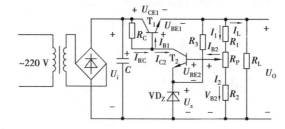

图 8.49　具有放大环节的串联型稳压电路原理图

（3）输出稳定电压的调节

由图 8.49 可知：当 $I_2 \gg I_{B2}$ 时，$V_{B2} = \dfrac{R_2 + R_{P(下)}}{R_1 + R_2 + R_P} U_o$

则

$$U_o = \frac{R_1 + R_2 + R_P}{R_2 + R_{P(下)}} V_{B2} = \frac{R_1 + R_2 + R_P}{R_2 + R_{P(下)}}(U_Z + U_{BE2}) \tag{8.40}$$

式中 $R_{P(下)}$ 为可变电阻抽头下部分阻值。因 $U_Z \gg U_{BE2}$，所以

$$U_o = \frac{R_1 + R_2 + R_P}{R_2 + R_{P(下)}} U_Z \qquad (8.41)$$

式中 $\dfrac{R_1 + R_2 + R_P}{R_2 + R_{P(下)}}$ 的倒数 $\dfrac{R_2 + R_{P(下)}}{R_1 + R_2 + R_P}$ 为分压比，用 n 表示，则

$$U_o = \frac{U_Z}{n} \qquad (8.42)$$

从式(8.41)可看出，只要改变 R_P 的抽头位置，即可改变电路的分压比，从而调整输出电压 U_o 的大小。

(4)影响串联型可调式稳压电路稳压性能的因素

1)取样电路

取样电路的分压比 n 越稳定，则稳压性能越好。所以，取样电阻 R_1、R_2 和 R_P 应采用金属膜电阻。

2)基准电压

从式(8.41)可看出，U_Z 值越稳定，则 U_o 也越稳定。因此，稳压管应选用动态电阻小、电压温度系数小的硅稳压二极管。

3)比较放大

放大级的 A_u 越大，则稳定性能越好，调压越灵敏，所以应使比较放大级有较高的增益和较高的稳定性。

4)调整元件

输出功率较大的稳压电源，应选用大功率三极管作调整管，但大功率管的 β 较小，

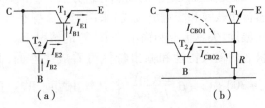

图 8.50　用复合管作调整管的电路

影响稳压性能，故常采用图 8.50(a)所示的复合管，其 β 可提高到 $\beta = \beta_1 \beta_2$。但复合管的穿透电流大太，会影响稳压性能，故常采用图 8.50(b)所示的复合管，其中电阻 R 的作用就是为复合管的穿透电流提供分流支路。

本章小结

1.三极管具有电流放大作用，即用一个微小变化幅度的基极电流来控制较大变化幅度的集电极电流。三极管具有电流放大作用的外部条件是发射结正偏，集电结反偏；内部条件是基区很薄且掺杂浓度小，集电区的掺杂浓度低于发射区的掺杂浓度。三极管的输入和输出特性曲线均为非线性曲线，且从它的输出特性曲线可得，三极管可以工作在放大、饱和、截止 3 个区。

(1)共发射极和共集电极的电流放大系数

直流放大系数 $\bar{\beta} \approx \dfrac{I_C}{I_B}(I_C \gg I_{CEO})$；交流放大系数 $\beta = \dfrac{\Delta I_C}{\Delta I_B}$，一般情况下，$\bar{\beta} \approx \beta$。

(2)共发射极电路的电流分配关系

$I_C = \beta I_B + I_{CEO} \approx \beta I_B$，$I_{CEO} = (1+\beta) I_{CBO}$，$I_E = I_C + I_B = (1+\beta)(I_B + I_{CBO}) \approx (1+\beta) I_B$。

（3）处于放大状态下的三极管,三个引脚对地的电位

对于 NPN 管有 $V_C > V_B > V_E$;对于 PNP 管有 $V_C < V_B < V_E$。

2. 对放大电路的分析包括静态分析和动态分析。静态分析是确定放大电路的直流状态,为交流放大提供一个合适的静态工作点。静态工作点的确定可用估算法,静态工作点的选择、调整和稳定是静态分析的主要问题,静态工作点过高,电路将出现饱和失真,过低又会产生截止失真。动态分析主要是分析放大电路对交流信号的放大能力,以及对信号源信号的利用率及带负载能力,可用电压放大倍数、输入电阻和输出电阻 3 个动态性能指标来衡量。

（1）无输入信号时,放大电路中只有直流分量（也就是静态工作点的数值,由偏置电路决定）。有输入信号时,放大电路中除直流分量外,还有交流分量（随输入信号的变化而变化）。一个放大电路的电压放大倍数是指输出电压的变化量与输入电压的变化量之比,对交流放大电路来说,即为两者交流分量的最大值或有效值之比。

（2）画直流通路的原则:将电路中的电容视为开路,电感视为短路;只考虑直流,不考虑交流。

画交流通路的原则:将电路中的电容视为短路,电感视为开路;只考虑交流,对直流电源而言,其内阻约为零,也可看成短路。

（3）交流放大电路的动态分析方法。①图解法:由三极管的特性曲线和电路的负载线（包括直流负载线和交流负载线）来确定直流静态量和交流分量,适应于分析动态大信号（如输出电压幅度、失真情况和输出功率等）的情况下。②微变等效电路法:在小信号的工作情况下,三极管的输入特性和输出特性可看成线性的,此时从输入端向里看可等效为输入电阻 r_{be} $\left[r_{be} \approx 300 + (1 + \beta)\dfrac{26(\mathrm{mV})}{I_E(\mathrm{mA})} \right]$,从输出端向里看可等效为一个受控电流源（$i_c = \beta i_b$）的线性电路。但此方法只适应于求交流参数 $\dot{A}_u$、r_i 和 r_o。

（4）放大电路的三种基本组态为共射放大电路、共基极放大电路和射极输出器电路。工作点稳定电路是针对晶体管器件的热不稳定性而提出的,利用分压式偏置放大电路可提高放大电路的热稳定性。交流放大器的基本单元电路（包括共射放大电路和射极输出器电路）有三种。

3. 多级放大电路的耦合方式主要有阻容耦合和直接耦合两种方式,它们各有优缺点。

（1）阻容耦合:前后级之间是通过耦合电容连接的,其特点是前后级的静态工作点互不影响,可单独调整;但它只能放大交流信号,不适宜传送缓慢变化的信号和直流信号,不便于制成集成电路。

（2）直接耦合:前后级之间是通过导线连接的,其特点是不但能放大交流信号,还能传送缓慢变化的信号和直流信号;但前后级的静态工作点会互相影响,不可单独调整,主要应用在集成电路中。

4. 反馈的分类及判别方法。

（1）正、负反馈的判别。通常采用"瞬时极性法",即先假定输入信号处于某一瞬时极性（在电路中用符号⊕、⊖来表示瞬时极性的正、负,分别代表该点的瞬时信号的变化为升高或下降）,然后逐级推出电路其他各有关点的瞬时极性,最后判断反馈到输入端信号的瞬时极性是增强还是削弱了原来的信号。若是增强了原来的信号,则为正反馈;若是减弱了原来的信号,则为负反馈。

（2）电压反馈和电流反馈的判别方法:假设把输出端短路,若反馈信号消失,则属于电压

反馈;若反馈信号还存在,则属于电流反馈。

(3)串联反馈和并联反馈的判别方法:如果放大器的净输入信号 $\dot{X}_d$ 是由输入信号 $\dot{X}_i$ 和反馈信号 $\dot{X}_f$ 串联而成的,即以电压叠加的形式出现,则为串联反馈;如果放大器的净输入信号 $\dot{X}_d$ 是由输入信号 $\dot{X}_i$ 和反馈信号 $\dot{X}_f$ 并联而成的,即以电流叠加的形式出现,则为并联反馈。

对于共发射极电路来说,若反馈支路是从放大电路输出端的集电极引出的,则为电压反馈;若反馈支路是从放大电路输出端的发射极引出的,则为电流反馈。若反馈支路引入放大电路输入端的基极,则为并联反馈;若反馈支路引入放大电路输入端的发射极,则为串联反馈。

(4)负反馈放大电路的四种基本类型:电压串联负反馈,电压并联负反馈,电流串联负反馈,电流并联负反馈。

5. 功率放大电路的主要任务:在不失真或少量失真的前提下输出尽可能大的功率和尽可能提高放大电路的效率。功率放大电路的三种工作状态是甲类、甲乙类和乙类,一般工作在大信号状态,通常采用图解法进行分析。为了避免交越失真,可使静态工作点稍高于截止点,即避开死区段,也就是使放大电路工作在甲乙类状态。

6. 影响串联型可调式稳压电路稳压性能的因素。

(1)取样电路:取样电路的分压比 n 越稳定,则稳压性能越好。所以,取样电阻 R_1、R_2 和 R_P 应采用金属膜电阻。

(2)基准电压:U_Z 值越稳定,则 U_o 也越稳定。因此,稳压管应选用动态电阻小、电压温度系数小的硅稳压二极管。

(3)比较放大:放大级的 A_u 越大,则稳定性能越好,调压越灵敏,所以应使比较放大级有较高的增益和较高的稳定性。

(4)调整元件:输出功率较大的稳压电源,应选用大功率三极管作调整管,但大功率管的 β 较小,影响稳压性能,故常采用复合管。

习　题

8.1　若测得三极管 3 个极的电位分别为 $V_A = 6\ \text{V}$,$V_B = 2.6\ \text{V}$,$V_C = 2\ \text{V}$,问此管是 PNP 管还是 NPN 管,并指出 3 个极。

8.2　一个三极管的 $P_{CM} = 100\ \text{mW}$,$I_{CM} = 200\ \text{mA}$,$U_{(BR)CEO} = 15\ \text{V}$,问下列几种情况下,哪种是正常工作?

(1)$U_{CE} = 2\ \text{V}$,$I_C = 40\ \text{mA}$;

(2)$U_{CE} = 6\ \text{V}$,$I_C = 20\ \text{mA}$;

(3)$U_{CE} = 3\ \text{V}$,$I_C = 100\ \text{mA}$。

8.3　三极管放大电路如图 8.51 所示,已知 $U_{CC} = 12\ \text{V}$,$R_C = 3\ \text{k}\Omega$,$R_B = 240\ \text{k}\Omega$,三极管的 $\beta = 40$,试求:

(1)估算各静态值 I_B、I_C、U_{CE};

(2)在静态时,C_1 和 C_2 上的电压各为多少? 极性如何?

8.4　在题 8.4 中,若调节 R_B,使 $R_{CE} = 3\ \text{V}$,则此时 R_B 为多少? 若调节 R_B,使 $I_C = 1.5\ \text{mA}$,

此时 R_B 又等于多少?

8.5　在题 8.4 中,若 $U_{CC} = 10$ V,现设 $R_{CE} = 5$ V,$I_C = 2$ mA,$\beta = 40$,试求 R_C 和 R_B 的阻值。

8.6　在题 8.4 中,在下列两种情况下,试利用微变等效电路法计算放大电路的电压放大倍数 A_u。(假设 $r_{be} = 1$ kΩ)

(1)输出端开路;

(2)$R_L = 6$ kΩ。

8.7　某放大电路的输出电阻 $r_o = 4$ kΩ。输出端的开路电压有效值 $U_o = 2$ V,若该电路现接有负载电阻 $R_L = 6$ kΩ,问此时输出电压将下降多少?

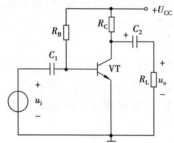

图 8.51　习题 8.4 的图

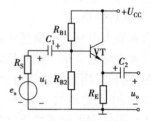

图 8.52　习题 8.8 的图

8.8　如图 8.52 所示的射极输出器电路中,若已知 $R_S = 50$ Ω,$R_{B1} = 100$ kΩ,$R_{B2} = 30$ kΩ,$R_E = 1$ kΩ,三极管的 $\beta = 50$,$r_{be} = 1$ kΩ,试求:A_u、r_i、r_o。

8.9　有一负反馈放大电路,已知 $|A| = 300$,$|F| = 0.01$。试问:

(1)闭环电压放大倍数 $|A_f|$ 为多少?

(2)若 $|A|$ 发生 ±20% 的变化,则 $|A_f|$ 的相对变化为多少?

8.10　在如图 8.53 所示的电路中,若三极管的 $\beta = 60$,输入电阻 $r_{be} = 1.8$ kΩ,信号源的输入信号 $E_S = 15$ mV,内阻 $R_S = 0.6$ kΩ,各元件的数值如图中所示。试求:(1)输入电阻 r_i 和输出电阻 r_o;(2)输出电压 U_o;(3)若 $R''_E = 0$,则 U_o 又等于多少?

8.11　如图 8.54 所示的电路为直接耦合两级放大电路,若三极管的 $\beta_1 = \beta_2 = 40$,$r_{be1} = 1.37$ kΩ,$r_{be2} = 0.89$ kΩ。试求:(1)画出直流通路图,并计算各级电路的静态值;(2)画出微变等效电路图,并计算 A_{u1}、A_{u2} 和 A_u。

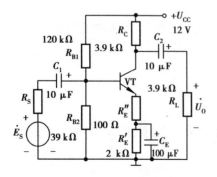

图 8.53　习题 8.10 的图

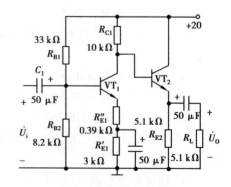

图 8.54　习题 8.11 的图

第 9 章
集成运算放大器

本章以集成运算放大器为核心,在介绍它的主要组成部分——差动放大器的基础上,分析集成运算放大器电路的组成、工作原理、线性与非线性方面的应用等。

9.1 集成运算放大器概述

9.1.1 集成运算放大器的组成

不管是什么型号的组件,集成运算放大器基本上都由输入级、中间放大级和功率输出级 3 部分组成,如图 9.1 所示为集成运算放大器的原理框图。输入级一般是晶体管恒流源双端输入差动放大电路,以减少零点漂移,提高共模抑制比和输入电阻。中间放大级的主要作用是放大电压,它具有足够大的电压放大倍数,并能将双端输入转为单端输出,作为输出级的驱动源。输出级要求有较大的功率输出和较强的带负载能力,一般采用射极输出器或互补对称电路,以减小输出电阻。

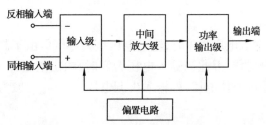

图 9.1　集成运算放大器的原理框图

F007(5G24)集成运算放大器的电路符号、外形和引脚如图 9.2 所示。

F007 由 24 个晶体管(其中 4 个接成二极管)、10 个电阻和 1 个电容组成,放大倍数高达 10^5 以上。在应用时,需了解集成运算放大器的各个引脚。

①"2"——反相输入端,以"–"表示。由此端输入信号,则输出信号与输入信号反相;

②"3"——同相输入端,以"＋"表示。由此端输入信号,则输出信号与输入信号同相;

③"4"——负电源端,接 –15 V 电源;

④"7"——正电源端,接 +15 V 电源。

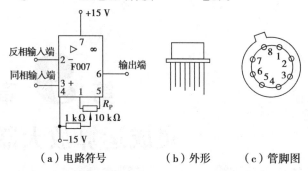

（a）电路符号　　　（b）外形　　（c）管脚图

图 9.2　F007 集成运算放大器

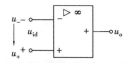

图 9.3　集成运放组件简化符号

为了突出运算放大器输入与输出电压之间的关系,可用图 9.3 所示更简单的电路符号表示。图中运算放大器的输入信号为 $u_{id} = u_- - u_+$,而输出电压则为

$$u_o = A_o(u_- - u_+) = A_o u_{id} \tag{9.1}$$

9.1.2　集成运算放大器的主要参数

运算放大器的性能可以用一些参数来表示,为了合理地选用运算放大器,必须了解各主要参数的含义。

（1）开环电压放大倍数 A_{uo}

此参数指运放(即运算放大器)组件没有外接反馈电阻(开环)时的电压放大倍数。A_{uo} 越大,运算电路精度越高,工作性能越好。A_{uo} 均为 $10^4 \sim 10^7$,即 80 dB ~ 140 dB[①]。

（2）最大输出电压 U_{opp}

此参数指运放组件在不失真的条件下的最大输出电压。以 F007 为例,当电源电压为 ± 15 V 时,U_{opp} 均为 ± 12 V。由于 $A_{uo} = 10^5$,故输入差模电压 u_{id} 的峰—峰值最大不超过 ± 0.1 mV。若 u_{id} 超过此范围,则运放器将处于非线性状态(饱和或截止),输出电压 u_o 不再跟随输入信号变化。

（3）输入失调电压 u_{io}

理想的运放组件,当输入电压为零时,输出电压也为零。但由于制造工艺上的原因,运放组件的参数很难达到完全对称,因此当输入电压为零时,输出电压并不为零。如果要 $u_o = 0$,必须在输入端加一个很小的补偿电压,即输入失调电压 u_{io}。u_{io} 一般为毫伏数量级,其值越小越好。

（4）输入失调电流 I_{io}

由于组件参数不对称,当输入信号为零时,运算放大器两个输入端的静态基极电流不相等,其差值 $I_{io} = |I_{B1} - I_{B2}|$,称为输入失调电流。$I_{io}$ 一般在微安数量级,其值越小越好。

---

① 放大倍数可用对数形式表示,其单位为分贝(dB),即 $A = 20 \lg \dfrac{u_o}{u_i}$(dB)。

（5）输入偏置电流 I_{iB}

输入信号为零时，两个输入端静态基极电流的平均值，即 $I_{iB}=(I_{B1}+I_{B2})/2$ 称为输入偏置电流 I_{iB}，它的大小主要和输入级电路的性能有关，其值越小越好。典型值为几百纳安，高质量的目前为几个纳安。

（6）最大差模输入电压 U_{idM}

运算放大器两个输入端间允许加的最大电压称为最大差模输入电压，其大小取决于输入级的结构。当输入电压超过此值时，输入级电路的管子将被损坏。

（7）最大共模输入电压 U_{icM}

运算放大器对共模信号的抑制，只有在一定的共模输入电压范围内才存在，这一允许的最大共模输入电压即为 U_{icM}。超过此值，运算放大器就不能正常工作。

9.1.3 运算放大器理想化的参数条件及电压传输特性

理想运算放大器是不存在的，但实际运算放大器的许多性能指标已接近于理想情况，因此在分析各种集成运放构成的电子电路原理时一般都按照理想条件去讨论，以简化电路分析。理想化的条件主要是：

①开环电压放大倍数 $A_{uo}\to\infty$；

②差模输入电阻 $r_{id}\to\infty$；

③开环输出电阻 $r_o\to 0$；

④共模抑制比 $K_{CMRR}\to\infty$。

在将运算放大器理想化以后，分析由运算放大器构成的线性应用电路时，可认为运算放大器有以下特点：

①由于运算放大器输入电阻很高，故可认为反相输入端和同相输入端的输入电流小到近似等于零，即运放器本身不取用电流。

$$i_- \approx 0, \ i_+ \approx 0 \qquad (9.2)$$

上式表明流入集成运放的两个输入端的电流可视为零，但不是真正断开，故称为"虚断"。

②由于运算放大器开环电压放大倍数 A_{uo} 很高，而输出电压又是一个有限数值，即 $u_{uo}=A_{uo}(u_- - u_+)$，所以 $u_- - u_+ = u_o/A_{uo}\approx 0$，于是反相输入端与同相输入端电位相等，即集成运放两个输入端之间的电压非常接近于零，但又不是短路，故称为"虚短"。

$$u_+ \approx u_- \qquad (9.3)$$

虚短是高增益的运放组件引入深度负反馈的必然结果，只有在闭环状态下，工作于线性区的运算放大器才有虚短现象。离开上述

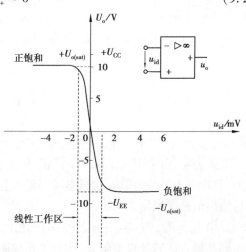

图 9.4 典型运放的电压传输特性

前提条件,虚短现象不存在。

③若同相输入端接"地"($u_+ = 0$),则反相输入端近似等于"地"电位,称为"虚地"。

$$u_- \approx 0 \tag{9.4}$$

电压传输特性是指输出电压与输入电压的关系曲线。从图9.4所示传输特性看,运算放大器可工作在线性区,也可工作在饱和区。

当运算放大器工作在线性区时,u_o 和 $u_- - u_+$ 是线性关系,即 $u_o = A_{uo}(u_- - u_+)$,运算放大器是一个线性放大元件。由于运算放大器的开环电压放大倍数 A_{uo} 很高,即使输入毫伏级以下的信号,也足以使输出电压饱和,其饱和值为 $+U_{o(sat)}$ 或 $-U_{o(sat)}$,达到接近正、负电源电压值;同时由于干扰,使工作难于稳定。为此要使运算放大器工作在线性区,都要引入深度负反馈。

运算放大器工作在饱和区时,$u_- - u_+ = u_o/A_{uo}$ 不能满足,此时输出电压要么等于 $+U_{o(sat)}$,要么等于 $-U_{o(sat)}$。

当 $u_- > u_+$ 时,$u_o = -U_{o(sat)}$;当 $u_- < u_+$ 时 $u_o = +U_{o(sat)}$。

9.2 基本运算电路

集成运算放大器的线性应用,主要是实现各种模拟信号(随时间连续变化的信号)的比例、求和、积分、微分、对数、指数等数学运算,以及有源滤波、信号检测、采样保持等。

9.2.1 比例运算电路

(1)反相比例运算电路

图9.5所示电路中,输入信号 u_i 经 R_1 加在反相输入端与"地"之间,输出信号 u_o 与 u_i 反相,同相输入端经 R_2 接地,反馈电阻 R_F 跨接于输入与输出端之间,把 u_o 反馈至输入端引入深度并联电压负反馈。

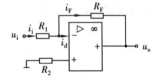

图 9.5 反相比例运算电器

由于运放器本身不取用电流 $i_- \approx 0$,所以有 $i_1 \approx i_F$,而 $i_1 = (u_i - u_-)/R_1$,$i_F = (u_- - u_o)/R_F$,又因为同相输入端 u_+ 接"地",反相输入端 u_- 为"虚地",由此得到

$$i_1 = u_i/R_1, i_F = -u_o/R_F$$

所以

$$u_i/R_1 \approx -u_o/R_F$$

即

$$u_o = -R_F/R_1 \cdot u_i \text{ 或 } A_F = u_o/u_i = -R_F/R_1 \tag{9.5}$$

上式表明,由于引入了深度负反馈,运算放大器的闭环电压放大倍数与运放组件本身参数无关,只决定于外接电阻。同时也说明输入与输出电压是比例运算关系,式中负号表明输入信号与输出信号反相位。

如果 $R_1 = R_F$,则 $u_o = -u_i$,此时的反相比例运放电路称为反相器。

同相输入端的外接电阻 R_2 称为平衡电阻,其作用是保证运算放大器差动输入级输入端静态电路的平衡。R_2 的选择应使两输入端外接直流通路等效电阻值平衡,即 $R_2 = R_1 // R_F$。

(2)同相比例运算电路

同相比例运算电路如图9.6(a)所示。输入信号 u_i 经电阻 R_2 接到同相输入端与"地"之间,反相输入端通过 R_1 接"地",显然,这是一个串联电压负反馈电路。同样,由于运算放大器本身不取用电流, $i_1 \approx i_F$,而 $u_i = u_+ = u_-$,所以

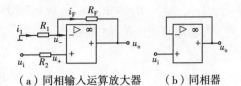

（a）同相输入运算放大器 （b）同相器

图9.6 同相比例运算电路

$$\frac{0 - u_i}{R_1} \approx \frac{u_i - u_o}{R_F}$$

$$u_o = (1 + R_F / R_1) \text{ 或 } A_F = u_o / u_i = 1 + R_F / R_1 \tag{9.6}$$

上式表明,在同相比例运算电路中,其 u_o 与 u_i 的比值为 $1 + R_f / R_1$ 。平衡电阻 $R_2 = R_1 // R_F$ 。

如果 $R_F = 0$,则 $u_o = u_i$,此时的同相比例运算电路称为同相器或电压跟随器。和射极跟随器一样,同相器也具有很大的输入电阻和很小的输出电阻。同相器中 R_F 与 R_2 均可除去,如图9.6(b)所示。

9.2.2 加法、减法运算电路

(1)加法电路

1)反相加法运算电路

在反相输入端接上若干输入电路,则构成反相加法运算电路,如图9.7所示。由于集成运算放大器本身不取用电流 $i_- \approx 0$,所以有

$$i_{11} + i_{12} + i_{13} = i_F$$

考虑到反相输入时,反相输入端为"虚地",则

$$\frac{u_{i1}}{R_{11}} + \frac{u_{i2}}{R_{12}} + \frac{u_{i3}}{R_{13}} \approx -\frac{u_o}{R_F}$$

即

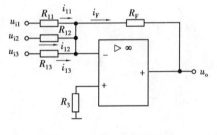

图9.7 反相加法运算电路

$$u_o = -\left(\frac{F_F}{R_{11}} u_{i1} + \frac{R_F}{R_{12}} u_{i2} + \frac{R_F}{R_{13}} u_{i3} \right) \tag{9.7}$$

平衡电阻

$$R_2 = R_{11} // R_{12} // R_{13} // R_F$$

[例9.1] 试按照下列运算关系设计集成运放构成的运算放大电路:

$$u_o = 4u_{i1} - u_{i2}$$

解 为了实现上式运算,可以用两块集成运放构成图9.8所示电路。由电路可得

$$u_{o1} = -(R_{F1} / R_1) u_{i1}$$

$$U_o = -(R_{F2} / R_3) u_{o1} - (R_{F2} / R_4) u_{i2}$$

根据题意可知

$$R_{F1} / R_1 = 4, \frac{R_{F2}}{R_3} = \frac{R_{F2}}{R_4} = 1$$

若选 $R_{F1} = 100 \text{ k}\Omega, R_{F2} = 75 \text{ k}\Omega$,则

$$R_1 = R_{F1}/4 = 1/4 \times 100 = 25 \text{ k}\Omega, R_3 = R_4 = R_{F2} = 75 \text{ k}\Omega$$

为满足电阻匹配条件,则

$$R_2 = R_1 /\!/ R_{F1} = 25 /\!/ 100 = 20 \text{ k}\Omega$$

$$R_5 = R_3 /\!/ R_4 /\!/ R_{F2} = 75 /\!/ 75 /\!/ 75 = 25 \text{ k}\Omega$$

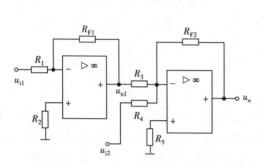
图 9.8　例 9.1 的运算电路

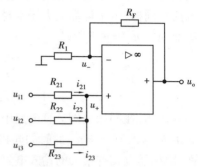
图 9.9　同相加法运算电路

2)同相加法运算电路

如图 9.9 所示为同相加法运算电路,其中

$$i_{21} + i_{22} + i_{23} = 0$$

$$\frac{u_{i1} - u_+}{R_{21}} + \frac{u_{i2} - u_+}{R_{22}} + \frac{u_{i3} - u_+}{R_{23}} = 0$$

$$\frac{u_{i1}}{R_{21}} + \frac{u_{i2}}{R_{22}} + \frac{u_{i3}}{R_{23}} = u_+ \left(\frac{1}{R_{21}} + \frac{1}{R_{22}} + \frac{1}{R_{23}} \right)$$

由于

$$u_- = \frac{R_1}{R_1 + R_F} u_o \approx u_+$$

所以

$$\frac{u_{i1}}{R_{21}} + \frac{u_{i2}}{R_{22}} + \frac{u_{i3}}{R_{23}} = \frac{R_1}{R_1 + R_F} \left(\frac{1}{R_{21}} + \frac{1}{R_{22}} + \frac{1}{R_{23}} \right) u_o$$

$$u_o = \left(1 + \frac{R_F}{R_1} \right) \frac{\dfrac{u_{i1}}{R_{21}} + \dfrac{u_{i2}}{R_{22}} + \dfrac{u_{i3}}{R_{23}}}{\dfrac{1}{R_{21}} + \dfrac{1}{R_{22}} + \dfrac{1}{R_{23}}} \qquad (9.8)$$

若使 $R_{21} = R_{22} = R_{23}$,且 $R_F = 2R_1$,则有

$$u_o = u_{i1} + u_{i2} + u_{i3} \qquad (9.9)$$

必须指出,在同相输入运算电路中,加在两个输入端的信号 $u_+ \approx u_-$ 是一对大小近似相等、相位相同的共模信号。因此,采用同相输入方式时,应保证输入电压小于集成运放组件所允许的最大共模输入电压。

(2)减法电路

差动输入方式如图 9.10 所示。输入信号 u_{i1} 和 u_{i2} 分别经电阻 R_1 和 R_2 加在反相和同相输入端。由于运算放大器是在线性条件下工作,可以运用叠加原理求出其运算关系。

设 u_{i1} 单独作用,这时 $u_{i2} = 0$(接地),这是反相运算方式,则

$$u_o' = -(R_F/R_1)u_{i1}$$

设 u_{i2} 单独作用，这时 $u_{i1} = 0$（接地），这是同相运算方式，则

$$u_o'' = (1 + R_F/R_1)u_+$$

由于 u_{i2} 不是直接接在同相输入端，而是经 R_2 和 R_3 分压后才接到同相输入端，则

$$u_+ = \frac{R_3}{R_2 + R_3}u_{i2}$$

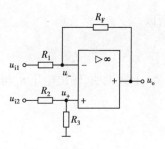

图 9.10　差动输入的运算电路

u_{i1} 和 u_{i2} 同时作用，输出电压 u_o 为

$$u_o = u_o' + u_o'' = -(R_F/R_1)u_{i1} + (1 + R_F/R_1)\frac{R_3}{R_2 + R_3}u_{i2} \tag{9.10}$$

若 $R_1 = R_2$，$R_3 = R_F$，上式可写为

$$u_o = \frac{R_F}{R_1}(u_{i2} - u_{i1}) \tag{9.11}$$

可以实现比例减法运算。若取 $R_1 = R_2 = R_3 = R_F$，则

$$u_o = u_{i2} - u_{i1} \tag{9.12}$$

故这就实现了减法运算。

9.2.3　微分、积分运算电路

（1）微分电路

将反相比例运算电路中的 R_1 换成电容 C，就是微分运算电路，如图 9.11 所示。由于有 $i_- \approx 0$，u_- 端为虚地，故

$$i_1 \approx i_F$$

$$i_1 = C\frac{\mathrm{d}u_c}{\mathrm{d}t} = C\frac{\mathrm{d}u_i}{\mathrm{d}t}, i_F = -\frac{u_o}{R_F}$$

于是

$$C\frac{\mathrm{d}u_i}{\mathrm{d}t} = -\frac{u_o}{R_F}$$

即

$$u_o = -R_FC\frac{\mathrm{d}u_i}{\mathrm{d}t} \tag{9.13}$$

上式说明了输出电压 u_o 与输入电压 u_i 的微分成正比。

（2）积分电路

将反相比例运算电路中的 R_F 换成电容 C_F，则成为积分运算电路，如图 9.12 所示。同样，由于有 $u_- = 0$，$i_1 \approx i_F$，故 $i_1 = u_i / R_1$，而 i_F 是流经电容 C 的电流，所以有

$$u_c = \frac{1}{C_F}\int i_F\mathrm{d}t = \frac{1}{C_F}\int \frac{u_i}{R_1}\mathrm{d}t = \frac{1}{R_1C_F}\int u_i\mathrm{d}t$$

且

$$u_o = -u_c$$

所以

$$u_o = -\frac{1}{R_1 C_F}\int u_i \mathrm{d}_t \qquad (9.14)$$

上式说明,输出电压 u_o 与输入电压 u_i 的积分成正比。若 u_i 为直流电压 U_i,则

$$u_o = -\frac{U_i}{R_1 C_F}t \qquad (9.15)$$

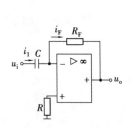

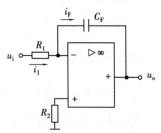

图 9.11 微分运算电路   图 9.12 积分运算电路

可见 u_o 与时间 t 具有线性关系,输出电压将随时间的增加而线性增长。图 9.13 所示 u_i 为正向阶跃电压时,微分运算电路与积分运算电路的输出电压波形。由图 9.13(b)可知,当积分时间足够大时,u_o 达到集成运放输出负饱和值 $-U_{o(sat)}$,此时运放进入非线性状态。若此时去掉信号($u_i = 0$),由于电容无放电回路,输出电压 u_o 维持在 $-U_{o(sat)}$,当 u_i 变为负值时,电容将反向放电,输出电压从 $-U_{o(sat)}$ 开始增加。

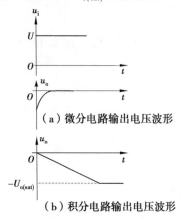

（a）微分电路输出电压波形

（b）积分电路输出电压波形

图 9.13 阶跃电压作用下的微分与
积分电路输出电压波形

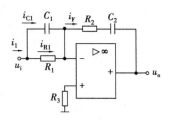

图 9.14 PID 放大器

[**例 9.2**] 试求如图 9.14 所示电路的 u_o 与 u_i 的关系式。

解 由反相输入方式可知

$$i_1 = i_{R1} + i_{C1} \approx i_F$$

$$i_{R1} \cong u_i/R_1 \qquad i_{C1} \cong C_1 \frac{\mathrm{d}u_i}{\mathrm{d}t}$$

$$u_{C2} = \frac{1}{C_2}\int i_F \mathrm{d}t \qquad i_F = C_2 \frac{\mathrm{d}u_{C2}}{\mathrm{d}t}$$

$$u_o = -(i_F R_2 + u_{C2})$$

$$= - \left[(i_{R1} + i_{C1}) R_2 + \frac{1}{C_2} \int (i_{R1} + i_{C1}) \, dt \right]$$

$$= - \left[\frac{R_2}{R_1} u_i + R_2 C_1 \frac{du_i}{dt} + \frac{1}{R_1 C_2} \int u_i \, dt + \frac{C_1}{C_2} \int du_i \right]$$

$$= - \left[\left(\frac{R_2}{R_1} + \frac{C_1}{C_2} \right) u_i + R_2 C_1 \frac{du_i}{dt} + \frac{1}{R_1 C_2} \int u_i \, dt \right] \tag{9.16}$$

上式表明,在图 9.14 所示电路中,输出电压 u_o 与输入电压 u_i 之间有比例(比例系数为 $R_2/R_1 + C_1/C_2$)、微分(微分时间常数为 $R_2 C_1$)和积分(积分时间常数为 $1/R_1 C_2$)的关系。显然,这些系数是互相牵连而不能独立调节的,而且 u_o 和 u_i 在相位上是相反的。这种电路称为 PID 放大器,在自动控制系统中经常用到。

9.2.4　电流、电压转换电路

在工业控制仪表中,常常需要将各种信号(电压信号或电流信号)互相转换。如图 9.15 所示为电流—电压转换器,它能实现电流、电压线性转换。由图可知,它属反相输入方式电路,$u_- = 0$,反相输入端是虚地。

$$I = i_F \qquad i_F = - u_o / R_F$$

故

$$u_o = - R_F i \tag{9.17}$$

上式说明了电流 i 和输出电压 u_o 之间的线性转换关系,即电流信号可转换成电压信号。例如光电器件产生的光电流是数值很小的待测电流,通过该电路则可以把它转换成电压进行测量。

图 9.16 所示为电压—电流转换器,它将电压转换为电流。输入电压信号接在同相输入端,负载电阻 R_L 接在反馈回路中。由于有 $u_- \approx u_+$,且 $u_+ = u_i$,则

$$i = u_- / R_1 = u_i / R_1$$

$$i_F = i = u_i / R_1 \tag{9.18}$$

上式说明 i_F 与 u_i 成正比,而与负载电阻 R_L 的大小无关。同时,由于运放组件的输入电阻很高,因此输出电流 i_F 的大小对信号源的工作没有影响。

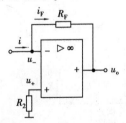

图 9.15　电流—电压转换器

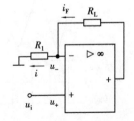

图 9.16　电压—电流转换器

9.3　基本信号处理

当运算放大器处于开环或加有正反馈的工作状态时,由于开环放大倍数 A_o 很高,很小的

输入电压或干扰电压就足以使放大器的输出电压达到饱和值,输出电压 u_o 接近集成运放组件的正、负电源电压值:当净输入电压 $(u_+ - u_-) > 0$ 时, u_o 为正电源电压值;当 $(u_+ - u_-) < 0$ 时, u_o 为负电源电压值。此时放大器的输出电压和输入电压之间不存在线性关系。

9.3.1 比较器

比较器是对输入信号进行鉴别和比较的电路,视输入信号是大于还是小于给定值来决定输出状态。它在测量、控制以及各种非正弦波发生器等电路中得到广泛应用。

如图 9.17(a)所示电路为最简单的比较器,电路中无反馈环节,运算放大器在开环状态下工作。U_R 为基准电压,它可以为正值或负值,也可以为零值,接至同相端。输入信号接至反相端与 U_R 进行比较。当 $u_i > U_R$ 时,$(u_+ - u_-) < 0$,组件处于负饱和状态,u_o 为负饱和值$(-U_{o(sat)})$;当 $u_i < U_R$ 时,$(u_+ - u_-) > 0$,组件处于正饱和状态,u_o 为正饱和值$(+U_{o(sat)})$,其传输特性(即输入电压 u_i 与输出电压 u_o 的关系)如图 9.17(b)所示。

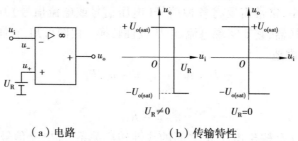

（a）电路　　　　（b）传输特性

图 9.17　电压比较器

若 $U_R = 0$,则输入信号 u_i 每次过零时,输出电压 u_o 都会发生突变,其传输特性通过坐标原点,这种比较器称为过零比较器。利用过零比较器可以实现信号的波形变换。例如若 u_i 为正弦波,如图 9.18(a)所示;u_i 每过零一次,u_o 就产生一次跃变,其波形为方波,如图 9.18(b)所示。若在过零比较器的输出端接上 RC 微分电路 $(\tau = RC \ll T/2,T$ 为输入信号周期$)$,如图 9.18(e)所示,再由二极管的反向隔离作用,使 u_L 波形如图 9.18(d)所示。

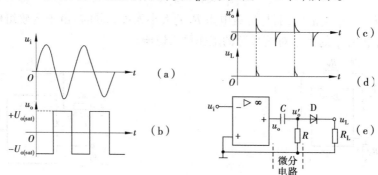

图 9.18　过零比较器的应用

有时为了将输出电压限制在某一范围之内,以与接在输出端的数字部件相配合,此时可在比较器的输出端与反相输入端之间跨接一个双向稳压管 D_Z,作双向限幅用,如图 9.19(a)所示,或者采用图 9.19(b)所示电路,也可达到限幅目的。

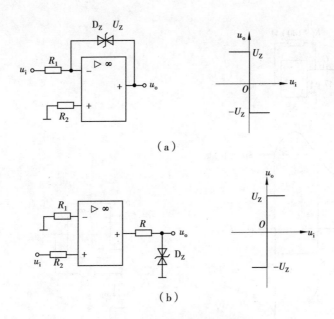

（a）

（b）

图 9.19　有限幅的过零比较器

[**例 9.3**]　在图 9.20（a）所示电路中,若输入信号为正弦波,如图 9.20（b）所示,试分别画出 u_{o1} 和 u_{o2} 的波形。设图中稳压管的稳定电压均为 6 V。

解　集成运放 A_1 组成过零比较器。当 $u_i > 0$ 时,$u_{o1} < 0$,则稳压管 D_{Z1} 导通,D_{Z2} 处于稳压状态,$u_{o1} = -(U_{D1} + U_{Z2}) = -(0.7 + 6)$ V $= -6.7$ V。

当 $u_i < 0$ 时,$u_{o1} > 0$,则稳压管 D_{Z2} 导通,D_{Z1} 处于稳压状态,$u_{o1} = U_{D2} + U_{Z1} = (0.7 + 6)$ V $=$ 6.7 V。

所以 u_{o1} 的波形为矩形波,如图 9.20（c）所示。

集成运放 A_2 组成微分电路,即 $u_{o2} = -R_F C \dfrac{\mathrm{d}u_{o1}}{\mathrm{d}t}$,其波形应为尖脉冲波,如图 9.20（d）所示。

在应用过零比较器时,若 u_i 值在零值附近,由于零点漂移电压的存在,u_o 将不断地在 $\pm U_{o(\text{sat})}$ 之间跳变,电路抗干扰能力极差。如果在过零比较器的基础上引入正反馈,即将输出电压通过电阻 R_F 再反馈到同相输入端,形成电压串联正反馈,其阈值电压就随输出电压的大小和极性而变,这时比较器的输入—输出特性曲线具有滞迟回线形状。这种比较器称为滞迟比较器或滞回比较器,又称为施密特触发器,如图 9.21 所示。

其中,输入信号加在反相输入端,而反馈信号作用于同相输入端,反馈电压

$$u_F = u_+ = \frac{R_2}{R_F + R_2} u_o \tag{9.19}$$

如果比较器的输出电压 $u_o = +U_{o(\text{sat})}$,要使 u_o 变为 $-U_{o(\text{sat})}$,则 $u_i > u_+ = \dfrac{R_2}{R_F + R_2} U_{o(\text{sat})}$;如果比较器输出电压 $u_o = -U_{o(\text{sat})}$,要使 u_o 变为 $+U_{o(\text{sat})}$,则 $u_i < u_+ = \dfrac{R_2}{R_F + R_2}(-U_{o(\text{sat})})$。在图 9.21（b）中：

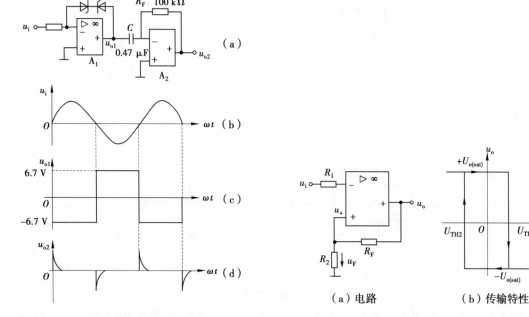

图 9.20 例 9.3 的图 　　　　　　　　图 9.21 滞回比较器

$$U_{\text{TH1}} = \frac{R_2}{R_F + R_2} U_{o(\text{sat})} \text{——上阈值电压，即 } u_i > U_{\text{TH1}} \text{后，} u_o \text{从 } U_{o(\text{sat})} \text{变为} - U_{o(\text{sat})}\text{。}$$

$$U_{\text{TH2}} = \frac{R_2}{R_F + R_2} (- U_{o(\text{sat})}) \text{——下阈值电压，即 } u_i < U_{\text{TH2}} \text{后，} u_o \text{从} - U_{o(\text{sat})} \text{变为} + U_{o(\text{sat})}\text{。}$$

图 9.21(a)中，若 R_2 经电源 U_R 接地，如图 9.22(a)所示，其传输特性将在横轴向正方向移动，如图 9.22(b)所示。此时的上、下阈值电压可由叠加方法求出。

当电源 U_R 单独作用时

$$u'_+ = \frac{R_F}{R_F + R_2} U_R$$

当 u_o 单独作用时

$$u''_+ = \frac{R_2}{R_F + R_2} u_o$$

当 u_o 与 U_R 同时作用时

$$u_+ = u'_+ + u''_+ = \frac{R_F}{R_F + R_2} U_R + \frac{R_2}{R_F + R_2} u_o \tag{9.20}$$

设运放输出电压 $u_o = + U_{o(\text{sat})}$。当 $u_i > u_+$ 时，则运放输出 u_o 从 $+ U_{o(\text{sat})}$ 变为 $- U_{o(\text{sat})}$。此时的 u_+ 称为上阈值电压 U_{TH1}。

$$U_{\text{TH1}} = \frac{R_F}{R_F + R_2} U_R + \frac{R_2}{R_F + R_2} U_{o(\text{sat})} \tag{9.21}$$

设运放输出电压 $u_o = - U_{o(\text{sat})}$。当 $u_i < u_+$ 时，则运放输出 u_o 从 $- U_{o(\text{sat})}$ 变为 $+ U_{o(\text{sat})}$。此时的 u_+ 称为下阈值电压 U_{TH2}。

$$U_{\text{TH2}} = \frac{R_F}{R_F + R_2} U_R + \frac{R_2}{R_F + R_2} (- U_{o(\text{sat})}) \tag{9.22}$$

上式中,若 $\dfrac{R_{\mathrm{F}}}{R_{\mathrm{F}}+R_2}U_{\mathrm{R}} > \dfrac{R_2}{R_{\mathrm{F}}+R_2}U_{\mathrm{o(sat)}}$,其传输特性如图 9.22(b)所示。该传输特性的特点是当输入 $u_{\mathrm{i}} > U_{\mathrm{TH1}}$(上阈值电压)时,$u_{\mathrm{o}}$ 从 $+U_{\mathrm{o(sat)}}$ 变为 $-U_{\mathrm{o(sat)}}$。当输入 $u_{\mathrm{i}} < U_{\mathrm{TH2}}$(下阈值电压)时,$u_{\mathrm{o}}$ 从 $-U_{\mathrm{o(sat)}}$ 变为 $+U_{\mathrm{o(sat)}}$。这种传输特性称为反相型特性。具有反相特性的比较器称为反相型滞回比较器。

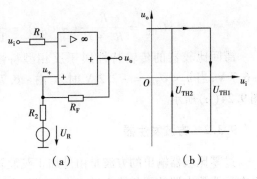

图 9.22　反相型滞回比较器

如果进行比较的输入信号作用于运放的同相输入端,运放的反相输入端直接接地或经 U_{R} 电源接地,这种比较器具有同相型特性,称为同相型滞回比较器,如图 9.23 所示,本文不再赘述。

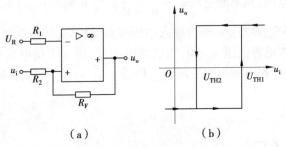

图 9.23　同相型滞回比较器

[**例 9.4**]　图 9.24 为集成运放理想组件,$u_{\mathrm{i}}=6\sin\omega t$ V,稳压管 D_{Z1} 和 D_{Z2} 的稳压值均为 6 V,试画出输出电压 u_{o} 的波形,并求出其幅值与周期。

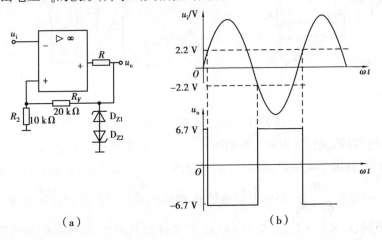

图 9.24　例 9.4 的图

解　图 9.24(a)所示电路为滞回比较器,可求出上、下阈值电压,由于 D_{Z1} 与 D_{Z2} 的限幅作用,最大输出电压被限制在 ±6.7 V 内。

$$U_{\mathrm{TH1}} = \frac{R_2}{R_2+R_{\mathrm{F}}}U_{\mathrm{OM}} = \frac{10}{10+20} \times 6.7\ \mathrm{V} = 2.2\ \mathrm{V}$$

$$U_{TH2} = \frac{R_2}{R_2 + R_F}(-U_{OM}) = \frac{10}{10 + 20} \times (-6.7) \text{ V} = -2.2 \text{ V}$$

滞回比较器的传输特性属于反相型特性。当 $u_i > U_{TH1} = 2.2$ V 时，u_o 由 $+6.7$ V 变为 -6.7 V；当 $u_i < U_{TH2} = -2.2$ V 时，u_o 由 -6.7 V 变为 $+6.7$ V。由此可绘出输出电压波形，如图 9.24(b) 所示。

9.3.2 方波发生器

过零比较器输出的方波是由外加正弦波转换过来的，它实质上是一种波形变换电路。如果在运算放大器的同相输入端引入适当的电压正反馈，则电路的电压放大倍数更高，输出与输入也不是线性关系，也即运算放大器在不需要外接信号的情况下可自行输出方波。如图 9.25 (a) 是方波发生器的基本电路，输出电压 u_o 经电阻 R_1 和 R_2 分压，将部分电压通过 R_3 反馈到同相输入端作为基准电压，其基准电压 $u_2 = \dfrac{R_2}{R_1 + R_2}u_o$ 与 u_o 同相位。同时，输出电压 u_o 又经 R_F 与 C 组成积分电路，将电容电压 u_c 作为输入电压接至反相端，与基准电压 u_2 进行比较。

如在接通电源之前电容电压 $u_c = 0$，则接通电源后，由于干扰电压的作用，输出电压 u_o 很快达到饱和值，而其极性则由随机因素决定。如设 $u_o = +U_{o(sat)}$（正饱和值），则同相输入端电压 $u_+ = +U_{o(sat)}\dfrac{R_2}{R_1 + R_2}$。

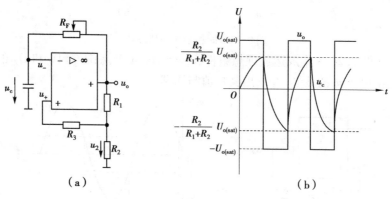

图 9.25 方波发生器的电路与波形图

同时随着电容的充电，反相输入端电压 $u_- = u_c$ 按指数规律上升，到 u_- 略大于 u_+ 时，输出电压 u_o 变为负值，并由于正反馈，很快从正饱和值 $+U_{o(sat)}$ 变为负饱和值 $-U_{o(sat)}$。此时 u_+ 为负值，即 $u_+ = -U_{o(sat)}\dfrac{R_2}{R_1 + R_2}$，同时电容通过 R_F 和输出端放电并进行反向充电。当 u_- 反向充电到比 u_+ 更负时，u_o 又从 $-U_{o(sat)}$ 变为 $+U_{o(sat)}$。如此反复翻转，输出端便形成矩形波振荡，如图 9.25(b) 所示。可以证明，振荡周期为

$$T = 2R_F C \ln\left(1 + \frac{2R_2}{R_1}\right) \tag{9.23}$$

适当选取 R_L 和 R_2 的值，使 $R_2/R_1 = 0.86$，则振荡效率为

$$f = \frac{1}{2R_F C} \tag{9.24}$$

调节 R_F 阻值,即可改变输出波形的振荡频率。

9.4　集成稳压电路

分立元件组装的稳压电源,虽然具有输出功率大、适应性较广等优点,但因其体积大、焊点多、可靠性差等使其应用范围受到限制。近年来,集成稳压电源由于体积小、可靠性高、使用灵活、价格低廉等优点而得到广泛应用,其中小功率的三端串联型稳压器的使用最为普遍。

9.4.1　固定式三端集成稳压器

(1)固定式三端集成稳压器简介

该稳压电源电路仅有输入、输出和接地 3 个接线端子,并有固定的输出稳定电压。其成品外形有塑料封装和金属封装两种,常用的有 W7800 系列,输出正电压。它的系列序号的最末两位数表示的是标称输出电压值,有 5 V、6 V、8 V、9 V、12 V、15 V、18 V 和 24 V 等几个等级,如 W7805 表示输出 +5 V 电压。此系列输出电流最大值为 $I_{Omax} = 1.5$ A。W7800 系列的外形及引脚排列如图 9.26(a)所示。

同类型的系列产品还有 W78M00 系列($I_{Omax} = 0.5$ A)、W78L00 系列($I_{Omax} = 0.1$ A),最近又有 W78H00 系列($I_{Omax} = 5$ A)、W78P00 系列($I_{Omax} = 10$ A)等。

W7900 系列输出电压为负值,相应的输出电压等级和输出电流等级与 W7800 系列一样。其外形及引脚排列如图 9.35(b)所示。

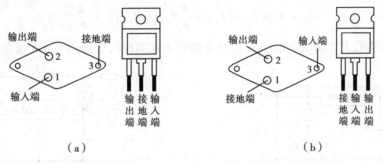

图 9.26　W7800 和 W7900 系列的外形及引脚排列

(2)固定式三端集成稳压器的典型应用电路

使用固定式三端集成稳压器时,W7800 系列的输入电压 U_i 的正极接输入端,负极接公共端地;输出电压 U_o 的正极接输出端,负极接公共端地。W7900 系列的接法与它相反。同时,在其输入端和输出端与公共端之间各并联一个电容 C_i 和 C_o,C_i 用以抵消输入端接线较长时产生的电感效应,防止产生自激振荡,C_i 的大小一般为 $0.1 \sim 1$ μF;C_o 是为了瞬时增减负载电流时不致引起输出电压有较大的波动,C_o 的大小一般也在 $0.1 \sim 1$ μF 范围内。

1)基本应用电路

如图 9.27(a)和(b)所示电路分别为用 W7800 和 W7900 系列组成的稳压电路,其分别输出正电压和负电压,接线时引脚不能接错,公共端不得悬空。当输出电压较高,电容 C_o 较大时,必须在输入端与输出端之间接一只保护二极管 D,否则,一旦输入端短路时,C_o 上存储的电荷将通过稳压管内部调整管的发射结和集电结泄放而将发射结击穿。接上 D 后,C_o 可通过 D 放电。

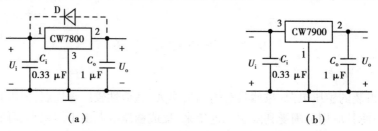

图 9.27　W7800 和 W7900 组成的稳压电路

2)提高输出电压的电路

如图 9.28 所示的电路可使输出电压高于固定输出电压。从图中可得出

$$U_\text{o} = U_{\times\times} + U_\text{Z} \tag{9.25}$$

式中 $U_{\times\times}$ 为 W78×× 稳压器的固定输出电压。

3)提高输出电流的电路

当电路需要输出较大的电流时,如图 9.29 所示的电路可使输出电流高于集成稳压器的输出电流。其中三极管 T 和二极管 D 为采用同一种材料的晶体管,所以 T 的发射结电压 U_BE 与 D 的正向压降相等,即 $I_\text{E}R_1 = I_\text{R}R$。$I_2$ 为稳压器的输出电流,用 $I_{\times\times}$ 表示,I_C 为功率管的集电极电流,I_R 是电阻 R 上的电流,I_3 一般很小,可忽略不计,则可得

$$I_\text{C} \approx I_\text{E} = \frac{R}{R_1}I_\text{R} \approx \frac{R}{R_1}I_{\times\times} \tag{9.26}$$

输出电流 I_o 为

$$I_\text{o} = I_2 + I_\text{C} \approx I_{\times\times} + \frac{R}{R_1}I_{\times\times} = I_{\times\times}\left(1 + \frac{R}{R_1}\right) \tag{9.27}$$

所以只要适当选取 R 与 R_1 的比值,就可使电路的 I_o 比集成稳压器的 $I_{\times\times}$ 大很多倍。

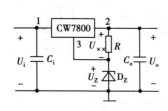

图 9.28　提高输出电压的电路

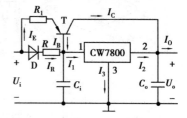

图 9.29　提高输出电流的电路

4)正、负电压同时输出的电路

W7800 和 W7900 系列配合使用,就能接成同时输出正、负电压的电路。如图 9.30 所示的

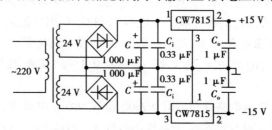

图 9.30　同时输出正、负电压的电路

电路能同时输出正、负 15 V 的电压。

9.4.2　可调式三端集成稳压器

该集成稳压器不仅输出电压可调,而且稳压性能指标均优于固定式集成稳压器,其调压范围为 1.2 ~ 37 V,最大输出电流为 1.5 A。常用的有 W317(输出正电压)和 W337(输出负电压),其内部结构与固定式 W7800(或 W7900)系列相似,所不同的是三个接线端分别为输入端、输出端和调整端。图 9.31(a)和(b)分别为用 W317 和 W337 集成稳压器构成的正、负电源的电路图。

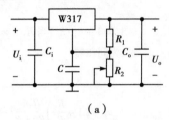 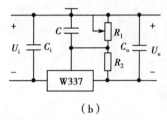

（a）　　　　　　　　　　　　　　　　　（b）

图 9.31　可调式集成稳压器构成的正、负电源电路

以上介绍的集成稳压电源中因其调整管都工作在线性状态,故统称为线性集成稳压电源。这种电源虽然精度高、结构简单,但因为管耗大、效率低、体积大,所以其应用在某些方面还是受到了限制。近年来发展了一种使调整管工作在开关状态下的开关式稳压器,因其效率高、功耗小,特别是体积小,所以发展很快,应用较广。

本章小结

1. 运算放大器的输入由差动放大电路组成。运算放大器的主要特点:它的开环电压放大倍数 A_o、输入电阻 r_id 和共模抑制比 K_CMRR 都很高;输出电阻 $r_\mathrm{o} \approx 0$。故它工作在线性区时有两条基本性质是:①反相输入端和同相输入端的电位基本上相等,即 $u_+ \approx u_-$,称为虚短;若反相输入时,同相端接"地",则反相输入端为"虚地";②运放器本身不取用电流,即 $i_+ = i_- \approx 0$,称为虚断。

运算放大器在线性运用时,必须引入深度负反馈,其结果导致运放器闭环放大倍数与运放组件本身的参数无关,成为较理想的线性运放器件。而它工作在饱和区(或开环状态)时,①若 $u_+ > u_-$,则 $u_\mathrm{o} = + U_\mathrm{o(sat)}$;②若 $u_- > u_+$,则 $u_\mathrm{o} = - U_\mathrm{o(sat)}$。

2. 运放器在线性应用时可以有 3 种输入方式:反相输入、同相输入和差动输入,如表 9.1 所示,可实现比例求和、差、微分和积分等多种数学运算,以及有源滤波、电流、电压转换等。

3. 如果运放器不加负反馈(开环)或通过反馈网络引入正反馈,此时运放器在很小的输入电压或干扰的作用下,输出电压接近正或负电源电压值。利用这种非线性特点可以组成各种电压比较器及波形发生器等。

表 9.1   反相输入、同相输入和差动输入的特征和功能比较

输入方式	电路图	分析方法	特　征	功　能
反相输入		$u_- \approx u_+ = 0$ $i_+ = i_- \approx 0$	电压并联负反馈，$R_2 = R_1 /\!/ R_F$	$A_{uf} = -R_F/R_1$，当 $R_F = R_1$ 时，为反相器
同相输入		$u_+ = u_- = u_i$ $i_+ = i_- \approx 0$	电压串联负反馈，$R_2 = R_1 /\!/ R_F$	$A_{uf} = 1 + R_F/R_1$，当 $R_1 = \infty$，或 $R_F = 0$ 时，为同相器
双端输入		为反相输入与同相输入相叠加而成	对 u_{i1} 为电压并联反馈；对 u_{i2} 为电压串联负反馈	$u_o = \left(1 + \dfrac{R_F}{R_1}\right)\dfrac{R_3 u_{i2}}{R_2 + R_3} - \dfrac{R_F}{R_1}u_{i1}$ 当 $R_F = R_3$，$R_2 = R_1$ 时，$u_o = \dfrac{R_F}{R_1}(u_{i2} - u_{i1})$

习　题

9.1   试按照下列运算关系式，分别设计由集成运放构成的运算放大电路。

(1) $u_o = -(u_{i1} + 0.5u_{i2})$　　　($R_F = 50$ kΩ)；

(2) $u_o = 0.7u_i$；

(3) $u_o = 3u_{i2} - 2u_{i1}$　　　($R_F = 100$ kΩ)；

(4) $u_o = -200\!\int u_{i1}\mathrm{d}t - 100\!\int u_{i2}\mathrm{d}t$　　　($C_F = 0.1$ μF)。

9.2   试求图 9.32 各电路输出电压 u_o 与输入电压 u_i 之间的关系式。

9.3   在图 9.33 所示电路中：$R_L = 50$ kΩ，$R_2 = 33$ kΩ，$R_3 = 3$ kΩ，$R_4 = 2$ kΩ，$R_F = 100$ kΩ，试求电压放大倍数 A_{uf}。

9.4   试判断图 9.34 中各电路引入的极间反馈是正反馈还是负反馈，并判断反馈的类型。

9.5   图 9.35(a) 所示电路的输入信号波形如图 9.35(b) 所示，且 $t = 0$ 时电容两端电压为 0，试画出输出电压波形。

9.6   图 9.36 所示为运算放大器测量电压的电路，试确定不同量程的电阻 R_{11}、R_{12}、R_{13} 的阻值。

9.7   图 9.37 所示是利用运算放大器测量电流的电路，当被测电流为 5 mA、1 mA 时，电压表都达到 5 V 的满量程，求 R_{F1} 和 R_{F2} 的阻值。

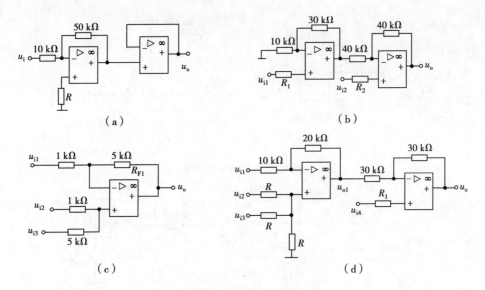

图 9.32　习题 9.2 的图

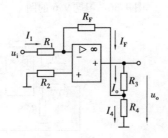

图 9.33　习题 9.3 的图

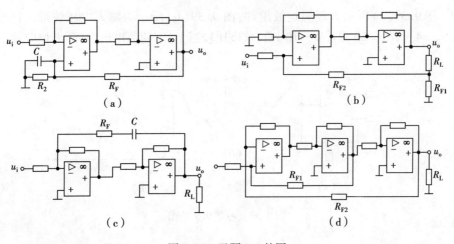

图 9.34　习题 9.4 的图

9.8　图 9.38 所示是由运算放大器构成的电路，求 $u_o = f(u_i)$ 关系。

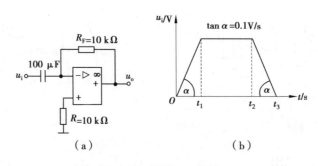

图 9.35　习题 9.5 的图

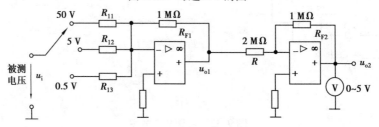

图 9.36　习题 9.6 的图

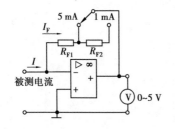

图 9.37　习题 9.7 的图

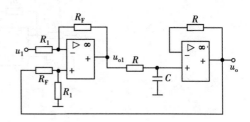

图 9.38　习题 9.8 的图

9.9　图 9.39(a)所示为理想运放组件,图 9.39(b)所示为输入电压波形。已知 $U_{OM}=\pm15$ V,$U_R=4$ V,$R_F=20$ kΩ,$R_2=10$ kΩ,求该比较器上、下阈值电压,并画出相应输出电压的波形。

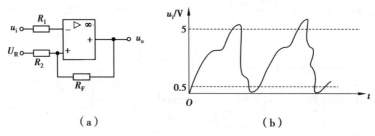

图 9.39　习题 9.9 的图

第 **10** 章

数字逻辑基础

本章介绍数字电路的基本概念、基础知识,逻辑的基本概念、基本逻辑运算和逻辑代数基础知识及化简方法。

10.1 数字电路概述

10.1.1 数字信号和数字电路

电子技术中的工作信号可以分为模拟信号和数字信号两大类。模拟信号是指时间上和数值上都是连续变化的信号,如电视的图像和伴音信号、生产过程中由传感器检测的由某种物理量(如温度、压力)转化成电信号等。传输、处理模拟信号的电路称为模拟电路。数字信号是指时间和数值上都是断续变化的离散信号,它们的变化发生在离散的瞬间,如电子表的秒信号、由计算机键盘输入到计算机的信号等。数字电路就是传送、处理这些数字信号的。这类信号在两种稳定状态(如电位的高、低或脉冲的有、无)之间作阶跃式变化,可以分别表示"0"和"1"两种信号,如脉冲就是其典型的信号。

什么是脉冲? 脉冲就是短时间内出现的电压或电流。间断性的电压或电流叫做脉冲电压或脉冲电流。

数字信号是脉冲信号。正因为如此,有时候把数字电路也叫做脉冲电路。但一般情况下,脉冲电路着重研究脉冲信号的产生、变换、放大、测量等。数字电路着重研究构成数字电路各单元之间的逻辑关系。

脉冲参数:为了表征脉冲信号的特性,常用一些参数来描述。现在以矩形脉冲电压为例介绍脉冲参数。如图10.1所示为矩形脉冲电压参数,其中:

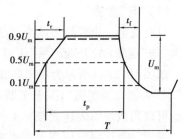

图 10.1　矩形脉冲电压参数

脉冲幅度 U_m——脉冲电压变化的最大值;

脉冲宽度 t_p——脉冲前沿 $0.5U_m$ 至脉冲后沿 $0.5U_m$ 的一段时间,又称脉冲持续的时间;

脉冲周期 T——周期性脉冲信号前后两次出现的时间间隔;

197

重复频率 $f(1/T)$——单位时间内脉冲重复的次数;

上升时间 t_r——由 $0.1U_m$ 上升到 $0.9U_m$ 所需要的时间;

下降时间 t_f——由 $0.9U_m$ 下降到 $0.1U_m$ 所需要的时间。

10.1.2　数字电路的特点和分类

通常用 0 和 1 组成的二值量表示数字信号最为简单,故常用数字信号是用电压的高、低,脉冲的有、无分别代表两个离散数值 1 和 0。所以,数字电路在结构、工作状态、研究内容和分析方法等方面都与模拟电路不同,它具有以下特点:

①数字电路在稳态时,半导体器件(如三极管)处于开关状态,即工作在饱和区和截止区。这和二进制信号的要求是相对应的。

②数字电路的基本单元电路比较简单,对元器件的精度要求不高,允许有较大的误差。具有使用方便、可靠性高、价格低廉等优点。

③在数字电路中,重点研究的总是输入信号和输出信号之间的逻辑关系,以反映电路的逻辑功能。

④数字电路的工作状态、研究内容与模拟电路不同,所以分析方法也不相同。

⑤数字电路能够对数字信号进行各种逻辑运算和算术运算。

数字电路按其组成的结构不同可分为分立元件电路和集成电路两大类。其中,集成电路按集成度大小分为小规模集成电路(SSI 集成度为 1 ~ 10 门/片),中规模集成电路(MSI 集成度为 10 ~ 100 门/片),大规模集成电路(LSI 集成度为 100 ~ 1 000 门/片)和超大规模集成电路(VLSI 集成度为大于 1 000 门/片)。

按电路的所用元器件的不同,数字电路可分双极型和单极型电路。

按电路逻辑功能的不同特点,数字电路又分为组合逻辑电路和时序逻辑电路两大类。

10.2　逻辑运算

10.2.1　基本逻辑运算

基本的逻辑关系有"与"逻辑、"或"逻辑及"非"逻辑 3 种。

(1)"与"逻辑

只有决定一事件结果的全部条件同时具备时,结果才发生。这种将条件和结果的关系就称为"与"逻辑(AND)或"乘"逻辑,在逻辑代数中也称与运算。

如图 10.2(a)所示为用串联开关表示与逻辑,在电路中,设灯亮为逻辑"1",灯灭为逻辑"0";开关闭合为逻辑"1",开关断开为逻辑"0",则灯亮的条件是:开关 A、B 都闭合。这种关系也可以写成逻辑表达式:$F = A \cdot B$ 或 $F = AB$。

逻辑关系还可以用列表方式来描述,表中列出全部输入变量的所有取值组合和输出变量的一一对应关系,这种列表称为"真值表"。如表 10.1 为"与"逻辑真值表,表中给出了二变量与运算 $F = AB$ 的真值表。如图 10.2(b)所示为"与"逻辑符号。

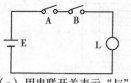

表 10.1　"与"逻辑真值表

A	B	F
0	0	0
0	1	0
1	0	0
1	1	1

图 10.2　"与"逻辑

（a）用串联开关表示"与"逻辑　（b）逻辑符号

（2）"或"逻辑

在决定事物结果的诸条件中只要有任何一个或一个以上满足,结果就会发生。这种条件和结果的关系就称为"或"逻辑（OR）或"加"逻辑,在逻辑代数中也称为或运算。如图 10.3（a）所示为用并联开关表示或逻辑,在电路中,灯亮的条件是:开关 A、B 中至少有一个闭合,这种关系也可以写成逻辑表达式:$F = A + B$。如表 10.2 所示为二变量或运算真值表,给出了二变量或运算 $F = A + B$ 的真值表。如图 10.3（b）所示为"或"逻辑符号。

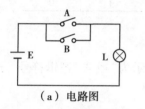

表 10.2　"或"逻辑真值表

A	B	F
0	0	0
0	1	1
1	0	1
1	1	1

图 10.3　"或"逻辑

（a）电路图　（b）逻辑符号

（3）"非"逻辑

只要条件具备了,结果便不会发生;而条件不具备时,结果一定发生。这种条件和结果的关系就称为"非"逻辑（NOT）或者"反"逻辑,在逻辑代数中也称为非运算。

如图 10.4（a）所示为用开关和灯并联表示非逻辑,在电路中,灯亮的条件是:开关 A 断开。这种关系也可以写成逻辑表达式:$F = \overline{A}$。如表 10.3 所示为"非"逻辑真值表,给出非运算 $F = \overline{A}$ 的真值表。如图 10.4（b）所示为"非"逻辑符号。

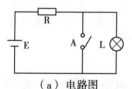

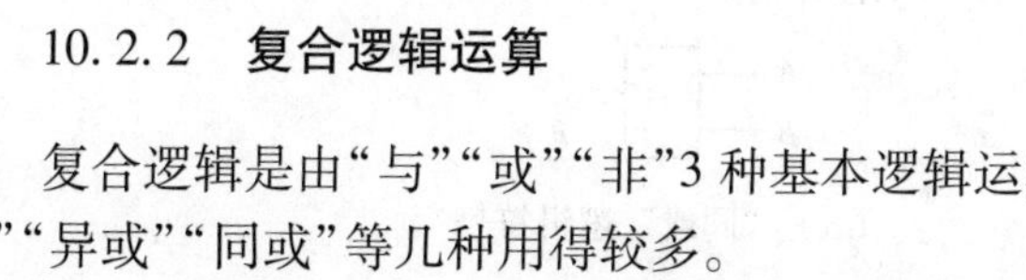

表 10.3　"非"逻辑真值表

A	F
0	1
1	0

图 10.4　非逻辑

（a）电路图　（b）逻辑符号

10.2.2　复合逻辑运算

复合逻辑是由"与""或""非"3 种基本逻辑运算复合而得到,主要有"与非""或非""与或非""异或""同或"等几种用得较多。

（1）"与非"逻辑

"与"和"非"的复合逻辑,称为"与非"逻辑,如图 10.5（a）所示为"与非"逻辑符号。逻辑函数式为

$$F = \overline{AB}$$

由此可见,"与非"逻辑实际就是"与"逻辑之"非"。如表 10.4 所示为"与非"逻辑真值

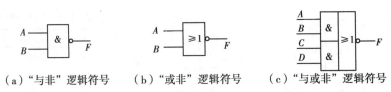

（a）"与非"逻辑符号　　（b）"或非"逻辑符号　　（c）"与或非"逻辑符号

图 10.5　逻辑符号

表,其功能为输入变量只要有一个为"0",输出就是"1";只有当全部变量输入为"1"时,输出才为"0",即"有 0 得 1,全 1 出 0"。

表 10.4　"与非"逻辑真值表

A	B	F
0	0	1
0	1	1
1	0	1
1	1	0

表 10.5　"或非"逻辑真值表

A	B	F
0	0	1
0	1	1
1	0	1
1	1	0

（2）"或非"逻辑

"或"和"非"的复合逻辑,称为"或非"逻辑,如图 10.5（b）所示为"或非"逻辑符号。逻辑函数表达式为

$$F = \overline{A + B}$$

可见,"或非"逻辑实际上就是"或"逻辑之"非"。如表 10.5 所示为"或非"逻辑真值表,其功能为输入变量只要有一个为"1",输出 $F = 0$,只有当输入变量全部为"0"时,F 才为"1",即"见 1 出 0,全 0 出 1"。

（3）"与或非"逻辑

与或非运算是与运算和或非运算组成的复合运算,如图 10.5（c）所示为"与或非"逻辑符号。逻辑函数表达式为

$$F = \overline{AB + CD + \cdots}$$

"与或非"逻辑的逻辑关系描述为:当各组"与"中至少有一组输入均为"1"时,输出才为"0";反之,当所有组"与"的输入中,都至少有一个为"0",则输出为"1"。

（4）"异或"逻辑和"同或"逻辑

若两个输入变量 A、B 的取值相异,则输出变量 F 为"1";若 A、B 取值相同,则 F 为"0"。这种逻辑关系叫"异或"（XOR）逻辑,如图 10.6（a）为"异或"逻辑符号。其逻辑函数式为

$$F = A \oplus B = \overline{A}B + A\overline{B}$$

（a）"异或"逻辑符号　　　　（b）"同或"逻辑符号

图 10.6　逻辑符号

可见,"异或"逻辑也是由"与"逻辑、"或"逻辑和"非"逻辑复合而成的,读作"F 等于 A 异或 B",其逻辑功能真值表如表 10.7 所示。输入变量相同,输出 $F = 0$,相异,输出 $F = 1$。

若两个输入变量 A、B 的取值相同,则输出变量 F 为"1";若 A、B 取值相异,则 F 为 0。这种逻辑关系叫"同或"逻辑,也叫"符合"逻辑,如图 10.6（b）所示为"同或"逻辑符号。其逻辑函数

表达式是：$F = A \odot B = AB + \overline{A}\,\overline{B}$，读作"$F$ 等于 A 同或 B"，其逻辑功能真值表如表 10.6 所示。

表 10.6　"异或"及"同或"逻辑真值表

A	B	$F = A \oplus B$	$F = A \odot B$
0	0	0	1
0	1	1	0
1	0	1	0
1	1	0	1

10.3　逻辑函数及其化简

10.3.1　逻辑代数的运算法则

（1）常量间的运算

逻辑代数中的常量只有 0 和 1，如表 10.7 所示为逻辑常量间的运算，表中给出了 0 和 1 间的与、或、非运算规则。

表 10.7　逻辑常量间的运算

与运算	或运算	非运算
$0 \cdot 0 = 0$	$0 + 0 = 0$	$\overline{1} = 0$
$0 \cdot 1 = 0$	$0 + 1 = 1$	
$1 \cdot 0 = 0$	$1 + 0 = 1$	$\overline{0} = 1$
$1 \cdot 1 = 1$	$1 + 1 = 1$	

（2）基本定律

表 10.8　逻辑代数中的基本定律

名称	基本公式和定律	
0 - 1 律	$0 \cdot A = 0$	$0 + A = A$
互补律	$1 \cdot A = A$	$1 + A = 1$
	$\overline{A} \cdot A = 0$	$A + \overline{A} = 1$
交换律	$A \cdot B = B \cdot A$	$A + B = B + A$
结合律	$A \cdot B \cdot C = (A \cdot B) \cdot C$	$(A + B) + C = A + (B + C)$
分配律	$A \cdot (B + C) = A \cdot B + A \cdot C$	$A + B \cdot C = (A + B) \cdot (A + C)$
还原率	$\overline{\overline{A}} = A$	
重叠率	$A \cdot A = A$	$A + A = A$
反演律	$\overline{A \cdot B} = \overline{A} + \overline{B}$	$\overline{A + B} = \overline{A} \cdot \overline{B}$
吸收律	$A \cdot (A + B) = A$	$A + A \cdot B = A$
	$A \cdot (\overline{A} + B) = A \cdot B$	
	$(A + B) \cdot (A + \overline{B}) = A$	
	$A \cdot B + \overline{A} \cdot C + B \cdot C = A \cdot B + \overline{A} \cdot C$	
多余项律	$(A + B) \cdot (\overline{A} + C) \cdot (B + C) = (A + B) \cdot (\overline{A} + C)$	

10.3.2 逻辑函数及其表示方法

表示输出逻辑变量和输入逻辑变量之间的关系叫作逻辑函数。例如,只包含一个逻辑变量的逻辑函数为 $F = f(A)$,其中 A 为逻辑变量,F 为逻辑函数。

逻辑函数的表示方法主要有 3 种:真值表、逻辑函数表达式和逻辑图。这 3 种方法可以互相转换。

(1)真值表

描述逻辑函数各个变量全部取值组合和函数值对应关系的表格,称为真值表。每一个逻辑变量有 0 和 1 两种取值,对于 n 个输入逻辑变量可组成 2^n 种不同状态。将输入变量的全部取值组合和相应的输出函数值一一列举出来,即可得真值表。

[**例 10.1**] 一个大厅的灯要求从 3 个地点进行控制。控制要求:3 个开关都断开,则灯不亮;任一开关接通,则灯还是不亮;只有当两个开关以上接通灯才亮。试列出真值表。

解 在列出真值表时,输入变量用 A、B、C 代表 3 个开关状态,输出逻辑变量用 F 代表灯的状态。约定输入逻辑变量取值 1 时代表开关接通,为 0 时代表开关断开。F 为 1 时代表灯亮,为 0 时代表灯不亮。由此可得真值表如表 10.9 所示。

表 10.9　例 10.1 的真值表

A	B	C	F	A	B	C	F
0	0	0	0	1	0	0	0
0	0	1	0	1	0	1	1
0	1	0	0	1	1	0	1
0	1	1	1	1	1	1	1

(2)逻辑函数式

把逻辑函数的输出、输入关系写成与、或、非等逻辑运算的组合式,此逻辑代数式称为逻辑函数式。

在真值表中,挑出那些使函数值为 1 的变量取值组合:变量值为 1 的写成原变量,为 0 的写成反变量,对应于使函数值为 1 的每一个组合可以写出一个乘积项(与关系),将这些乘积项相加(或关系),即可得到逻辑函数的与或关系式。

[**例 10.2**] 真值表如表 10.9 所示,写出其逻辑函数的表达式。

解 A、B、C 有 4 组变量使 F 为 1,即 011、101、110、111,则可得 4 个乘积项为 $\overline{A}BC$、$A\overline{B}C$、$AB\overline{C}$、ABC,该函数的与或表达式为

$$F = \overline{A}BC + A\overline{B}C + AB\overline{C} + ABC$$

(3)逻辑图

用逻辑符号表示基本单元电路以及由这些基本单元组成的逻辑部件,按逻辑函数的要求画出的图形称为逻辑图。由于逻辑代数中的基本运算都有相对应的门电路,用这些门电路的逻辑符号代替逻辑函数式中的各项,组成的图形就是逻辑图。

[**例 10.3**] 已知逻辑函数式为 $F = A + \overline{B}C + \overline{A}B\overline{C}$,求它对应的真值表和逻辑图。

解 将输入变量 A、B、C 的所有值组合逐一代入函数逻辑式,便可得表 10.10 所示真值

表。用相应的逻辑门符号表示各逻辑运算关系,便可得图 10.7 所示的逻辑图。

表 10.10　例 10.3 的真值表

A	B	C	F
0	0	0	0
0	0	1	1
0	1	0	1
0	1	1	0
1	0	0	1
1	0	1	1
1	1	0	1
1	1	1	1

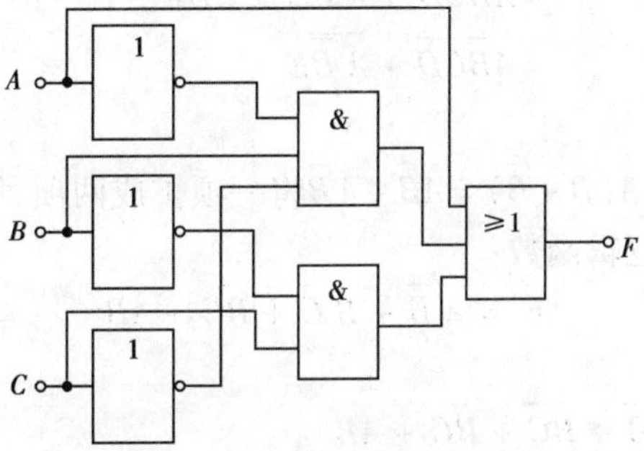

图 10.7　例 10.3 的逻辑图

10.3.3　逻辑函数的公式化简法

通常由真值表给出的逻辑函数式还可以进一步化简,使由此设计的电路更为简单。因此在组成逻辑电路以前,需要将函数表达式化为最简,通常是将函数化成最简与或表达式。所谓最简与或表达式,指的是与项的个数最少,每个与项中变量的个数也最少。逻辑函数常用的化简方法有两种:公式化简法和卡诺图化简法。

公式化简法就是用逻辑代数的公式和定理进行化简。现将常用的方法叙述如下:

（1）并项法

假设 A 代表一个复杂的逻辑函数式,则运用布尔代数中 $A + \bar{A} = 1$ 这个公式,可将两项合并为一项,消去一个逻辑变量。

［例 10.4］　试用并项法化简下列逻辑函数: $F_1 = \bar{A}B\bar{C} + A\bar{C} + \bar{B}\,\bar{C}$; $F_2 = A\bar{B} + ACD + \bar{A}\,\bar{B} + \bar{A}CD$。

解

$$F_1 = \bar{A}B\bar{C} + A\bar{C} + \bar{B}\,\bar{C} = (\bar{A}B)\bar{C} + (A + \bar{B})\bar{C} = (\bar{A}B)\bar{C} + \overline{(\bar{A}B)}\,\bar{C} = \bar{C}$$

$$F_2 = A\bar{B} + ACD + \bar{A}\,\bar{B} + \bar{A}CD = A(\bar{B} + CD) + \bar{A}(\bar{B} + CD) = \bar{B} + CD$$

（2）吸收法

利用 $A + AB = A$ 吸收多余因子, A 和 B 均为任意复杂的逻辑函数。

［例 10.5］　化简下列逻辑函数:

$$F_1 = A + \bar{A}\,\overline{\overline{BC}}(\bar{A} + \overline{\bar{B}\,\bar{C}} + D) + BC$$

解

$$F_1 = A + \overline{\overline{A}\,\overline{BC}}(\overline{A} + \overline{\overline{B}\,\overline{C}} + D) + BC$$
$$= (A + BC) + (A + BC)(\overline{A} + \overline{\overline{B}\,\overline{C}} + D)$$
$$= A + BC$$

(3)消去法

利用公式 $AB + \overline{A}C + BC = AB + \overline{A}C$，$A + \overline{A}B = A + B$ 消去多余项或多余因子。

[**例10.6**] 化简下列逻辑函数：

$$F = A\,\overline{BC}\,\overline{D} + (\overline{A} + B)E + C\overline{D}E$$

解

$$F = A\,\overline{BC}\,\overline{D} + (\overline{A} + B)E + C\overline{D}E$$
$$= A\overline{B}C\overline{D} + \overline{A}\,\overline{B}E + C\overline{D}E$$
$$= A\overline{B}C\overline{D} + \overline{A}\,\overline{B}E$$

(4)配项法

利用公式 $A = A + A$，$A = A(B + \overline{B}) = AB + A\overline{B}$ 将一项扩成两项,用来与其他项合并。

[**例10.7**] 化简下列逻辑函数：

$$F = A\overline{B} + B\overline{C} + \overline{B}C + \overline{A}B$$

解

$$F = A\overline{B} + B\overline{C} + \overline{B}C + \overline{A}B$$
$$= A\overline{B} + B\overline{C} + \overline{B}C(A + \overline{A}) + \overline{A}B(C + \overline{C})$$
$$= A\overline{B} + B\overline{C} + A\overline{B}C + \overline{A}\,\overline{B}C + \overline{A}BC + \overline{A}B\overline{C}$$
$$= (A\overline{B} + A\overline{B}C) + (B\overline{C} + \overline{A}B\overline{C}) + (\overline{A}\,\overline{B}C + \overline{A}BC)$$
$$= A\overline{B} + B\overline{C} + \overline{A}C$$

10.3.4 逻辑函数的卡诺图化简法

(1)逻辑函数的卡诺图表示法

所谓卡诺图,就是根据真值表按一定规则画出来的方块图。

1)最小项

①最小项的定义。若有一组逻辑变量 A、B、C,由它们组成乘积项,原则是每项都有3个因子,并且每个变量都必须以原变量或反变量的形式在这些乘积项中只出现一次。这些乘积项是 $\overline{A}\,\overline{B}\,\overline{C}$、$\overline{A}\,\overline{B}C$、$\overline{A}B\,\overline{C}$、$\overline{A}B\,\overline{C}$、$A\overline{B}\,\overline{C}$、$A\overline{B}C$、$AB\overline{C}$、$ABC$。这些乘积项就叫作变量 A、B、C 的最小项。因此,n 个变量有 2^n 个最小项。

②最小项的性质。三变量全部最小项的真值表如表10.11所示,从中可见最小项具有以下性质:

a. 对于输入变量的任一组取值,只有一个最小项的值等于1;

b. 对于变量的任一组取值,任意两个最小项的乘积为0;

c. 对于变量的任一组取值,全体最小项之和为1;

d. 若两个最小项仅有一个变量不同,称这两个最小项逻辑相邻(如 $\overline{A}\,\overline{B}\,\overline{C}$ 和 $\overline{A}\,\overline{B}C$),逻辑相邻的两个最小项之和可以合并成一项,并消去一个变量。如 $ABC + A\overline{B}C = AC$ 消去变量 B。

③最小项的编号。用 m_i 表示最小项,下标 i 的确定方法是:把与最小项对应的那一组变量取值的组合当成二进制数,与二进制数对应的十进制数即为该最小项编号的下标。对三变量各最小项编号为: $m_0 = \overline{A}\,\overline{B}\,\overline{C}$, $m_1 = \overline{A}\,\overline{B}\,C$, $m_2 = \overline{A}\,B\,\overline{C}$, $m_3 = \overline{A}\,B\,C$, $m_4 = A\,\overline{B}\,\overline{C}$, $m_5 = A\,\overline{B}\,C$, $m_6 = AB\,\overline{C}$, $m_7 = ABC$。

表 10.11　三变量最小项真值表

A	B	C	$\overline{A}\,\overline{B}\,\overline{C}$	$\overline{A}\,\overline{B}\,C$	$\overline{A}\,B\,\overline{C}$	$\overline{A}\,B\,C$	$A\,\overline{B}\,\overline{C}$	$A\,\overline{B}\,C$	$A\,B\,\overline{C}$	ABC
0	0	0	1	0	0	0	0	0	0	0
0	0	1	0	1	0	0	0	0	0	0
0	1	0	0	0	1	0	0	0	0	0
0	1	1	0	0	0	1	0	0	0	0
1	0	0	0	0	0	0	1	0	0	0
1	0	1	0	0	0	0	0	1	0	0
1	1	0	0	0	0	0	0	0	1	0
1	1	1	0	0	0	0	0	0	0	1

2)卡诺图的构成

把 n 组变量函数所有最小项分别用小方块表示,然后将小方块排列起来。排列的原则:让几何位置上相邻的小方块代表的最小项在逻辑上也是相邻的,这就是卡诺图。如图 10.8 所示为二、三、四变量的卡诺图构成方法。图 10.8(a)为两变量卡诺图,两变量 A、B 有 4 个最小项,因此卡诺图应由 4 个小方块构成,方格中的 $m_0 \sim m_3$ 分别为最小项的编号,但熟悉以后就不再写编号了。图 10.8(b)为三变量卡诺图,最小项个数为 $2^3 = 8$,小方块为 8 个,变量 A、B、C 取值的原则是,每次只改变一个变量,以保证几何位置上相邻的小方块所代表的最小项,在逻辑上具有相邻性。同理,图 10.8(c)所代表的四变量卡诺图应有 16 个小方块,A、B、C、D 的取值同样保证了几何位置上相邻的小方块代表的最小项在逻辑上是相邻的。值得指出的是:水平方向同一行里最左和最右的小方块以及垂直方向同一列最上和最下的小方块所代表的最小项在逻辑上都是相邻的,而且 m_0、m_2、m_8、m_{10} 这 4 个最小项在逻辑上也是相邻的。

3)用卡诺图表示逻辑函数

首先根据逻辑函数的变量数画卡诺图,然后在对应函数 F 最小项的小方块中填 1,在其他小方块中填 0。为了画出函数 F 的卡诺图,应先把函数表示为最小项之和的形式——标准与或式,然后再填图。

[例 10.8]　画出 $F = \overline{A}\,\overline{B}\,\overline{C}\,\overline{D} + \overline{A}\,\overline{B}\,\overline{C}\,D + \overline{A}\,\overline{B}\,C\,\overline{D} + \overline{A}\,\overline{B}\,CD + \overline{A}\,B\,\overline{C}\,\overline{D} + A\,\overline{B}\,\overline{C}\,\overline{D}$ $+ AB\,\overline{C}\,\overline{D} + AB\,\overline{C}D + ABC\,\overline{D} + ABCD$ 的卡诺图并用相应的编号代替。

解　$F(A,B,C,D) = m_0 + m_1 + m_2 + m_3 + m_4 + m_8 + m_{12} + m_{13} + m_{14} + m_{15} = \sum_m(0,1,2,3,$ $4,8,12,13,14,15)$,将以上函数填入四变量卡诺图中,如图 10.9 所示。

(2)用卡诺图化简逻辑函数

用卡诺图表示逻辑函数的目的是借助卡诺图化简逻辑函数。

（a）

A \ B	0	1
0	m_0 $F(0.0)$	m_1 $F(0.1)$
1	m_2 $F(1.0)$	m_3 $F(1.1)$

（b）

A \ BC	00	01	11	10
0	m_0 $F(0.0.0)$	m_1 $F(0.0.1)$	m_3 $F(0.1.0)$	m_2 $F(0.1.0)$
1	m_4 $F(1.0.0)$	m_5 $F(1.0.1)$	m_7 $F(1.1.1)$	m_6 $F(1.1.0)$

（c）

AB \ CD	00	01	11	10
00	m_0 $F(0.0.0.0)$	m_1 $F(0.0.0.1)$	m_3 $F(0.0.1.1)$	m_2 $F(0.0.1.0)$
01	m_4 $F(0.1.0.0)$	m_5 $F(0.1.0.1)$	m_7 $F(0.1.1.1)$	m_8 $F(0.1.1.0)$
11	m_{12} $F(1.1.0.0)$	m_{13} $F(1.1.0.1)$	m_{15} $F(1.1.1.1)$	m_{14} $F(1.1.1.0)$
10	m_8 $F(1.0.0.0)$	m_9 $F(1.0.0.1)$	m_{11} $F(1.0.1.1)$	m_{10} $F(1.0.1.0)$

图 10.8 二 ～ 四变量卡诺图

AB \ CD	00	01	11	10
00	1	1	1	1
01	1	0	0	0
11	1	1	1	1
10	1	0	0	0

图 10.9 例 10.8 的图

1）卡诺图中合并最小项的规律

在逻辑函数与或表达式中，如果两乘积项仅有一个因子不同，而这一因子又是同一变量的原变量和反变量，则两项可合并为一项，消除其不同的因子，合并后的项为这两项的公因子。在卡诺图上，满足以上条件的与项就处在相邻的两个小方格内。因此，在卡诺图上若两个相邻的小方格均为 1，则可将这两个小方格圈在一起，将一个变量消去。

例如，三变量卡诺图如图 10.10（a）所示，其中 m_1、m_5 两项的逻辑和为 $\overline{A}\,\overline{B}\,C + A\,\overline{B}\,C = \overline{B}C$。$m_2$、$m_6$ 两项合并为 $\overline{B}C$，m_0、m_2、m_4、m_6 四项合并为 $\overline{A}\,\overline{B}\,\overline{C} + \overline{A}\,B\,\overline{C} + A\,\overline{B}\,\overline{C} + AB\overline{C} = \overline{A}\,\overline{C} + A\overline{C} = \overline{C}$。图 10.10（b）所示四变量卡诺图中 m_4、m_5、m_6、m_7 项合并为 $\overline{A}B$，m_0、m_2、m_8、m_{10} 四项合并为 $\overline{B}\,\overline{D}$，$m_0$、$m_4$、$m_{12}$、$m_8$ 四项合并为 $\overline{C}\,\overline{D}$，$m_9$、$m_{11}$、$m_{13}$、$m_{15}$ 合并为 AD。

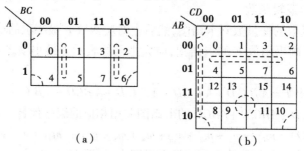

图 10.10 最小项的合并

2）卡诺图化简逻辑函数的步骤

首先画出函数 F 的卡诺图，然后合并最小项，最后将合并的结果相加，即得该函数最简的与或表达式。下面举例进一步说明。

[**例 10.9**]　用卡诺图化简图 10.11(a)所示的逻辑函数。

解　合并相邻项的方法可以各种各样。图 10.11（b）、（c）、（d）、（e）、（f）所示均为相邻项合并的诸方法举例。显然，图 10.11(f)所示的逻辑函数 $F = \overline{A} + B$ 为最简形式。卡诺图化简逻辑函数的实质是把各最小项的因子被吸收的可能性用图像直观地表现出来。

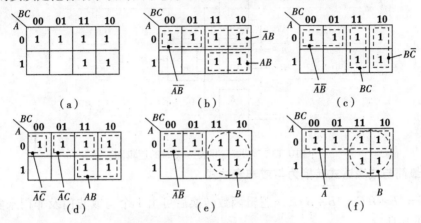

图 10.11　例 10.9 的图

对于卡诺图中的无谓状态，既可看成 1，亦可看成 0，称那些与函数逻辑值无关的最小项为无关项或约束项。化简时若利用这一特点，则更易简化。

[**例 10.10**]　化简图 10.12(a)所示逻辑函数。小方格中的"×"为无谓状态。考虑到无谓状态后该逻辑函数可表示为 $F = \sum_m (3,4,5,7,8,15) + \sum_d (6,10,11)$，$\sum_m$ 部分为使函数值为 1 的最小项；$\sum_d$ 部分是与函数无关的约束项，用"×"表示。

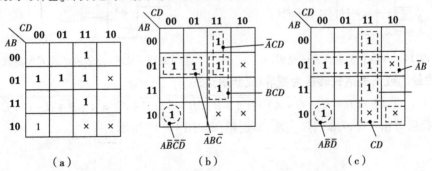

图 10.12　例 10.10 的图

解　如果不利用无谓状态，则逻辑函数 F 的卡诺图化简式为图 10.12(b)所示。

$$F = \overline{A}\,\overline{B}\,\overline{C} + \overline{A}CD + BCD + A\overline{B}\,\overline{C}\,\overline{D}$$

若利用无谓状态，则逻辑函数 F 的卡诺图化简式为图 10.12(c)所示。

$$F = A\overline{B}\,\overline{D} + \overline{A}B + CD$$

可见利用无谓状态化简可以大大简化逻辑函数。

10.3.5 逻辑函数式的转换

（1）由最简与或表达式转换为与非-与非表达式

将函数两次求反，并应用摩根定理即可实现其转换。

例如 $F = AB + AC + AD = \overline{\overline{AB + AC + AD}} = \overline{\overline{AB} \cdot \overline{AC} \cdot \overline{AD}}$，该逻辑函数转换后可由 4 个与非门来实现，其逻辑图如图 10.13 所示。

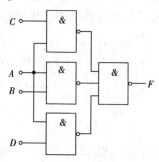

图 10.13　与非-与非表达式 F 的逻辑图

（2）由最简与或表达式转换为与或非表达式

例如 $F = AB + \overline{B}\,\overline{C} = \overline{\overline{AB + \overline{B}\,\overline{C}}}$，该逻辑函数转换后可由 1 个与或非门及非门来实现，其逻辑图如图10.14所示。

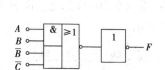

图 10.14　与或非表达式 F 的逻辑图

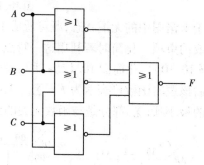

图 10.15　或非-或非表达式 F 的逻辑图

（3）由最简或与表达式转换为或非-或非表达式

例如 $F = (A + B)(B + D)(C + A) = \overline{\overline{(A + B)(B + C)(C + A)}} = \overline{\overline{A + B} + \overline{B + C} + \overline{C + A}}$，该逻辑函数转换后可由 4 个或非门来实现，其逻辑图如图 10.15 所示。

10.4　组合逻辑电路

逻辑电路按其输出信号对输入信号响应的不同，可以分为组合逻辑电路和时序逻辑电路两大类。

若一个逻辑电路，其任一时刻的输出仅取决于该时刻输入变量取值的组合，而与电路以前的状态无关，则该逻辑电路就称为组合逻辑电路（简称组合电路）。

如图 10.16 所示为组合逻辑电路的示意框图。其中 n 个输入$(X_1, X_2, \cdots, X_n)$共有 2^n 种可能的组合状态,m 个输出(Z_1,Z_2,$\cdots$,Z_m)可用 m 个逻辑函数来描述。输出与输入之间的逻辑关系可表示为:$Z_i = f_i(X_1, X_2, \cdots, X_n)$ 其中 $i = 1, 2, \cdots, m$。

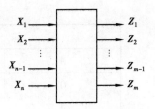

图 10.16　组合逻辑电路的示意框图

10.4.1　组合逻辑电路得分析与设计

在数字电路中遇到大量组合逻辑电路的分析问题,即用函数表达式或真值表来描绘已知的逻辑电路。分析逻辑电路的步骤:已知逻辑图→写出逻辑函数表达式→化简或变换表达式→列真值表,判断逻辑功能。

[**例 10.11**]　已知逻辑电路如图 10.17(a)所示。写出其函数表达式,列出真值表并分析逻辑功能。

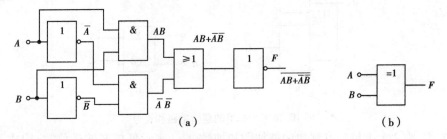

图 10.17　例 10.11 的逻辑电路图

解　首先从输入至输出依次写出图中 6 个门电路的输出端逻辑表达式,由此可得 $\overline{AB + \overline{A}\,\overline{B}}$,再列出相应的真值表如表 10.6 所示。显然,具有这种逻辑功能的逻辑电路为异或门。

在数字电路中遇到的另一类问题是组合逻辑电路的设计。它是逻辑分析的逆过程。组合逻辑电路的设计步骤:已知逻辑要求→列真值表→写逻辑函数表达式,或画卡诺图→化简或变换逻辑函数→画出逻辑图。

[**例 10.12**]　试设计 1 位半加器和全加器电路。

解　在设计之前先介绍一下加法器的逻辑功能。加法器是数字计算机中最基本的运算单元。因为计算机中两个二进制数之间的算术运算无论是加、减、乘、除,最后都是化作若干步相加运算来进行的。而加法运算又是通过逻辑运算来完成的。能够实现加法运算的电路称为加法器,1 位加法器分为半加器和全加器。

(1)半加器:只考虑 2 个 1 位二进制 A、B 相加,不考虑低位来的进位数的相加称为半加,实现半加的电路称为半加器。半加器的真值表如表 10.12 所示。其中 S 为本位和数,C 为向高位送出的进位数。由真值表可得其逻辑函数式为

$$\left. \begin{array}{l} S = A\overline{B} + \overline{A}B \\ C = A \cdot B \end{array} \right\}$$

显然,异或门具有半加器求和的功能,与门具有进位功能。半加器的逻辑电路如图 10.18(a)所示,逻辑符号如图 10.18(b)所示。

(2)全加器:除了两个 1 位二进制数相加以外,还与低位向本位的进位数相加,称为全加,实现全加的电路称为全加器。

表 10.12　半加器的真值表

输　入		输　出	
A	B	S	C
0	0	0	0
0	1	1	0
1	0	1	0
1	1	0	1

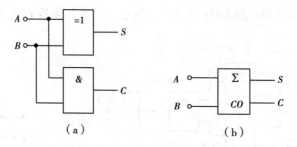

（a）　　　　　　　（b）

图 10.18　半加器的逻辑电路和符号

设 A_i、B_i 为 2 个 1 位二进制数的被加数和加数，C_{i-1} 表示低位来的进位数，构成了 3 个输入变量。S_i 为相加后的本位和，C_i 为向高位的进位数。全加器的真值表如表 10.13 所示。

表 10.13　全加器的真值表

输　入			输　出	
A_i	B_i	C_{i-1}	S_i	C_i
0	0	0	0	0
0	0	1	1	0
0	1	0	1	0
0	1	1	0	1
1	0	0	1	0
1	0	1	0	1
1	1	0	0	1
1	1	1	1	1

由真值表可得其逻辑函数式并化简：

$$S_i = \overline{A_i}\,\overline{B_i}C_{i-1} + \overline{A_i}B_i\overline{C_{i-1}} + A_i\,\overline{B_i}\,\overline{C_{i-1}} + A_iB_iC_{i-1}$$

$$= (\overline{A_i}B_i + A_i\overline{B_i})\,\overline{C_{i-1}} + (\overline{A_i}\,\overline{B_i} + A_iB_i)C_{i-1}$$

$$= (A_i \oplus B_i)\,\overline{C_{i-1}} + (\overline{A_i \oplus B_i})C_{i-1} = (A_i \oplus B_i) \oplus C_{i-1}$$

$$C_i = \overline{A_i}B_iC_{i-1} + A_i\,\overline{B_i}C_{i-1} + A_iB_i\overline{C_{i-1}} + A_iB_iC_{i-1}$$

$$= (\overline{A_i}B_i + A_i\overline{B_i})C_{i-1} + A_iB_i$$
$$= (A_i \oplus B_i)C_{i-1} + A_iB_i$$

由以上逻辑表达式可画出 1 位全加器的逻辑电路与逻辑符号,如图 10.19 所示。

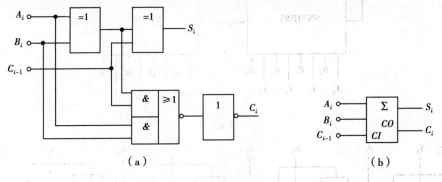

（a）　　　　　　　　　　　　　　（b）

图 10.19　全加器的逻辑电路与逻辑符号

10.4.2　加法器

加法器是指实现多位二进制数加法运算的电路。

显然,对一位二进制数相加只需一个全加器即能实现。当要对几位二进制相加时,最简单的方法是将几个全加器串接起来,构成所谓串行加法器。为此,我们将多个全加器集成到一个芯片上,制成加法器集成电路组件。如 CT54LS183 即是把 2 个独立的全加器集成到一个组件中。2 个全加器各自具有独立的本位和与进位输出,如图 10.20 所示。其中虚线表示一全加器的进位输出连至另一全加器的进位输入,构成 2 位串行进位的全加器。如图 10.21 所示,将低位片的进位输出端接至相邻高位片的进位输入端,最低位进位输入端 C_0 接 0。由于每一位

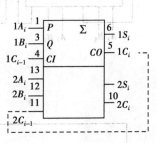

图 10.20　双全加器 CT54LS183
引脚图

的相加结果都必须等到低一位的进位产生以后才能实现,所以它的运算速度慢,为了提高运算速度,可以采用超前进位的方法。但由于串行加法器电路结构简单,仍不失为一种可取电路。

10.4.3　编码器

用若干数字、文字或符号表示特定对象的过程叫做编码。能实现编码功能的电路称为编码器。在数字电路中,用二进制代码来表示某一对象或信号的过程称为二进制编码。用二—十进制代码表示某一对象或信号的过程称二—十进制编码。

由于 n 位二进制有 2^n 个状态,可以表示 2^n 个信号。因此,若用 n 位二进制代码表示 N 个信号,则必须满足关系 $2^n > N$。下面介绍 3 位二进制编码器。

（1）确定二进制代码得位数

输入有 8 个信号,要求有 8 种状态,输出 3 位。

（2）列真值表（也称编码表）

编码表是待编码的 8 个信号和对应的二进制代码列出的表格,如表 10.14 所示。

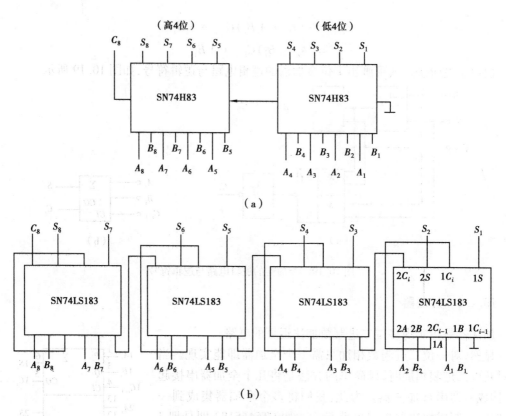

图 10.21 8 位串行进位加法器

表 10.14 3 位二进制编码器的真值表

输　入								输　出		
I_0	I_1	I_2	I_3	I_4	I_5	I_6	I_7	Y_2	Y_1	Y_0
1	0	0	0	0	0	0	0	0	0	0
0	1	0	0	0	0	0	0	0	0	1
0	0	1	0	0	0	0	0	0	1	0
0	0	0	1	0	0	0	0	0	1	1
0	0	0	0	1	0	0	0	1	0	0
0	0	0	0	0	1	0	0	1	0	1
0	0	0	0	0	0	1	0	1	1	0
0	0	0	0	0	0	0	1	1	1	1

（3）由编码表写出逻辑式

$$Y_2 = \overline{\overline{I_4}\ \overline{I_5}\ \overline{I_6}\ \overline{I_7}} \qquad Y_1 = \overline{\overline{I_2}\ \overline{I_3}\ \overline{I_6}\ \overline{I_7}} \qquad Y_0 = \overline{\overline{I_1}\ \overline{I_3}\ \overline{I_5}\ \overline{I_7}}$$

（4）逻辑电路图

电路图如图 10.22 所示。

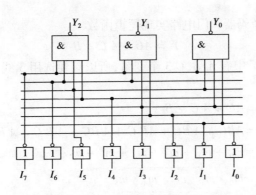

图 10.22　3 位二进制编码器

10.4.4　译码器

编码是用代码表示特定的信号,译码是编码的逆过程,把代码的特定含义"翻译"出来,即将输入代码的状态翻译成相应的输出信号,以表示其原意。实现译码的电路称为译码器。译码器按其功能特点可分成两大类,即通用译码器和显示译码器。通用译码器又包括变量译码器和代码变换译码器。

（1）通用译码器

通用译码器的功能是输入二进制代码,输出与之对应的一组高、低电平信号。

［**例 10.13**］　试用两片 CT54S138 组成一个 4 线—16 线译码器,将 4 位二进制代码 $D_3D_2D_1D_0$ 的 16 种组合状态译成 16 个独立的译码电平信号。

解　每个 CT54S138 芯片只有 3 个地址输入端 $A_2A_1A_0$,而现在要译的是 4 位二进制数,需要 4 个输入端,因此可利用一个片选输入端 ST_A(或 $\overline{ST_B}$、$\overline{ST_C}$)来代替。由题意知要使输出端达到 16 个,则要用两片芯片。当被译的对象 $D_3D_2D_1D_0$ 从 0000 ~ 0111 这 8 种组合时 D_3 始终为 0,因此可将 D_3 作为高位芯片 ST_A 端的输入,同时也作为低位芯片 $\overline{ST_B}$ 和 $\overline{ST_C}$ 端的输入,令高位芯片 $\overline{ST_B} = \overline{ST_C} = 0$,低位芯片的 $ST_A = 1$,此时高位芯片不工作,而低位芯片工作译码。当被译的对象 $D_3D_2D_1D_0$ 从 1000 ~ 1111(即 8 ~ 15)时,D_3 始终为 1,此时低位芯片停止工作,而高位芯片工作译码,如图 10.23 所示。

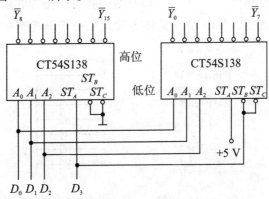

图 10.23　2 片 CT54S138 组成 4 线—16 线译码器

213

[**例 10.14**]　试用译码器和门电路实现逻辑函数

$$Y = AC + \overline{A}\,\overline{C} + \overline{B}$$

解　由于逻辑函数 Y 中有 A、B、C 3 个变量,所以只要选用 3 线—8 线译码器 CT54S138。其输出为低电平有效。

$$Y = AC + \overline{A}\,\overline{C} + \overline{B}$$
$$= ABC + A\overline{B}C + \overline{A}\,\overline{B}\,\overline{C} + \overline{A}\,\overline{B}C + A\overline{B}\,\overline{C} + \overline{A}\,\overline{B}\,\overline{C}$$
$$= m_0 + m_1 + m_2 + m_4 + m_5 + m_7$$
$$= \overline{\overline{m_0} \cdot \overline{m_1} \cdot \overline{m_2} \cdot \overline{m_4} \cdot \overline{m_5} \cdot \overline{m_7}}$$

根据 CT54S138 功能,当 $ST_A = 1$ 且 $\overline{ST_B} = \overline{ST_C} = 0$ 时,可得其输出逻辑函数式为

$$\overline{Y_0} = \overline{\overline{A_2}\,\overline{A_1}\,\overline{A_0}} = \overline{m_0} \qquad \overline{Y_1} = \overline{\overline{A_2}\,\overline{A_1}\,A_0} = \overline{m_1}$$
$$\overline{Y_2} = \overline{\overline{A_2}A_1\overline{A_0}} = \overline{m_2} \qquad \overline{Y_3} = \overline{\overline{A_2}A_1A_0} = \overline{m_3}$$
$$\overline{Y_4} = \overline{A_2\overline{A_1}\,\overline{A_0}} = \overline{m_4} \qquad \overline{Y_5} = \overline{A_2\overline{A_1}A_0} = \overline{m_5}$$
$$\overline{Y_6} = \overline{A_2A_1\overline{A_0}} = \overline{m_6} \qquad \overline{Y_7} = \overline{A_2A_1A_0} = \overline{m_7}$$

将逻辑函数式 Y 和 CT54S138 的上列输出表达式进行比较。设 $A = A_2$,$B = A_1$,$C = A_0$,则得到 $Y = \overline{\overline{Y_0}\,\overline{Y_1}\,\overline{Y_2}\,\overline{Y_4}\,\overline{Y_5}\,\overline{Y_7}}$,由此可画出图 10.24 所示的连线图。

（2）显示译码器

显示译码器是驱动显示器件的核心部件,它将 BCD 码转换成显示十进制数字所需要的信号,在数码管上显示出来。

数码显示器件按发光物质不同可分为 4 类:气体放电显示器、荧光数字显示器、半导体显示器、液晶数字显示器。其中半导体显示器是用得最广泛的显示器之一,它是用发光二极管(简称 LED)来组成字形显示数字、文字和符号的。

LED 数码管可以分为共阳、共阴两种,如图 10.25 所示为其引脚排列与接线图。共阳 LED 是将各发光二极管阳极连在一起,接高电平,阴极分

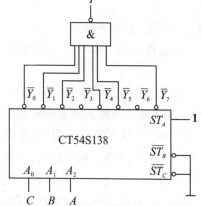

图 10.24　例 10.14 的图

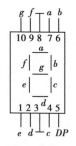

（a）共阴 LED 引脚
排列图

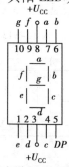

（b）共阳 LED 引脚
排列图

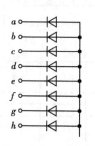

（c）共阳 LED 引脚内部
接线图

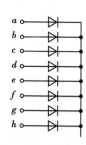

（d）共阴 LED 引脚内部
接线图

图 10.25　LED 数码管

别接译码器输出端。当译码器的输出为低电平输出时,该二极管发光。驱动共阳 LED 的是输出低电平有效的译码器。同理,驱动共阴 LED 的应是输出高电平有效的译码器。图 10.26 所示为 CT5447 驱动共阳 LED 的接线图。

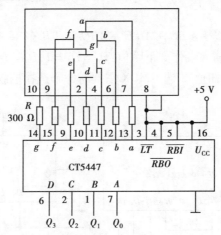

图 10.26　共阳 LED 数码管与 CT5447 配接图

液晶显示器中的液晶是液态晶体的简称。它是既具有流体的流动性,又具有某些光学特性的有机化合物,其透明度和颜色受外加电场的控制,利用这一特性,可做成电场控制的 7 段液晶数码显示器,其字形和 7 段半导体显示器相近。显示器在没有外加电场时,液晶分子排列整齐,入射的光线绝大部分被反射回来,液晶呈现透明状态,不显示数字。当在相应字段的电极加上电压时,液晶中的导电正离子做定向运动,在运动过程中不断撞击液晶分子,从而破坏了液晶分子的整齐排列,使入射光产生了散射而变得混浊,使原来透明的液晶变成了灰暗色,从而显示出相应的数字。当外加电压断开时,液晶分子又恢复整齐排列的状态,显示的数字也随之消失。

10.4.5　数据选择器

数据选择器简称 MUX,又称多路选择器或多路开关。它的功能是在选择输入(又称"地址输入")信号的作用下,从多个数据输入通道中选择某一通道的数据传送至输出端。对于一个有 2^n 路输入和 1 路输出的数据选择器需要有 n 个选择信号输入端,用以控制对输入信号的选择。常见的数据选择器芯片有 2 选 1,4 选 1,8 选 1。

[例 10.15]　试用 8 选 1 数据选择器 CT54151 实现逻辑函数 $F = C + \overline{AB} + AB + A\overline{BC}$,若用 4 选 1MUX 芯片 CT54153 能否实现?

解　要借助 MUX 来实现一个逻辑函数,首先要将给定函数化为最小项与或表达式。

$$F = C(A + \overline{A})(B + \overline{B}) + \overline{A}\,\overline{B}(C + \overline{C}) + AB(C + \overline{C}) + A\overline{B}\,\overline{C}$$

$$= ABC + A\overline{B}C + \overline{A}BC + \overline{A}\,\overline{B}C + \overline{A}\,\overline{B}\,\overline{C} + ABC + AB\overline{C} + A\overline{B}\,\overline{C}$$

$$= ABC + A\overline{B}C + \overline{A}BC + \overline{A}\,\overline{B}C + \overline{A}\,\overline{B}\,\overline{C} + AB\overline{C}$$

$$= \sum_m (0,1,3,5,6,7)$$

F 为三变量函数,MUX 地址输入端为 3 个,对芯片 CT54151,将输入端作下列赋值:

$$D_0 = D_1 = D_3 = D_5 = D_6 = D_7 = 1 \qquad D_2 = D_4 = 0$$

画出逻辑图,如图10.27(a)所示。

若用双4选1 MUX芯片CT54153来实现该逻辑函数,由于4选1 MUX芯片只有两个地址输入端,即用两个变量A、B组成最小项,用第3个因子C作数据输入,即可实现该函数,所以

$$F = \overline{A}\,\overline{B}\,\overline{C} + \overline{A}\,BC + \overline{A}BC + A\,\overline{B}\,C + AB\,\overline{C} + ABC = \overline{A}\,\overline{B} \cdot 1 + \overline{A}B \cdot C + A\,\overline{B} \cdot C + AB \cdot 1$$

对于芯片CT54153,将输入端作如下赋值:$D_0 = D_3 = 1$,$D_1 = D_2 = C$。其逻辑图如图10.27(b)所示。从上面分析可以知道:8选1 MUX需要有3个选择控制端,16选1 MUX则需要有4个选择控制端。

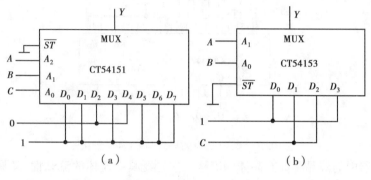

图10.27 例10.15的图

10.5 时序逻辑电路

时序逻辑电路由组合逻辑电路和存储电路两部分组成。将其组合逻辑电路的部分输出反馈输入至存储电路,经存储电路输出再送回到组合逻辑电路的输入。时序逻辑电路的结构框图如图10.28所示,其中X_i为时序逻辑电路的输入信号,Y_j为输出信号;Z_k为存储电路的反馈输入信号,Q_L为其反馈输出信号。

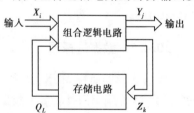

图10.28 时序逻辑电路的结构框图

10.5.1 触发器

触发器是时序逻辑电路的基本单元,能够用于记忆、存储1位二值信息(或数据)。

为了实现记忆1位二值信息的功能,触发器必须具备以下两个基本特点:

①具有两个能自行保持的稳定状态,用来表示逻辑状态的0和1,或二进制数的0和1。

②根据不同的输入信号可以置成1或0状态。

触发器按其稳定工作状态可分为双稳态触发器、单稳态触发器和多谐振荡器。双稳态触发器按其逻辑功能又可分为RS触发器、JK触发器、D触发器、T触发器、T′触发器;按其结构又可分为基本RS触发器、同步RS触发器、主从型触发器和边沿型触发器。边沿型触发器又分为上升沿触发和下降沿触发的触发器。

下面以基本RS触发器为例,介绍触发器。

基本RS触发器的逻辑图如图10.29(a)所示,它是由两个与非门交叉连接而成。图

10.29(b)所示为它的逻辑符号。$\overline{S}_D$ 称为直接置位(或置 1)端,$\overline{R}_D$ 称为直接复位(或置 0)端,而图中输入端引线上靠近方框的小圆圈表示触发器的触发方式为电平触发,低电平 0(或负脉冲)有效。Q 和 $\overline{Q}$ 是基本 RS 触发器的两个互补输出端,它们的逻辑状态在正常条件下能保持相反。

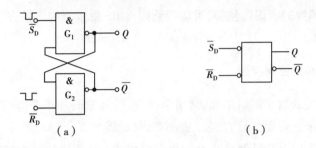

图 10.29　基本 RS 触发器的逻辑图和逻辑符号

(1)逻辑功能

逻辑功能是指触发器输出状态依赖其输入状态的逻辑关系。

由于有两个信号输入端,所以输入信号有 4 种不同的组合,下面分 4 种情况来分析基本 RS 触发器的逻辑功能。

①$\overline{S}_D=1,\overline{R}_D=1$。此时触发器的输出状态决定于反馈信号;若 $Q=0$,反馈到 G_2 门,则必有 $\overline{Q}=1$;而 $\overline{Q}=1$ 反馈到 G_1 门,又保证 $Q=0$,所以这个状态可以持续稳定。很显然,若 $\overline{Q}=0$,$Q=1$ 这个状态也是稳定的。任意时刻只能处于其中一种稳定状态。一般约定:以 Q 端状态为触发器的状态,亦即 $Q=0,\overline{Q}=1$ 时,称触发器处于 0 态;$Q=0,\overline{Q}=1$ 则称为 1 态。因此触发器具有两个稳定状态,且当 $\overline{S}_D=1,\overline{R}_D=1$ 时,触发器的状态将保持不变。

②$\overline{S}_D=1,\overline{R}_D=0$。因为 $\overline{R}_D=0$,则不管触发器原来的状态(称为原态)为 1 态还是 0 态,必有 $\overline{Q}=1$,反馈到 G1 门,则 $Q=0$。即令 $\overline{S}_D=1$,在 $\overline{R}_D$ 端加低电平 0 或负脉冲后,触发器的状态将直接置 0(或复位),故 $\overline{R}_D$ 称直接复位(或置 0)端。

③$\overline{S}_D=0,\overline{R}_D=1$。同理,令 $\overline{R}_D=1$,在 $\overline{S}_D$ 端加低电平 0 或负脉冲后,触发器的状态将直接置 1(或置位),故 $\overline{S}_D$ 称直接置位(或置 1)端。

④$\overline{S}_D=0,\overline{R}_D=0$。当 $\overline{S}_D=0$ 和 $\overline{R}_D=0$ 时,两个与非门的输出端都为 1,即 $Q=\overline{Q}=1$,这就与 Q 和 $\overline{Q}$ 的状态应该相反的逻辑要求相矛盾,而且当负脉冲同时由 0 变 1 后,触发器的状态将不能确定,所以这种情况在使用时应予禁止。

从上面分析可得出基本 RS 触发器的真值(或功能)表如表 10.15 所示。

表 10.15　**基本 RS 触发器的真值表**

$\overline{S}_D$	$\overline{R}_D$	Q	$\overline{Q}$
1	0	0	1
0	1	1	0
1	1	不变	不变
0	0	不定	不定

（2）**特性方程**

所谓特性方程，就是触发器的次态输出与原态及输入间的逻辑关系，它是触发器逻辑功能的另一种表达形式。由同步 RS 触发器的真值表，通过具有约束项（约束条件为 RS = 0）的三变量 R、S 和 Q^n 逻辑函数的卡诺图化简，可以得到同步 RS 触发器的特性方程为

$$Q^{n+1} = S + \overline{R}Q^n \qquad (RS = 0)$$

10.5.2 寄存器和移位寄存器

寄存器是一种重要的数字逻辑单元，常用于接收、传递数码和指令等信息，暂时存放参与运算的数据和运算结果。若要存放 N 位二进制数码，就需要 N 个触发器。

如图 10.30 所示为用上升沿触发的 D 触发器组成的 4 位集成数码寄存器 74LS175 的逻辑图。4 个 D 触发器的时钟脉冲输入端连接在一起，成为接收数码的控制端 CP。$d_3 \sim d_0$ 为寄存器的数码输入端，$Q_3 \sim Q_0$ 为数据输出端。各触发器的复位端也连接在一起，为寄存器的总清零端 $\overline{R}_D$，低电平有效。74LS175 的功能表如表 10.16 所示。

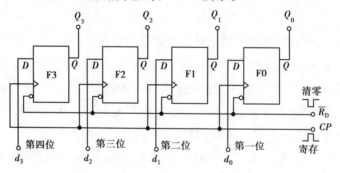

图 10.30 用 D 触发器组成的 4 位数码寄存器的逻辑图

表 10.16 4 位寄存器 74LS175 的功能表

输　　入						输　　出				功能说明
$\overline{R}_D$	CP	D_3	D_2	D_1	D_0	Q_3^{n+1}	Q_2^{n+1}	Q_1^{n+1}	Q_0^{n+1}	
0	×	×	×	×	×	0	0	0	0	异步清零
1	↑	d_3	d_2	d_1	d_0	d_3	d_2	d_1	d_0	同步并行存数

移位寄存器是在数码寄存器的基础上发展起来的，它除了具有存放数码的功能外，还具有数码移位的功能。所谓移位，就是每当来一个移位时钟脉冲，触发器的状态便向右或向左移一位，即寄存的数码可以在移位脉冲的控制下依次进行移位。移位寄存器根据它的逻辑功能可分为单向（左移或右移）移位寄存器和双向移位寄存器两类。

以 74LS194 作为集成双向移位寄存器的典型例子，简介其功能和基本应用。图 10.31（a）和（b）分别是它的逻辑符号和逻辑图，它由 4 个上升沿触发的 D 触发器和一些起控制作用的门电路组成，其功能如表 10.17 所示。

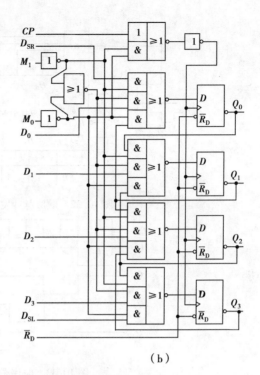

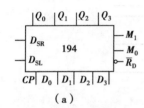

（a）　　　　　　　　　　　　　　　　　　（b）

图 10.31　4 位双向移位寄存器集成电路 74LS194

表 10.17　74LS194 的功能表

输　入										输出数码			
清零	工作方式		时钟	左移	右移	输入数码							
$\overline{R}_D$	M_1	M_0	CP	D_{SL}	D_{SR}	D_0	D_1	D_2	D_3	Q_0^{n+1}	Q_1^{n+1}	Q_2^{n+1}	Q_3^{n+1}
0	×	×	×	×	×	×	×	×	×	0	0	0	0
1	×	×	0	×	×	×	×	×	×	Q_0^n	Q_1^n	Q_2^n	Q_3^n
1	1	1	↑	×	×	d_0	d_1	d_2	d_3	d_0	d_1	d_2	d_3
1	0	1	↑	×	1	×	×	×	×	1	Q_0^n	Q_1^n	Q_2^n
1	0	1	↑	×	0	×	×	×	×	0	Q_0^n	Q_1^n	Q_2^n
1	1	0	↑	1	×	×	×	×	×	Q_1^n	Q_2^n	Q_3^n	1
1	1	0	↑	0	×	×	×	×	×	Q_1^n	Q_2^n	Q_3^n	0
1	0	0	×	×	×	×	×	×	×	Q_0^n	Q_1^n	Q_2^n	Q_3^n

如图 10.32 所示为由双向移位寄存器 74LS194 构成的顺序脉冲发生器,当启动信号输入负脉冲时,使 G_2 输出为 1,$M_1 = M_0 = 1$,寄存器执行并行输入功能,$Q_0 Q_1 Q_2 Q_3 = D_0 D_1 D_2 D_3 =$ 0111。启动信号消除后,寄存器输出端 $Q_0 = 0$,使 G_1 输出为 1,G_2 输出为 0,$M_1 M_0 = 01$,开始执行右移功能。在移位过程中,因为 G_1 输入端总有一个为 0,所以能保证 G_1 输出为 1,G_2 输出为 0,维持 $M_1 M_0 = 01$,向右移移位不断进行下去,移位情况如图 10.33 所示。

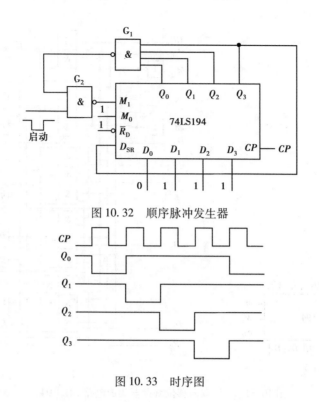

图 10.32 顺序脉冲发生器

图 10.33 时序图

10.5.3 计数器

计数器是最常用的一种时序逻辑部件,用来统计输入脉冲的个数。计数器所能统计的脉冲个数的最大值称为模,用 M 表示。

根据计数器的工作方式来分类,可分为同步和异步两大类。同步计数器的所有触发器公用一个时钟脉冲,此时钟脉冲也是被计数的输入脉冲,它的各级触发器的状态更新是同时发生的。而异步计数器只有部分触发器的时钟信号是计数脉冲,另一部分触发器的时钟信号是其他触发器的输出信号,所以它的各级触发器的状态更新不是同时发生的。

根据计数器的进位制数来分类,可分为二进制、十进制、任意 M 进制计数器。

根据计数器的逻辑功能来分类,可分为加法计数器、减法计数器和可逆计数器等。加法计数器的状态变化与数的依次累加相对应;减法计数器的状态变化与数的依次递减相对应;可逆计数器不但能实现加法计数,而且能实现减法计数,它是由加/减选择制信号实现计数方式选择的。

10.5.4 集成 555 定时器及其应用

555 定时器是将模拟和数字电路集成于一体的电子器件,由于它电源范围宽,使用方便、灵活,带负载能力强,所以得到广泛的应用。若以 555 集成定时器为基础,再外接少量的其他电子元件,就可组成单稳态、多谐振荡器和施密特触发器等多种实用电路。

(1)555 集成定时器的电路结构

555 集成定时器的电路结构原理图和外部引脚排列图分别如图 10.34(a)和(b)所示。由它的电路原理图可知,它主要由比较器 C1 和 C2、基本 RS 触发器及放电三极管 T3 部分组成。

①当电压控制端 CO 悬空时,$U_{R1}=2U_{CC}/3$,$U_{R2}=U_{CC}/3$;若电压控制端 CO 外接固定电压 U_{CO},则 $U_{R1}=U_{CO}$,$U_{R2}=U_{CO}/2$。3 个 5 kΩ 的电阻构成了分压电路。

②基本 RS 触发器的输入信号是比较器的输出 u_{C1} 和 u_{C2},基本 RS 触发器的 Q 端为 555 定时器的输出端,用 u_o 表示,u_o 的高电平为电源电压的 90%。

③放电三极管 T 的导通和截止由基本 RS 触发器的 $\overline{Q}$ 端控制,T 的集电极用 D 表示,T 的发射极接地。

④$\overline{R}_D$ 端是直接置 0 端,U_{CC} 为电源电压(5~18) V。

⑤TH(高触发端)是比较器 C1 的输入端,输入电压 u_{i1};$\overline{TR}$(低触发端)是比较器 C2 的输入端,输入电压 u_{i2}。基准电压则分别为 U_{R1}、U_{R2}。

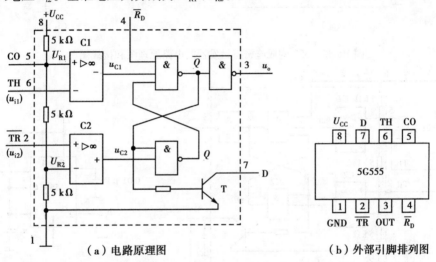

图 10.34　555 集成定时器的电路原理图和外部引脚排列图

(2)555 **集成定时器的工作原理**

①当 $\overline{R}_D=0$ 时,基本 RS 触发器置 0,$Q=0$,$\overline{Q}=1$,$u_o=0$,放电三极管 T 导通。

②当 $u_{i1}>U_{R1}$,$u_{i2}>U_{R2}$ 时,$u_{C1}=0$,$u_{C2}=1$,故基本 RS 触发器置 0,$Q=0$,$\overline{Q}=1$,$u_o=0$,放电三极管 T 导通。

③当 $u_{i1}<U_{R1}$,$u_{i2}<U_{R2}$ 时,$u_{C1}=1$,$u_{C2}=0$,故基本 RS 触发器置 1,$Q=1$,$\overline{Q}=0$,$u_o=1$,放电三极管 T 截止。

④当 $u_{i1}<U_{R1}$,$u_{i2}>U_{R2}$ 时,$u_{C1}=1$,$u_{C2}=1$,故基本 RS 触发器保持原状态不变,u_o 和放电三极管 T 的状态也保持不变。

(3)555 **定时器的应用**

555 集成定时器构成的施密特触发器如图 10.35 所示,施密特触发器是脉冲数字电路中最常用的单元电路之一,它也有两个稳定状态。

由 555 集成定时器构成的单稳态触发器如图 10.36 所示,单稳态触发器是只有一个稳定状态的触发器,在未加触发信号之前,触发器已处于稳定状态,加触发信号之后,触发器翻转,但新的状态只能暂时保持(称为暂稳状态),经过一定时间后自动翻转到原来的稳定状态。单稳态触发器在数字电路中具有定时、整形和延时等功能。

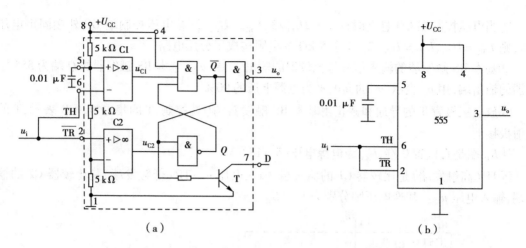

图 10.35 555 构成施密特触发器的电路原理图和接线图

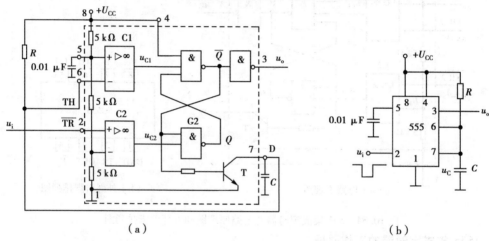

图 10.36 555 构成单稳态的电路原理图和接线图

用 555 集成定时器构成的多谐振荡器如图 10.37(a)和(b)所示。它实际上是在 555 的施密特触发器电路的基础上,外接 R_1、R_2 和 C 的充、放电回路。TH 端和$\overline{\text{TR}}$端连在一起为施密特

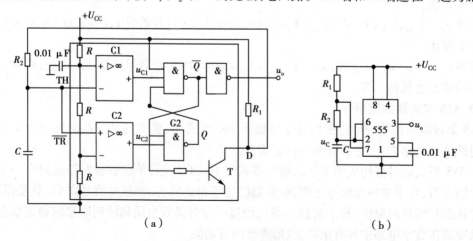

图 10.37 555 集成定时器构成的多谐振荡器的电路原理图和接线图

触发器的输入端,输入电压为 u_C。两个阈值电压分别为 $U_{T+} = 2U_{CC}/3$ 和 $U_{T-} = U_{CC}/3$,施密特触发器的输出就是多谐振荡器的输出 u_o。

本章小结

本章主要介绍了数字电路的基本概念、分析与设计,555 电路及应用,其主要内容有:

1. 逻辑的基本概念

数字电路中信号的特点是只有两种电平,可用 0 和 1 两个数码来表示。这两种电平在电路输入与输出的各种组合可以构成各种复杂的逻辑关系,得到各种用途的逻辑电路。最基本的逻辑门是与门、或门和非门,它代表输出与输入之间与、或、非 3 种逻辑关系。复合门电路中最重要的是与非门、或非门、异或门和同或门等。

2. 组合逻辑电路

由逻辑门电路组合而成,用于实现各种控制要求的逻辑电路称为组合逻辑电路。在组合逻辑电路中,任何时刻的输出信号只取决于该时刻各输入端的输入信号,而与电路原来的状态无关。分析与设计组合逻辑电路的主要数学工具是逻辑代数(布尔代数)。化简逻辑函数的方法有代数法和卡诺图法。(注意:逻辑代数中没有减法和除法运算,因此在逻辑代数中不能移相,也不能在逻辑恒等式两边同时消去一个因子。)

3. 与组合逻辑电路不同,时序逻辑电路在电路结构、工作方式、逻辑功能及其表示方法、分析方法上都有明显区别于组合逻辑电路的特点。

4. 555 定时器是将模拟和数字电路集成于一体的电子器件,主要由比较器 C1 和 C2、基本 RS 触发器及放电三极管 T 等 3 部分组成。555 集成定时器可以构成施密特触发器、单稳态触发器和多谐振荡器。

习　题

10.1　根据下列逻辑函数式,画出逻辑图。

(1) $F = (A + B)(A + C)$

(2) $F = A(B + C) + BC$

(3) $F = \overline{A}\,\overline{B} + \overline{A}C$

(4) $F = A\,\overline{B} + A\,\overline{C} + \overline{A}BC$

10.2　试设计一个有 3 个输入端和 1 个输出端的判别奇数电路。它的逻辑功能为:3 个输入信号中有奇数输入为高电平时,输出为高电平,否则输出为低电平。试画出逻辑图。

10.3　用代数法化简下列各式。

(1) $A\,\overline{B}(\overline{ACD} + AD + \overline{B}\,\overline{C})(\overline{A} + B)$

(2) $AC(\overline{CD} + \overline{AB}) + BC(\overline{\overline{B} + AD + CE})$

(3) $A\,\overline{B}CD + ABD + A\,\overline{C}D$

(4) $A + B + \overline{C}(A + \overline{B} + C)(A + B + C)$

(5) $AB + A\,\overline{C} + \overline{B}C + \overline{B}D + B\,\overline{D} + ADE(F + G)$

(6) $(A + B + C)(\overline{A} + \overline{B} + \overline{C})$

10.4　将下列各函数化为最小项之和的形式。

(1) $F = A\,\overline{B}\,\overline{C}D + BCD + \overline{A}D$

(2) $F = A + B + CD$

(3) $F = AB + BC + CD$

(4) $F = A\,\overline{B} + B\,\overline{C} + C\,\overline{A}$

10.5　用卡诺图将下列函数化为最简与或式。

（1）$F = \bar{A}B + ABC + \bar{A}\bar{B}\bar{C}$

（2）$F = \bar{A}\bar{B} + B\bar{C} + \bar{A} + \bar{B} + ABC$

（3）$F = ABC + ABD + A\bar{C}D + \bar{C}\bar{D} + A\bar{B}C + AC\bar{D} + \bar{A}\bar{B}CD + \bar{A}BCD$

（4）$F = \sum (0,2,3,4,5,6,7,8,10,11,12,13,14,15)$

（5）$F = \sum (0,1,2,5,8,9,10,12,14)$

（6）$F = AC + AD + BC + BD$

10.6　用卡诺图将下列函数化为最简与或式。

（1）$F(A,B,C) = \sum_m (0,1,2,4) + \sum_d (3,5,6,7)$

（2）$F(A,B,C,D) = \sum_m (2,3,7,8,11,14) + \sum_d (0,5,10,15)$

10.7　试用 8 选 1 数据选择器 CT54151 芯片产生下列单输出逻辑函数（画出接线图）。

（1）$Y = AC + \bar{A}B\bar{C} + \bar{A}BC$

（2）$Y = \bar{A}CD + \bar{A}BCD + BC + B\bar{C}\bar{D}$

10.8　试用 3 线—8 线译码器 CT54138 芯片和门电路产生如下多输出逻辑函数（画出接线图）。

$Y_1 = AC$

$Y_2 = \bar{A}\bar{B}C + A\bar{B}\bar{C} + BC$

$Y_3 = \bar{B}\bar{C} + AB\bar{C}$

10.9　已知图 10.38 中各触发器的输入端 CP 的波形如图 10.38(b) 所示，当初始状态均为 1 时，试画出它们的输出端 Q 的波形，并指出哪些触发器具有计数功能。

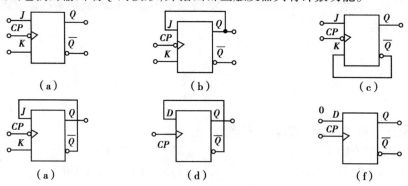

图 10.38　习题 10.9 的图

10.10　试用 CT74LS161 的逻辑功能构成六十进制计数器。

10.11　图 10.39 所示的逻辑电路为一个防盗报警电路，a、b 两端被一细铜丝接通，当盗窃者闯入室内将铜线碰断后，扬声器发出报警声，说明本报警电路的工作原理。此时 555 定时器电路接成了什么电路？

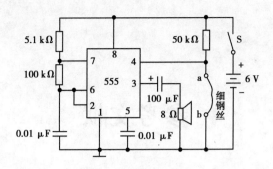

图 10.39　习题 10.11 的图

参考文献

［1］王智忠. 电工电子学［M］. 西安:电子科技大学出版社,2015.

［2］叶挺秀,张伯尧. 电工电子学［M］.4 版. 北京:高等教育出版社,2014.

［3］刘蕴红. 电工学［M］. 北京:高等教育出版社,2014.

［4］秦曾煌. 电工学［M］.7 版. 北京:高等教育出版社,2009.

［5］邱关源. 电路［M］.5 版. 北京:高等教育出版社,2006.

［6］符磊,王久华. 电工与电子技术［M］. 南昌:江西高校出版社,2003.

［7］阎石. 数字电子技术基础［M］. 北京:高等教育出版社,1998.